微细粒矽卡岩型白钨矿浮选流变学

Flotation Rheology of Fine Skarn-type Scheelite Ore

陈 伟 编著

(获取彩图)

北 京
冶 金 工 业 出 版 社
2022

内容提要

本书共10章，在介绍白钨矿选矿发展现状的基础上，分别阐述了搅拌调浆作用下，微细粒白钨矿的聚团机制；矿浆物理及化学性质对矿浆流变性影响规律；矽卡岩型白钨矿体系中矿物的可浮性；矿浆流变性对微细粒白钨矿与脉石浮选分离的影响；脉石颗粒对疏水聚团的擦洗效应与矿浆流变学及实际矿石浮选体系流变学调控与应用；最后分析了微细粒矿物浮选中矿浆流变学的影响机制。

本书可供矿山企业的工程技术人员阅读，也可供科研院所的相关研究人员及高等学校矿物加工工程等学科的师生参考。

图书在版编目(CIP)数据

微细粒矽卡岩型白钨矿浮选流变学/陈伟编著.—北京：冶金工业出版社，2022.6

ISBN 978-7-5024-9171-0

Ⅰ.①微… Ⅱ.①陈… Ⅲ.①矽卡岩—白钨矿—浮选流程 Ⅳ.①TD952

中国版本图书馆CIP数据核字(2022)第089776号

微细粒矽卡岩型白钨矿浮选流变学

出版发行 冶金工业出版社		**电　　话** (010)64027926	
地　　址 北京市东城区嵩祝院北巷39号		**邮　　编** 100009	
网　　址 www.mip1953.com		**电子信箱** service@mip1953.com	

责任编辑 王梦梦　美术编辑 燕展疆　版式设计 郑小利

责任校对 石　静　责任印制 李玉山

三河市双峰印刷装订有限公司印刷

2022年6月第1版，2022年6月第1次印刷

710mm×1000mm 1/16；11.5印张；226千字；176页

定价 69.00元

投稿电话 (010)64027932 投稿信箱 tougao@cnmip.com.cn

营销中心电话 (010)64044283

冶金工业出版社天猫旗舰店 yjgycbs.tmall.com

(本书如有印装质量问题，本社营销中心负责退换)

前　言

流变学是描述和评估材料的变形和流动行为的科学。流变学研究的对象主要是流体以及软固体或者在某些条件下可以流动的具有复杂结构的固体物质。针对物质或流体的流变学研究结果为观测、推测流体材料内部结构提供了窗口，有助于研究者认识流体内部组元之间的联系。在浮选领域，矿浆流体是矿物颗粒、溶解药剂、气泡、剪切流场构成的固-液-气三相复杂体系，该体系具有颗粒易沉降、颗粒之间相互作用复杂的特点，并在浮选过程中表现出较为复杂的流变学性质，对矿物的分离与富集过程存在较大影响。

目前，矽卡岩型白钨矿是我国主要的钨资源来源。由于白钨性脆，而矽卡岩型矿床中石榴石等主要脉石矿物硬度大、耐磨，白钨矿常常过磨及泥化。微细颗粒质量小、比表面积大，易导致浮选矿浆流变性复杂（黏度大、屈服应力高、团聚严重），进而导致浮选药剂的选择性变差，浮选指标恶化。本书针对这一现实问题，以微细粒白钨矿（-10μm）为目的矿物，以微细粒方解石、石英（-10μm）为典型脉石矿物，结合试验研究与理论分析，系统阐述了浮选体系中粒度与表面性质对矿浆流变性的影响以及流变性对几种矿物浮选分离的影响规律，在此基础上介绍了实际矿石浮选体系中流变性的调控与应用，并分析了微细粒矿物浮选中，矿浆流变学的影响机制。

全书共 10 章，第 1 章介绍白钨矿选矿概要；第 2 章介绍浮选流变学；第 3 章介绍实验材料与研究方法；第 4 章介绍矿物晶体结构与搅拌调浆流场中微细粒白钨矿的聚团机制；第 5 章介绍矿浆物理及化学性质与流变性的相关性；第 6 章介绍矽卡岩型白钨矿体系中主要矿物的基本可浮性；第 7 章介绍矿浆流变性对微细粒白钨矿与脉石浮选分离的影响；第8章介绍粗粒脉石对微细粒矿物聚团的擦洗效应的流变学表征；第9章介绍实际矿石浮选体系中矿浆流变性调控；第10章介绍矿浆流变学对微细粒矿物浮选影响的最新研究进展。

本书可供矿物加工领域从业人员阅读，也可以作为高等院校矿物加工专业本科生、研究生的学习参考书。

本书内容涉及的研究工作获得了国家自然科学基金（51904221）的资助，在此表示衷心的感谢。

由于时间仓促及作者水平所限，书中不严谨之处，恳请读者批评指正。

作　者
2021年12月
于长沙

目　　录

1 白钨矿选矿

1.1 钨的性质与用途

钨是一种具有金属光泽、高熔点（3410℃±20℃）、高沸点（5927℃）、高硬度的银白色稀有金属，其蒸气压与蒸发速度均很低，具有优良的金属性能。钨元素在门捷列夫元素周期表中居于第 6 周期的ⅥB 族，原子序数为 74，相对原子质量为 183.85，密度为 19.35g/cm^3。含钨的金属材料耐高温、耐腐蚀、化学性质稳定、导电性好，因而在现代工业领域如军工、催化、冶金、能源、环保等方面有极为广泛的应用，同时钨也是现代社会科技发展中必需的高新科技材料，是国家战略储备金属资源之一[1]。

钨是一种稀有金属，钨元素 18 世纪末期才被人类发现。1781 年，瑞典化学家舍勒（C. W. Scheele）从重石（白钨矿，分子式为 $CaWO_4$）中提取出钨酸（H_2WO_4），并以瑞典文重石（tungsten，重为 tung，石为 sten）命名该元素；在 1783 年，西班牙化学家 Drácula poole 从另外一种黑色重石［黑钨矿，分子式为 Fe(Mn)WO_4］中也提取出了钨酸（H_2WO_4），并且成功地通过碳还原法还原 WO_3 得到了金属钨粉[2]。至此，钨元素才被世人所知。1900 年，金属钨开始用于生产高硬度高强度的钨钢。从此以后，钨金属被大规模地应用到各个工业领域，如电子工业、化学工业、汽车工业、航空航天等，并因其特殊的物理化学性质被称为“工业牙齿”[3]。

钨的化合物有碳化钨（WC）、氧化钨（WO_3）、钨酸钠（Na_2WO_4）、硫化钨（WS_2）等。在含钨的各类化合物中，钨的化合价有-2 价到+6 价，钨低氧化价一般存在于有机金属化合物和 π 受主配合基性化合物中。在地壳中，钨主要以+6价阳离子存在，由于钨的六价阳离子极化能力极强，因此钨主要以络阴离子 WO_4^{2-} 与各种金属离子形成盐类矿物而存在[4]。

钨元素（W）在地壳中的含量为 0.001%，在所有的金属中排第 18 名。目前人类已经实现从地壳中大规模地利用钨资源，其中主要以利用各种类型的钨酸盐为主，如白钨矿（$CaWO_4$，含 WO_3 80.60%）、黑钨矿［(Fe, Mn)WO_4，含 WO_3 76.56%］，以及钨华（$WO_3 \cdot H_2O$）、钨钼铅矿［(Pb, Mo)WO_4］、钨铅矿（$PbWO_4$）、铜钨华（$CuWO_4 \cdot H_2O$）。在这些矿物中，通过矿山开采而得到回收利用最为广泛的是白钨矿与黑钨矿。世界上主要的钨矿床主要有 3 种类型：(1) 矽卡岩型白钨矿床；(2) 石英脉型黑钨矿床，包括大脉型、细脉型；(3) 黑白钨混合型矿床[5,6]。

与白钨矿相比，黑钨矿具有磁性，且与主要伴生组分如石英、硅酸盐等脉石矿物的表面性质、磁性差异较大，比较容易通过磁选或者浮选等矿物加工过程实现开发利用。长期以来，我国钨资源的开采利用一直主要以黑钨为主，但是经过多年超负荷的开采利用，我国的黑钨资源已经逐渐趋向枯竭[7]。与此同时，我国的白钨资源储量远超黑钨矿，具有较大的开发潜力。随着钨精矿冶炼技术不断发展，大量针对白钨矿矿石的冶金技术逐渐成熟，使得低品位白钨矿资源的开发利用成为可能[8,9]。因此，开发利用白钨矿资源，替代黑钨矿资源，是解决我国钨工业上游矿石原料短缺的重要途径。

1.2 我国白钨矿资源特点

1.2.1 我国白钨矿资源储量与分布

钨矿分布在全世界的 40 多个国家与地区，但是主要集中在中国、俄罗斯、美国、加拿大等国家。在这些国家或地区中，中国的钨资源储量占 54.3%，俄罗斯占 7.1%，美国占 4.0%，加拿大占 8.3%、玻利维亚占 1.5%，其余国家和地区共占 24.8%[9,10]。我国是全球钨资源储量最大的国家。中华人民共和国国土资源部编写的《2020 年中国矿产资源报告》显示，2019 年我国钨矿查明资源储量达到 WO_3 1015.95 万吨，同比 2018 年（WO_3 958.8 万吨）增长 6.0%。钨资源的预测资源储量高达 2973.1 万吨（以 WO_3 计），但是目前已经查明的资源储量仅占 30.1%，进一步开发钨资源潜力巨大。我国的钨矿资源分布在全国 29 个省、市、自治区，主要分布在湖南省、江西省、河南省，三省合计占总资源量的一半以上。与其他类型的矿物资源相比，白钨矿是我国的优势矿产资源，我国钨资源的储量、生产量、消费量、贸易量均居世界第一位[11]。与我国的稀土矿资源优势类似，我国钨资源也有潜力成为国际贸易战的“重要武器”。

目前，我国已经实现开采利用的大中型、超大型或特大型白钨矿矿床多达 40 多个，典型的矿山包括新田岭钨钼铋多金属矿、柿竹园钨锡钼铋多金属矿、栾川三道庄钨钼矿、福建行洛坑黑白钨共生矿等[8,10]。我国白钨矿资源储量丰富，占钨总储量的将近 70%，具有以下分布特点：

（1）原矿品位低，嵌布粒度细。目前我国已经开采利用的白钨矿品位大多不超过 1%，且大多数呈细粒浸染状分布，在解离过程中易成为细粒，回收困难。

（2）伴生组分复杂，如钼、铜、铋等有价元素难以回收利用。

（3）以矽卡岩型为主，脉石矿物如萤石、方解石等含钙脉石矿物物理化学性质与白钨矿相似，难以高效分离。

我国目前开采利用的白钨资源主要以矽卡岩型白钨矿为主，一般兼有上述 3 种特点或者其中几种，这些特点导致大量丰富的白钨资源难以得到高效回收利用，严重制约了下游钨工业的发展。

1.2.2 矽卡岩型白钨矿矿床形成过程

我国目前已经发现且实现大规模开采利用的白钨矿床主要是矽卡岩型白钨矿，如湖南新田岭的矽卡岩型钨钼铋矿（以白钨为主）、湖南柿竹园矽卡岩型（层控叠加）钨锡钼铋矿、江西香炉山似层状矽卡岩型白钨矿、湖南黄沙坪矽卡岩型钨锌铅白钨矿等。这些矽卡岩型白钨矿床的形成主要包括地质成矿作用前期的气化热液成矿作用以及后期的围岩蚀变（矽卡岩化）两个阶段[12]。

1.2.2.1 气化热液成矿作用

目前自然界中可以开采利用的矿产资源，绝大多数由气化热液成矿作用形成，包括典型的金属矿产如钨、铅、锌、铜、锡、钼、锑等。气化热液是一种在几至几十千米的地下、几十至几百摄氏度的温度下、几十万至几亿帕的压力下形成的气、液两态混合相，成分主要以 H_2O 为主，并且包含各种金属离子组分。在地质成矿作用中，气化热液自身携带着大量的矿物质以及在运动过程中通过溶解而携带的围岩组分，在一定地质构造系统的运动中，在物理、化学环境发生变化或者与围岩发生相互作用的条件下，气化热液中的某些金属组分析出成矿，形成气化热液矿床。气化热液主要的组分包括水、大部分的金属离子以及溶解的气体（O_2、H_2S、CO_2、HCl 等）。根据主要金属离子的含量不同，形成的金属矿床种类也各不相同[13]。

在上述的气化热液成矿作用中，围岩既以气化热液运动的通道与环境存在，也以自身与气化热液发生各种物理、化学作用而参与成矿过程。一方面，围岩的自身性质使得气化热液在运动过程中的气液组分、矿体形态、矿体产状等发生变化；另一方面，气化热液也使得围岩本身的性质发生了变化。这种气化热液使围岩发生各种交代作用、变质作用称为围岩蚀变。在地质成矿作用中，围岩蚀变的种类很多，对白钨矿的成矿过程来说，最重要的围岩蚀变现象为矽卡岩化[14]，这也是矽卡岩型矿床形成的关键成矿过程。

矽卡岩化：在中等深度条件下，在碳酸盐与中酸性侵入岩接触带，经过高温气化热液的交代作用，形成一种主要由钙铁石榴石、绿帘石、钙铝石榴石、透闪石、钙铁辉石、符山石、钙镁辉石、阳起石等组成的“特殊”岩石，称为“矽卡岩”，这种围岩蚀变称为“矽卡岩化”。一般来说，钨、锡、钼、铁、铅、铜、金、锌、银和硼等金属的找矿标志就是矽卡岩化。这些金属矿床的围岩主要就是矽卡岩。

1.2.2.2 矽卡岩型白钨矿矿床的形成过程

矽卡岩型白钨矿矿床是在气化热液成矿作用的基础上，经历长时间的接触交代成矿作用形成的，其成矿过程按照主要矿物与围岩的形成历史，可以划分成两个成矿期（矽卡岩期、石英硫化物期），也可以划分为5个小的成矿阶段（矽卡岩期分为3个阶段，石英硫化物期分为两个阶段）[12]。

矽卡岩期：形成各种铝、铁、钙、镁的硅酸盐矿物，无石英形成。根据矽卡岩化期形成的矿物种类不同，可以进一步细分为3个矿化阶段：

（1）早矽卡岩阶段。早矽卡岩阶段在高温的超临界条件下形成，主要的矿物种类有钙镁辉石、钙铁辉石、钙铝石榴石、钙铁石榴石、符山石、方柱石、硅灰石。由于这些矿物大多不含结晶水或者结合羟基，因而将这一阶段称为“干矽卡岩阶段”。这段时期基本上没有有用矿物形成，也称作“无矿阶段”。

（2）晚矽卡岩阶段。晚矽卡岩阶段在接近超临界条件下形成，主要矿物有阳起石、角闪石、绿帘石、透闪石等含水硅酸盐矿物，显示了成矿过程中矿化剂 OH^-、CO_2、H_2S 的强烈作用，因而将这一阶段称为“湿矽卡岩阶段”。随着温度进一步降低，气化热液中的铁离子不再参加硅酸盐晶格构建，而是形成大量的磁铁矿，因此本阶段又称为“磁铁矿阶段”。

（3）氧化物阶段。氧化物阶段在高温热液条件下形成，介于矽卡岩期与石英硫化物期之间。由于在本阶段有大量的白钨矿出现，因此将这一阶段称为“白钨矿阶段”。本阶段形成的矿物种类有钾长石、酸性斜长石、石英、金云母、萤石、白云母、绿帘石、黑云母、赤铁矿、磁铁矿、锡石，此外还有少量的辉钼矿、磁黄铁矿、毒砂等矿物。

石英硫化物期：形成大量石英与金属硫化物。

（1）早期硫化物阶段。早期硫化物阶段在高温至中温环境下形成，形成的主要矿物有方解石、绢云母、石英、萤石以及绿帘石族、绿泥石族矿物等。其中，主要的有用矿物包括黄铁矿、磁黄铁矿、毒砂、辉钼矿、辉铋矿、辉钴矿、黄铜矿等。由于本阶段形成的主要是铁、铜的硫化物，因此称之为“铁-铜硫化物阶段”。

（2）晚期硫化物阶段。晚期硫化物阶段在中温热液条件下形成，形成的矿物主要是石英、碳酸盐矿物，硫化矿主要是闪锌矿、方铅矿、黄铁矿、黄铜矿，因此该阶段又称“铅锌硫化物阶段”。

1.2.3 矽卡岩型白钨矿特点

目前，矽卡岩型白钨矿是人类从自然界获取钨资源最重要的来源。矽卡岩型白钨矿中的钨金属资源占全世界钨金属总储量的一半以上。由上述矽卡岩型白钨矿矿床的形成过程可知，在一般的矽卡岩型白钨矿矿床中，除白钨矿之外，一般的金属矿物有闪锌矿、方铅矿、毒砂、辉铋矿、锡石、磁黄铁矿、辉钼矿、黄铁矿等，非金属矿物主要包含钙铁/钙铝石榴子石类、方解石、钙铁/钙镁辉石类、萤石、闪石类、角闪石类、云母类以及石英、符山石等[12]。

表1-1列出了我国部分大型、超大型白钨矿床的资源分布及其目前的开发利

用情况。由表 1-1 可知，赋存量较大、开发利用程度较高的白钨矿资源均以矽卡岩型白钨矿为主。目前，我国正在生产的白钨矿区有 34 个，这些产区白钨矿基础储量（WO_3）为 123.73 万吨，占到全部基础储量的 60.11%；资源储量为 187.41 万吨，占全部钨资源储量的 45.36%，可以说我国白钨矿资源只利用了一半左右，还有很大的开发利用空间。

表 1-1 我国部分矽卡岩型白钨矿矿床资源分布、开发利用概况

产 地	类 型	规模	WO_3 品位/%
湖南郴州新田岭	矽卡岩型钨钼铋矿（白钨为主）	超大型	0.37
湖南郴州柿竹园	层控叠加矽卡岩型钨锡铋钼矿（白钨为主）	超大型	0.34
福建清流行洛坑	花岗岩细脉侵染型黑、白钨共生矿	超大型	0.23
河南栾川三道庄	斑岩-矽卡岩型钨钼矿（以白钨为主）	超大型	0.12
湖南衡阳川口杨林坳	细脉带型黑、白钨共生矿	特大型	0.46
湖南瑶岗仙和尚滩	似矽卡岩型白钨矿	特大型	0.27
江西修水香炉山	矽卡岩型似层状白钨矿	特大型	0.74
湖南桂阳黄沙坪	矽卡岩型钨铅锌矿（白钨为主）	大型	0.25
河南栾川三道庄	矽卡岩-斑岩型钨钼矿（白钨为主）	大型	0.10
江西永平天排山	似矽卡岩层控型铜硫钨共伴生钨（白钨为主）	大型	0.23
湖南汝城砖头坳	矽卡岩型	大型	0.62
江西分宜下桐岭	花岗岩细脉侵染型黑、白钨共生矿	大型	0.23
江西都昌阳储岭	斑岩型钨钼矿（白钨为主）	大型	0.20
江西丰城徐山	矽卡岩型、斑岩型、石英脉黑白钨共生矿	大型	0.83
甘肃肃南小柳沟	层控叠加矽卡岩型钨矿	大型	0.60~0.93
湖南汝城白云仙钨矿	矽卡岩型白钨矿、细脉侵染型黑白钨共生矿	大型	0.26~2.00
云南个旧钨多金属矿	矽卡岩型白钨矿	大型	0.11~0.29
甘肃肃北塔尔沟	似矽卡岩型白钨矿、石英脉型黑钨矿	大型	0.73
黑龙江逊克翠宏山	矽卡岩型铁钨多金属矿	大型	0.33

1.3 白钨矿选矿方法

目前，白钨矿的选矿方法主要有重选、磁选、化学选矿以及浮选。其中，浮选是目前选矿领域中回收矽卡岩型白钨矿中白钨资源的主要方法。本节将各种方法分别简述。

1.3.1 白钨矿的重选

与矽卡岩型矿床中常见的矿物如方解石、石英等相比，白钨矿的密度较大，为 5.9～6.2g/cm³（方解石密度为 2.6～2.8g/cm³，石英密度为 2.22～2.65g/cm³），与其共生或者伴生矿物的等降比在 2.08～2.78 范围内，对重选操作来说属于易选矿石。在矿石中白钨矿的嵌布粒度较粗的情况下，重选的应用较为广泛。

目前已经公开报道的使用重选工艺回收白钨矿的矿山有澳大利亚的 King Island 选厂、美国 Pine Greek 选厂、瑞典的 Yxsjoberg 选厂、中国福建浒坑、江西西华山[15,16]等。在上述使用重选工艺回收白钨矿的矿山生产中，常用的重选设备有跳汰机、摇床、离心选矿机以及螺旋溜槽等[17~19]。

我国大多数的矽卡岩型白钨矿矿床中白钨矿的嵌布粒度较细，为实现充分的单体解离，在破碎、磨矿作业中容易过粉碎，成为细粒资源。采用重选技术处理这类矿石，一般回收率很低。在大多数选厂的重选生产中，一般将重选操作作为预先富集手段，抛弃大量低品位脉石，实现后续白钨浮选给矿入选品位的预先提升，进而实现后续选矿过程高效回收白钨矿的目的[20]。针对江西某低品位白钨矿进行的重选—浮选联合流程研究表明，使用跳汰机预先抛除了 59.68%的废石，使后续浮选的原矿品位由 WO_3 0.2%提升至 WO_3 0.43%，废石中白钨矿的金属损失仅仅为 8.63%。与单一浮选处理工艺相比，采用重选—浮选工艺，磨矿—浮选作业中原矿的入选量大为降低，磨矿成本降低，后续浮选的成本也降低[21]。针对江西某钨矿细泥的类似研究也证实，使用重—浮—重的联合工艺，与单一浮选流程相比，能够实现微细粒白钨矿回收率 20%～30%的提升[17]。

重选操作的工艺环境友好，污染较少，是处理矿石较好的方法。但是我国现在开采利用的白钨矿普遍呈细粒嵌布，在重选作业中分选效率很低[22]。使用重选工艺回收细粒嵌布的白钨矿资源，不但资源回收率低，而且成本（包括水的用量、场地等）很高，应用空间有限。

1.3.2 白钨矿的磁选

白钨矿没有磁性，因而白钨矿的磁选工艺主要是针对白钨矿中具有磁性的脉石矿物进行抛除而提出的处理技术[23]。由矽卡岩型白钨矿矿床形成过程可知，在矽卡岩期（主要是早矽卡岩阶段、磁铁矿阶段）形成了大量的具有磁性的石榴石、磁铁矿、磁黄铁矿等脉石矿物。面对这样的矿石特点，在选矿作业中可以使用磁选操作预先抛除这些磁性脉石，以达到白钨矿预先富集的目的[24]。

针对湖南某矽卡岩型白钨矿（矽卡岩化严重，磨矿产品中石榴子石含量高达 50%以上）原矿矿物构成特点，采用高梯度磁选抛尾技术工艺，去除了将近 60%（相对于给矿）的磁性产品（主要是磁铁矿、钙铁石榴石、钙铝石榴石等），使后续浮选原矿入选品位提升了将近两倍，而在磁性产品中白钨矿的损失仅仅为 3.85%（相对磁选给矿而言）[25]。在针对含有磁黄铁矿的白钨矿浮选作业中，美国 Tempiut 选厂使用磁选预先脱除磁黄铁矿，后续进行白钨浮选作业，能够增大后续作业的处理量，实现选厂效益的提升[26]。

1.3.3 白钨矿的化学浸出

针对嵌布粒度极其微细、共生或伴生关系复杂、难以分选的白钨矿，通常采取化学浸出的方式回收白钨资源。一般地，按照浸出试剂的不同，化学浸出方法可以分为盐酸法、苛性钠法、碳酸钠压煮法、氟盐法等[27]。在上述各种浸出方法或者工艺中，其关键的化学反应原理分别如下所示：

盐酸法：$CaWO_4(s) + 2HCl(l) \longequal CaCl_2(l) + H_2WO_4(s)$

苛性钠法：$CaWO_4(s) + 2NaOH(l) \longequal Ca(OH)_2(s) + Na_2WO_4(l)$

碳酸钠压煮法：$CaWO_4(s) + 2NaCO_3(l) \longequal Na_2WO_4(l) + CaCO_3(s)$

氟盐法：$CaWO_4(s) + 2NaF(l) \longequal Na_2WO_4(l) + CaF_2(s)$

在上述所有的浸出方法中，使用盐酸分解白钨矿时，白钨矿的分解率超过99%，浸出工艺简单，反应完全，但是在常压条件下，盐酸容易挥发，造成环境问题，因此盐酸酸浸一般在封闭容器中进行[28]；苛性钠浸出法需要在热球磨条件下实现矿物的机械活化才能够实现较高的白钨矿分解效率[29]；碳酸钠压煮法处理白钨矿浸出率高，但是浸出条件苛刻，需在高温、高压条件下进行[30,31]；氟盐法通常采用氟化钠或者氟化铵作为浸出剂，浸出率高且环境友好，反应产物氟化钙可以作为电气石使用，因而具有较大的特色与优势，已经成为近年来使用化学浸出工艺处理微细粒白钨矿的新突破点与研究方向[32]，另外，随着环境保护压力的增大，采用自然界中常见中性酸，如植酸对白钨矿进行绿色分解的研究，也逐渐成为白钨矿化学浸出的研究趋势与热点[33]。

1.3.4 白钨矿的浮选

1.3.4.1 白钨矿浮选工艺

与上述几种选矿方法相比，浮选技术工艺设备配置简单、处理量大、产品指标稳定、回收率高，是处理矽卡岩型白钨矿资源生产实践中应用最广泛、最久远的选矿方法[34]。根据白钨浮选的发展历程，可以将白钨矿的浮选工艺主要分为3个阶段，分别是加温浮选阶段、常温浮选阶段、新工艺阶段[35]。

A 加温浮选阶段

加温浮选阶段又称“Petrov 法”，是由20世纪苏联选矿专家彼得罗夫发明的。Petrov 法处理白钨矿分为两个阶段。第一阶段是常温粗选段，即通过常温粗选预先将矿物富集到 WO_3 10%左右的品位，得到粗选精矿。粗精矿再进行第二阶段即浓浆高温精选段。在浓浆高温精选段，需要预先将粗选精矿浓缩到60%~70%的质量浓度，添加大量抑制剂（水玻璃或盐化水玻璃），在高温条件下（70~90℃）长时间搅拌（通常大于30min），利用不同矿物表面已经吸附的捕收剂在矿物表面的解吸速度不同，实现脉石矿物的选择性抑制，进而在较稀的浓度下进行常温精选作业。Petrov 法对白钨矿石适应性强，浮选指标稳定，在苏联和我国大部分白钨矿山的生产初期都有较为广泛的应用[36~39]。目前在我国柿竹园白钨选厂已经对该法进行了改良替换，以适应矿石性质的变化和分离效率的要求[40]。

B 常温浮选阶段

Petrov 法能耗大、污染大、设备操作繁琐，选矿成本高。经过我国选矿科技工作者长期的研究，在20世纪70年代初，在我国江西提出“731氧化石蜡皂常温浮选法”。常温浮选法，主要是通过碳酸钠和水玻璃不同的配比，使矿浆中的硅酸根离子、硅胶颗粒等抑制剂成分保持在一个有利于抑制脉石矿物的范围内，强化捕收剂731（后续为733捕收剂，均属于氧化石蜡皂系列产品）的捕收性能，提升粗选过程的选择性，得到的粗精矿在常温下进行浓浆搅拌，进入后续的精选作业。由于常温浮选法免去了矿浆加热的操作过程、选矿成本低、效率高、操控简单，因而在我国大部分白钨矿山被广泛推广使用[41~46]。目前在铅离子为活化剂、苯甲羟肟酸（BHA）为捕收剂的药剂体系的白钨矿常温浮选的研究比较多，逐步成为新形势下常温浮选的发展方向[47]。

C 新工艺阶段

由于前面两种工艺均需要对粗精矿进行浓缩，再在大量水玻璃用量下进行长时间的搅拌，给选厂生产造成了较大的操作难度[48]。据研究证实，采用组合抑制剂取代水玻璃作为脉石抑制剂，强化粗选过程的选择性，粗精矿加温后省去稀释-浓缩脱药作业，可以直接进行常温精选作业，节省浓缩-搅拌的操作，降低生产成本[49,50]。

1.3.4.2 白钨矿浮选药剂

在白钨矿的浮选作业中，浮选药剂包括白钨矿捕收剂、脉石矿物抑制剂等一直是研究的热门[51]。

A 捕收剂

目前研究的白钨矿的捕收剂包括阴离子型、阳离子型、两性以及螯合捕收剂型[52~54]。捕收剂对白钨矿的捕收机理一般是通过化学吸附或者其他吸附形式附着在白钨矿颗粒表面，进而增强白钨矿的表面疏水性，使颗粒在气泡的上升作用下携带上浮，实现白钨矿在泡沫产品中的富集[55,56]。

阴离子型捕收剂主要包括脂肪酸类、磺酸类、膦酸类[57]。其中，脂肪酸类捕收剂，包括脂肪酸及其衍生物[58~60]、氧化石蜡皂（731、733）[61]、塔尔油、亚油酸、蓖麻油[62]等，是白钨矿浮选最常用的捕收剂，其捕收机理是脂肪酸中的羧基与白钨矿表面暴露的钙质点形成溶度积很小的、疏水性强的羧酸钙化合物，牢固地吸附在白钨矿颗粒表面，进而增强了白钨矿表面的疏水性，实现气泡携带下的上浮。

阳离子型捕收剂主要为胺类捕收剂[63]。在白钨矿浮选的pH值范围内，白钨矿表面一般荷负电[64]，而胺类捕收剂在水溶液中是带正电的，两者可以发生静电吸附，因而可以考虑使用胺类作为捕收剂实现白钨矿的上浮[65,66]。目前，已经公开报道的阳离子捕收剂有十二烷基乙酸铵[67]、丁烷二胺[68]、十二烷基氯化铵[69]以及双辛烷基二甲基溴化铵[70]等，但是在我国的白钨矿山生产中，单一应用阳离子捕收剂的实例并不多。

两性捕收剂主要是指氨基酸类捕收剂。目前已经报道的氨基酸类捕收剂有β-辛基胺基乙基膦酸（BABP）[71]、油酰基肌氨酸[58]等。两性捕收剂的优点在于其对矿浆pH值的适应性更宽泛，但是缺点在于需要严格控制矿浆pH值的变化范围。目前针对两性捕收剂的理论研究较多，但是基本没有工业应用实例。

螯合类捕收剂主要指苯甲羟肟酸类及其与金属离子形成的配合物[57,72]。据研究报道称，苯甲羟肟酸可以与白钨矿表面的钙质点形成五元环螯合物，进而增大矿物表面的润湿性。目前提出的捕收剂界面组装理论，是将苯甲羟肟酸与铅离子预先混合，形成苯甲羟肟酸-铅混合物，作为白钨矿浮选的捕收剂，比以往逐次加入铅离子和苯甲羟肟酸，浮选选择性显著提高。目前该方法已经在湖南柿竹园钨多金属选厂推广使用并取得了较好的效果[65,73,74]。

B 调整剂

在典型的矽卡岩型白钨矿石中，脉石矿物如方解石、萤石、石榴石等表面也具有钙质点，极容易与上述捕收剂发生作用，与白钨矿表现出相似的表面润湿性与浮选行为，降低了浮选过程的选择性[75,76]。为提升白钨矿与脉石矿物的分离，一般需要在矿浆中加入调整剂，实现矿浆酸碱环境的调节或者矿物表面润湿性的调控。在白钨矿浮选作业中，主要的调整剂类型包括pH值调整剂、抑制剂等。

pH值调整剂。在白钨矿浮选中一般使用碳酸钠、氢氧化钠等碱性物质作为调节矿浆pH值的药剂。大量的生产实践表明，当矿石中含钙脉石矿物较多且这些含钙脉石在矿浆中具有明显的溶解行为时，使用碳酸钠可以消除这些含钙矿物溶解的金属离子（主要是钙离子）对浮选过程的不利影响；当矿石中的脉石矿物基本不溶解时，使用氢氧化钠调节矿浆pH值即可达到较好的效果，而且使用氢氧化钠调节矿浆pH值，与碳酸钠相比，其用量少，药剂成本低[77]。

含钙脉石矿物抑制剂。含钙脉石矿物在破碎、磨矿过程中其表面也能够暴露钙质点，这与白钨矿的表面性质极为相似，若浮选药剂通过颗粒表面金属离子质点发生吸附作用，则必须考虑加入选择性抑制剂作用与含钙脉石矿物表面。白钨矿浮选中常见的抑制剂按照与矿物表面作用的官能团或者活性质点不同，主要分为水玻璃类、磷酸盐类、有机酸类等。

水玻璃、盐化水玻璃以及酸化水玻璃是目前白钨矿选矿实践中应用最广泛的水玻璃类抑制剂[35]。在浮选作业中，水玻璃类药剂具有多重功能。水玻璃既是脉石矿物抑制剂，又是矿浆分散剂[56,78]。生产中一般选取模数在 1.5~3.5 范围内的水玻璃作为含钙脉石矿物的抑制剂。水玻璃对脉石矿物的抑制性能主要是通过水玻璃溶液中的 $HSiO_3^-$ 以及 H_2SiO_3 胶粒选择性吸附在脉石矿物表面，造成捕收剂不能吸附在脉石矿物表面或者捕收剂的吸附量降低实现的[79]。在这个过程中，水玻璃溶液组分中大量的荷电胶体对矿物的选择性作用是关键。据研究表明，通过向水玻璃中添加高价金属离子有助于在水玻璃溶液组分中形成多种粒径、多种电荷性质的分子-离子-胶体混合物质，有助于提升水玻璃对脉石矿物的抑制效果[80]。目前已经报道的金属离子包括铝离子、亚铁离子、铅离子、镁离子等，形成的水玻璃称作盐化水玻璃[60,79]；已经报道的酸有草酸，形成的水玻璃称作酸化水玻璃[80,81]，均对含钙脉石矿物如方解石、萤石等有较好的抑制效果。

磷酸盐类抑制剂主要包括磷酸钠、焦磷酸钠、三聚磷酸钠、六偏磷酸钠、植酸钠（学名为肌醇六磷酸钠）等[82,83]。在白钨矿的浮选中，有研究表明，使用焦磷酸钠作为方解石、萤石、石英等脉石矿物的抑制剂，可以实现白钨矿在 pH 值为 8.5~9.5 范围内优先上浮。在白钨矿浮选中，无机磷酸盐类抑制剂对脉石矿物抑制效果好，与水玻璃类抑制剂相比，其用量少，但是对矿浆 pH 值比较敏感，在调节过程中要求实现矿浆 pH 值的精确控制；另外，多聚磷酸盐在水中容易发生分解，形成低聚的磷酸盐，而不同聚合度的磷酸盐在抑制含钙脉石矿物的最佳 pH 值范围不同，因而限制了其在浮选实践中的大规模应用[84]。在使用一些有机磷酸盐类作为白钨矿中含钙脉石矿物的抑制剂，利用有机物分解速率慢的优点，能够避免无机磷酸盐的缺点，同时不影响抑制效果，例如植酸钠的使用[85]。

有机酸类抑制剂主要是一些可以与脉石矿物发生选择性吸附作用的含有羟基、羧基、磺酸基的物质。已经公开报道的在白钨矿的浮选中抑制方解石、萤石、石英等脉石矿物的有机酸类抑制剂是目前白钨矿与含钙脉石矿物浮选分离的热点，如焦性没食子酸[86]、乳酸、柠檬酸、葡聚糖硫酸钠[87]、苹果酸、琥珀酸、草酸、木质素磺酸钠[88]、羧甲基纤维素钠[89]、白雀树皮汁[58,90]、黄原胶[91]、果胶[92]等。这些有机酸对脉石矿物的抑制主要是通过分子中的活性基团如羟基、羧基等与脉石矿物中的活性质点如钙质点、铁质点发生作用，进而吸附在脉石矿物表面，实现脉石矿物表面亲水化。近年来，针对有机酸类抑制剂的研究较多，但是工业应用较少，主要是因为部分有机酸有毒（如焦性没食子酸）、溶解性差（如羧甲基纤维素、乳酸）或者价格高昂（如葡聚糖硫酸钠、果胶），限制了这些药剂的大规模工业应用。

1.4 微细粒白钨矿浮选

1.4.1 微细粒白钨矿的产生机制

微细粒，尤其是小于 10μm 的矿物颗粒，长期以来一直是矿物加工物理方法分选作业中的“梦魇”。在白钨矿选矿作业中，微细粒白钨矿颗粒的来源有以下3个方面。

（1）大量微细粒嵌布的白钨矿资源开发。由于这部分白钨矿嵌布粒度本身就比较细，为使白钨矿实现充分的单体解离，在磨矿作业中必须将磨矿细度放小，在矿石细磨的过程中，产生了大量的微细粒白钨矿，这部分微细粒通过搅拌、调浆等操作进入了浮选作业。

（2）白钨矿性脆，容易过磨。

（3）伴生或者共生的脉石矿物硬度大、耐磨（如磁铁矿、石榴石等），在磨矿作业中容易将白钨矿磨细。

上述原因产生的微细粒白钨矿，使用常规的选矿方法很难实现高效回收。摇床重选的处理粒度下限是38μm，而浮选处理的粒度下限是10μm[93]。对于微细粒矿物（-10μm），浮选的回收效果很差[94]。微细粒矿物（-10μm）的高效浮选回收一直是选矿界的难题。

浮选作业中，微细粒矿物难选的根本原因在于其粒度细。由于颗粒粒度细，直接导致对浮选作业两大不利因素：（1）浮选颗粒的质量小；（2）浮选颗粒的比表面积大[95]。由于微细粒矿物质量小，在浮选过程中容易导致的问题有：颗粒动量小、异相凝聚、精矿中颗粒夹杂严重、颗粒与气泡碰撞概率低、颗粒之间以及颗粒与气泡之间能垒增大；由于颗粒比表面积大，在浮选过程中容易导致矿物在水中溶解增大、药剂吸附量增大及选择性下降、浮选泡沫过分稳定、矿浆流变性复杂（矿浆黏度高、团聚严重）、细粒脉石矿物在有用矿物表面罩盖等问题[96]。对于硫化矿，粒度变细还将导致矿物的氧化速率加快，降低捕收剂的捕收性能[97]。

浮选过程中的微细粒矿物给资源的高效回收利用带来了很大的难题。据统计，全世界每年约有1/5的钨、1/3的磷、1/6的铜、1/10的铁（美国）和1/2的锡（玻利维亚）损失在细泥中[98]。例如湖南某白钨选厂，其浮选过程中各个粒级的产品分析结果见表1-2。由该表可知，在最终精矿中，-10μm粒级WO_3品位（17.891%）远远低于粗粒级中的WO_3品位（50.300%），表明有大量的-10μm粒级的脉石矿物进入了最终精矿，降低了最终精矿的品位；在精选尾矿以及最终尾矿中，-10μm粒级WO_3品位（分别是1.614%、0.214%）均远大于对应粗粒级中的WO_3品位（分别为0.427%、0.052%），表明相当量的-10μm粒级WO_3进入了尾矿[99]。微细粒级有用矿物回收效率低下，不但使有限的矿产资源被大量浪费，而且损失的金属会对选厂、矿山及其周边环境造成环境危害。微细粒金属资源的高效回收利用是选矿领域面临的重大科学问题。

表 1-2 湖南某白钨浮选厂各个产品的白钨粒级回收情况（品位、回收率均以 WO_3 计）

（%）

浮选产品	WO_3 含量	粗粒级（-150+10μm）		微细粒级（-10μm）	
		品位	回收率	品位	回收率
给矿	0.357	0.315	66.13	0.483	33.87
最终精矿	48.80	50.300	98.30	17.891	1.70
精选尾矿	0.964	0.427	24.34	1.614	75.66
最终尾矿	0.078	0.052	56.06	0.214	43.94

1.4.2 微细粒白钨矿浮选技术

针对上述微细粒矿物浮选存在的问题，选矿科技工作者们进行了大量的探索与研究，逐渐形成了解决微细粒矿物浮选的两大思路：（1）增大微细粒矿物的表观粒度，发展出的浮选工艺主要有聚团浮选、剪切絮凝浮选等；（2）减小浮选泡沫的尺寸，发展出的浮选工艺主要是溶气浮选、电解浮选、微泡浮选等[100]。在实际生产中，往往存在两种思路同时应用的情况。

1.4.2.1 增大微细粒矿物的表观粒度

微细粒白钨矿的剪切絮凝浮选是由 Warren 在 1975 年提出的[101]。Warren 使用一个带有挡板的搅拌桶，配合一个搅拌叶轮，在捕收剂油酸钠存在条件下，高速搅拌微细粒白钨矿的矿浆，可以使得表面疏水、带有负电的白钨矿颗粒突破静电斥力能垒，通过疏水缔合作用形成疏水性的聚团，进而在传统的浮选作业中上浮、回收[102,103]。据报道，使用剪切絮凝处理澳大利亚 King Island 某微细粒嵌布的白钨矿，针对磨矿细度为 70%粒度为-15μm 的微细粒白钨矿浮选给矿，与传统的浮选技术相比，可以实现品位提升 9%和回收率提升 5%～6%的效果[104,105]。以白钨矿剪切絮凝-浮选技术为基础，剪切絮凝浮选技术广泛应用于微细粒的铬铁矿[106]、赤铁矿[107]、方铅矿[108]、天青石[109]、高岭石[110]等微细粒矿物资源的处理过程。

此外，应用于其他微细矿物种类浮选回收的技术如载体浮选、聚团浮选、高分子絮凝浮选、油团聚分选等，也为微细粒白钨矿浮选技术的开发提供了新的思路。

1.4.2.2 减小浮选气泡的尺寸

由于常规浮选所使用的气泡体积较大，而微细粒矿物难以与其发生有效的碰撞进而实现黏附。通过减小浮选气泡的尺寸是有效提高微细颗粒与气泡有效碰撞概率的一个重要途径[111]。减小气泡尺寸的主要方法包括降低压力析出溶解气体、电解产生微细气泡，以及通过气泡发生器设备产生微泡加入矿浆体系中，进而采用常规的浮选作业回收微细粒有用矿物[112]。

1.4.3 微细粒白钨矿浮选设备

由于微细粒白钨矿具有质量小、比表面积大等特点，造成浮选过程中矿浆整体黏度偏大、颗粒间分散性差等问题，针对这些问题，浮选设备研发人员研发了一系列新型针对微细粒浮选的选矿设备[113]。目前已报道的适用于微细粒矿物浮选的设备有细粒顺流浮选机、微泡浮选柱、XPM 型喷射浮选机[114]。

（1）细粒顺流浮选机。这种细粒顺流浮选机是通过参考国外詹姆森“下导管充气矿化技术”实现的将气泡矿化和矿化气泡分别进行的一种浮选设备[115]。相比于传统的浮选机，这种将气泡矿化和矿化气泡分别进行的浮选机具有自吸气、浮选速度快、处理能力大等优点。

（2）微泡浮选柱。微泡浮选柱是通过底部的空化管作为单独的发泡装置，产生粒径为几百纳米的微泡，导入垂直运动的矿浆流中，强化微泡与微细颗粒的接触、碰撞过程，进而提高微细粒矿物的浮选速率。浮选柱由于其泡沫区域较长，通过淋洗水可以大幅降低脉石矿物在浮选过程中的夹杂程度[116]。研究表明，使用单独的发泡装置产生大量微纳级泡沫导入矿浆，有利于强化矿化过程中气泡与颗粒的碰撞与黏附过程，减小颗粒、气泡凝聚的临界尺寸，提高微细粒矿物与脉石矿物的分离效率[117]。浮选柱浮选效率高、能耗低，处理量大，且浮选柱安装自动化程度高、结构简单[118,119]，已经在我国很多白钨矿选矿厂实现了大规模、广泛的应用[120~122]。

（3）XPM 型喷射浮选机。这是一种针对微细粒矿物浮选的没有搅拌结构的浮选机。在该浮选机工作的时候，矿浆不是通过被叶轮搅拌实现混合，而是以螺旋状从喷嘴喷出实现静态混合。这种设置了静态混合器结构的浮选机既增大了矿浆与空气的接触面积，又增大了浮选矿浆携带空气的能力，在矿浆中一直保持了较多的气泡，强化了矿浆中气泡捕收微细粒级矿物的能力[123]。

总体而言，我国目前正在开发利用的矽卡岩型白钨矿资源，具有白钨矿嵌布粒度细，且各种细粒矿物嵌布关系复杂，不易解离的特点，加之白钨矿性脆，易粉碎，成为微细粒，含钙脉石矿物多，硬度大（石榴石类），易导致白钨过磨等特点，在使用 Petrov 加温浮选法、常温浮选法、浮选新工艺法等工艺以及各种微细粒浮选设备的情况下，虽然总体浮选指标已经处于较高的水平，但是仍然存在含钙脉石难以抑制、高黏度矿浆分散困难、微细粒白钨矿损失严重等缺陷，目前，细粒级白钨矿损失占尾矿中总白钨资源的50%左右，微细粒级白钨矿资源损失严重。

参 考 文 献

[1] 蔡改贫，吴叶彬，陈少平．世界钨矿资源浅析［J］．世界有色金属，2009（4）：62-65.

[2] 李俊萌．中国钨矿资源浅析［J］．中国钨业，2009，24（6）：9-14.

[3] 曹飞，杨卉芃，王威，等．全球钨矿资源概况及供需分析［J］．矿产保护与利用，2016（2）：145-149.

[4] 赵中伟，孙丰龙，杨金洪，等．我国钨资源、技术和产业发展现状与展望［J］．中国有色金属学报，2019，29（9）：1901-1915.

[5] 毕承思．中国矽卡岩型白钨矿矿床成矿基本地质特征［J］．中国地质科学院院报，1987（17）：49-63.

[6] 杨晓峰，刘全军．我国白钨矿的资源分布及选矿的现状和进展［J］．矿业快报，2008，468（4）：6-12.

[7] 祝红丽，张丽鹏，杜龙，等．钨的地球化学性质与华南地区钨矿成因［J］．岩石学报，2020，36（1）：13-17.

[8] 孔昭庆．中国钨矿资源现状与可持续发展［J］．中国矿业，2001（1）：32-34.

[9] 林运淮．白钨矿矿床类型及其地质特征［J］．地质与勘探，1982（2）：81-87.

[10] 刘壮壮，夏庆霖，汪新庆，等．中国钨矿资源分布及成矿区带划分［J］．矿床地质，2014，33：945-949.

[11] Choi W，Park C，Song Y. Multistage W-mineralization and magmatic-hydrothermal fluid evolution：Microtextural and geochemical footprints in scheelite from the Weondong W-skarn deposit，South Korea［J］. Ore Geology Reviews，Elsevier，2020，116：103219.

[12] 周乐光．矿石学基础［M］．北京：冶金工业出版社，2006.

[13] 秦燕，王登红，盛继福，等．中国不同类型钨矿床稀土元素地球化学研究成果综述［J］．中国地质，2019，46（6）：1300-1310.

[14] 王彩艳，任涛，王蝶，等．滇东南南秧田超大型钨矿床流体包裹体及 H、O 同位素研究［J］．大地构造与成矿学，2020，44（1）：103-118.

[15] 王星．钨矿选矿工艺研究进展评述［J］．工程设计与研究，2010（129）：5-8.

[16] Srivastava J P，Pathak P N. Pre-concentration：A necessary step for upgrading tungsten ore［J］. International Journal of Mineral Processing，2000，60（1）：1-8.

[17] 周晓文，陈江安，袁宪强，等．离心机用于钨细泥精选的工业应用［J］．有色金属科学与工程，2011，2（3）：62-66.

[18] 骆任，魏党生，叶从新．重流程回收某原生钨细泥中的钨试验研究［J］．湖南有色金属，2011，27（3）：5-7.

[19] 肖文工，谢加文，陈占发．白钨精选尾矿综合回收钨、锡新工艺改造［J］．中国钨业，2015，30（3）：14-17.

[20] 王庆民，谢园明，郑德华，等．重选抛尾在细粒嵌布型黑白钨矿选别中的应用［J］．中国钨业，2018，33（5）：41-48.

[21] 徐凤平，丁胜明，冯其明．重浮联合工艺在低品位钨矿选别中的应用研究［J］．矿冶工程，2015，35（3）：72-74.

[22] 付广钦，周晓彤，邓丽红，等．某重选钨锡混合精矿精选分离试验研究［J］．材料研究与应用，2019，13（1）：57-61.

[23] 邓丽红 周晓彤．高梯度磁选机回收铋锌铁尾矿中低品位白钨矿的工艺研究［J］．中国钨

业，2012，21（1）：104-108.

[24] 周源，胡文英．广东某含铁钨矿选矿试验［J］．金属矿山，2012（437）：69-72.

[25] 张发明，徐凤平，朱刚雄，等．某矽卡岩型低品位白钨矿选矿新工艺研究［J］．矿冶工程，2014，34：185-188.

[26] 孙伟，胡岳华，覃文庆，等．钨矿回收工艺研究进展［J］．矿产保护与利用，2001，3（2）：43-45.

[27] 李停停，钟祥熙，张威，等．白钨矿浸出工艺现状及发展趋势［J］．金属矿山，2017（10）：128-134.

[28] Srinivas K，Sreenivas T，Natarajan R，et al. Studies on the recovery of tungsten from a composite wolframite-scheelite concentrate［J］. Hydrometallurgy，2000，58：43-50.

[29] Leitão P，Futuro A，Vila C，et al. Direct pressure alkaline leaching of scheelite ores and concentrates［J］. Mining，Metallurgy and Exploration，Mining，Metallurgy & Exploration，2019，36（5）：993-1002.

[30] Martins J P，Martins F. Soda ash leaching of scheelite concentrates：the effect of high concentration of sodium carbonate［J］. Hydrometallurgy，1997，46（1-2）：191-203.

[31] Dimitrijevi V，Dimitrijevi M，Milanovi D. Recovery of tungsten low-grade scheelite concentrate by soda ash roast-leach method［J］. Journal of Mining and Metallurgy，2004，40（1）：75-89.

[32] 姚珍刚．氟化钠压煮法分解白钨工艺研究［J］．中国钨业，1999，14（5-6）：166-169.

[33] Zhu X，Liu X，Zhao Z，et al. A green method for decomposition of scheelite under normal atmospheric pressure by sodium phytate［M］. Hydrometallurgy，Elsevier B. V.，2020，191.

[34] 王淀佐，邱冠周，胡岳华．资源加工学［M］．北京：科学出版社，2005.

[35] 胡岳华，印万忠，张凌燕，等．矿物浮选［M］．长沙：中南大学出版社，2010.

[36] 高玉德，王国生，韩兆元．某矽卡岩型白钨矿选矿试验研究［J］．材料研究与应用，2012，6（3）：185-189.

[37] 邱廷省，陈向，温德新，等．某难选白钨矿浮选工艺及流程试验研究［J］．有色金属科学与工程，2013，4（5）：48-56.

[38] 牛艳萍，丁淑芳，张旭，等．内蒙古某白钨矿选矿试验研究［J］．有色金属（选矿部分），2014（1）：26-29.

[39] 古吉汉，李平，李振飞，等．某钨矿石的选矿试验研究［J］．中国钨业，2011，26（5）：21-29.

[40] Han H，Xiao Y，Hu Y，et al. Replacing Petrov's process with atmospheric flotation using Pb-BHA complexes for separating scheelite from fluorite［J］. Minerals Engineering，Elsevier，2020，145：106053.

[41] 徐凤平．湖南某低品位白钨矿全常温浮选生产实践［J］．非金属矿，2015，5（1）：54-58.

[42] 王俐，高玉德，韩兆元．云南某白钨矿常温浮选工艺研究［J］．材料研究与应用，2011，5（2）：154-159.

[43] 徐晓萍，梁冬云，管则皋，等．提高香炉山钨矿钨选矿回收率试验研究［J］．矿业快

报，2006（444）：349-353.
［44］温德新，伍洪强，夏青．某低品位难选白钨矿常温浮选试验研究［J］．有色金属科学与工程，2011，2（3）：51-54.
［45］李晓波，陈剑，沈新春，等．某白钨矿选矿工艺试验研究［J］．中国钨业，2011，26（5）：18-20.
［46］温德新．某低品位难选白钨矿常温浮选试验研究［J］．有色金属科学与工程，2011，2：3-6.
［47］卫召，韩海生，胡岳华，等．Pb-BHA 配位捕收剂的黑白钨混合常温浮选研究［J］．有色金属工程，2017，7（6）：70-75.
［48］张忠汉，张先华，叶志平，等．柿竹园多金属矿 GY 法浮钨新工艺研究［J］．矿冶工程，1999，19（4）：22-25.
［49］文儒景．广东某黑白钨矿选矿试验研究［J］．湖南有色金属，2014，30（1）：2-5.
［50］刘泽洪，汪志平．湖北某白钨矿提高选矿精矿品位研究［J］．有色金属（选矿部分），2011，5：21-30.
［51］李文恒．白钨矿浮选药剂研究进展［J］．世界有色金属，2019（14）：245-247.
［52］王彦杰．浮选矽卡岩型白钨矿的药剂选择［J］．有色金属（选矿部分），1980（5）：34-38.
［53］殷志刚，鲁军，孙忠梅，等．白钨矿浮选药剂应用与研究现状［J］．矿产综合利用，2011（6）：3-7.
［54］赵磊，邓海波，李仕亮．白钨矿浮选研究进展［J］．现代矿业，2009，485：15-18.
［55］Atademir M R，Kitchener J A，Shergold H L. The surface chemistry and flotation of scheelite，Ⅱ. Flotation "collectors"［J］. International Journal of Mineral Processing，1981，8（1）：9-16.
［56］Rao K H，Antti B M，Forssberg E. Mechanism of oleate interaction on salt-type minerals，Part Ⅱ. Adsorption and electrokinetic studies of apatite in the presence of sodium oleate and sodium metasilicate［J］. International Journal of Mineral Processing，1990，28（1-2）：59-79.
［57］Kang J，Hu Y，Sun W，et al. A significant improvement of scheelite flotation efficiency with etidronic acid［J］. Journal of Cleaner Production，2018，180：858-865.
［58］Schubert H，Baldauf H，Kramer W，et al. Further development of fluorite flotation from ores containing higher calcite contents with oleoylsarcosine as collector［J］. International Journal of Mineral Processing，1990，30（3-4）：185-193.
［59］Rao K H，Forssberg K S E. Mechanism of fatty acid adsorption in salt-type mineral flotation［J］. Minerals Engineering，1991，4（7-11）：879-890.
［60］Rao K H，Forssberg K S E. Mechanism of oleate interaction on salt-type minerals，Part Ⅲ. Adsorption，zeta potential and diffuse reflectance FT-IR studies of scheelite in the presence of sodium oleate［J］. Colloids and Surfaces，1991，54：161-187.
［61］Yin W Z，Wang J Z，Sun Z M. Structure-activity relationship and mechanisms of reagents used in scheelite flotation［J］. Rare Metals，Nonferrous Metals Society of China，2014，34：882-887.

[62] 江庆梅. 白钨矿浮选药剂的研究现状及进展［J］. 中国科技博览，2011（35）：621-622.

[63] Hiçyìlmaz C，Atalay Ü，Özbayoglu G. Selective flotation of scheelite using amines［J］. Minerals Engineering，1993，6（3）：313-320.

[64] Arnold R，Warren L J. Electrokinetic properties of scheelite［J］. Journal of Colloid and Interface Science，1974，47（1）：134-144.

[65] Gao Y，Gao Z，Sun W，et al. Selective flotation of scheelite from calcite：A novel reagent scheme［J］. International Journal of Mineral Processing，Elsevier B. V.，2016，154：10-15.

[66] Wang J，Gao Z，Gao Y，et al. Flotation separation of scheelite from calcite using mixed cationic / anionic collectors［J］. Minerals Engineering，Elsevier Ltd，2016，98：261-263.

[67] Arnold R，Brownbill E E，Ihle S W. Hallimond tube flotation of scheelite and calcite with amines［J］. International Journal of Mineral Processing，1978，5（2）：143-152.

[68] 杨帆. 新型季铵盐捕收剂对白钨矿和方解石的常温浮选分离［J］. 中国有色金属学报，2012，22（5）：1448-1454.

[69] Hu Y，Yang F，Sun W. The flotation separation of scheelite from calcite using a quaternary ammonium salt as collector［J］. Minerals Engineering，Elsevier Ltd，2011，24（1）：82-84.

[70] Yang F，Sun W，Hu Y，et al. Cationic flotation of scheelite from calcite using quaternary ammonium salts as collector：Adsorption behavior and mechanism［J］. Minerals Engineering，Elsevier Ltd，2015，81：18-28.

[71] Hu Y，Xu Z. Interactions of amphoteric amino phosphoric acids with calcium-containing minerals and selective flotation［J］. International Journal of Mineral Processing，2003，72（1-4）：87-94.

[72] Han H S，Hu Y H，Sun W，et al. Fatty acid flotation versus BHA flotation of tungsten minerals and their performance in flotation practice［J］. International Journal of Mineral Processing，2017，159：22-29.

[73] Han H S，Liu W L，Hu Y H，et al. A novel flotation scheme：selective flotation of tungsten minerals from calcium minerals using Pb-BHA complexes in Shizhuyuan［J］. Rare Metals，Nonferrous Metals Society of China，2017，36（6）：533-540.

[74] Deng L，Zhao G，Zhong H，et al. Investigation on the selectivity of N-（（hydroxyamino）-alkyl）alkylamide surfactants for scheelite/calcite flotation separation［J］. Journal of Industrial and Engineering Chemistry，The Korean Society of Industrial and Engineering Chemistry，2015，33：131-141.

[75] Pradip，Rai B，Rao T K，et al. Molecular modeling of interactions of alkyl hydroxamates with calcium minerals［J］. Journal of Colloid and Interface Science，2002，256（1）：106-113.

[76] Fa K，Jiang T，Nalaskowski J，et al. Interaction forces between a calcium dioleate sphere and calcite/fluorite surfaces and their significance in flotation［J］. Langmuir，2003，19（25）：10523-10530.

[77] 孙伟，胡岳华，覃文庆，等. 钨矿浮选药剂研究进展［J］. 矿产保护与利用，2000（3）：43-48.

[78] Marinakis K I，Shergold H L. Influence of sodium silicate addition on the adsorption of oleic

acid by fluorite, calcite and barite [J]. International Journal of Mineral Processing, 1985, 14: 177-193.

[79] Bo F, Guo W, Xu H, et al. The combined effect of lead ion and sodium silicate in the flotation separation of scheelite from calcite [J]. Separation Science and Technology, Taylor & Francis, 2017, 52 (3): 567-573.

[80] Bo F, Xianping L, Jinqing W, et al. The flotation separation of scheelite from calcite using acidified sodium silicate as depressant [J]. Minerals Engineering, Elsevier Ltd, 2015, 80: 45-49.

[81] Irannajad M, Ejtemaei M, Gharabaghi M. The effect of reagents on selective flotation of smithsonite-calcite-quartz [J]. Minerals Engineering, Elsevier Ltd, 2009, 22 (9-10): 766-771.

[82] Changgen L, Yongxin L. Selective flotation of scheelite from calcium minerals with sodium oleate as a collector and phosphates as modifiers. Ⅱ. The mechanism of the interaction between phosphate modifiers and minerals [J]. International Journal of Mineral Processing, 1983, 10 (3): 219-235.

[83] Yongxin L, Changgen L. Selective flotation of scheelite from calcium minerals with sodium oleate as a collector and phosphates as modifiers. Ⅰ. selective flotation of scheelite [J]. International Journal of Mineral Processing, 1983, 10 (3): 205-218.

[84] Gao Y, Gao Z, Sun W, et al. Adsorption of a novel reagent scheme on scheelite and calcite causing an effective flotation separation [J]. Journal of Colloid and Interface Science, Elsevier Inc., 2018, 512: 39-46.

[85] Chen W, Feng Q, Zhang G, et al. Investigations on flotation separation of scheelite from calcite by using a novel depressant: Sodium phytate [J]. Minerals Engineering, 2018, 126: 116-122.

[86] Chen W, Feng Q, Zhang G, et al. Utilization of pyrogallol in flotation separation of scheelite from calcite [J]. Separation Science and Technology, Taylor & Francis, 2021, 56: 738-745.

[87] Chen W, Feng Q, Zhang G, et al. The flotation separation of scheelite from calcite and fluorite using dextran sulfate sodium as depressant [J]. International Journal of Mineral Processing, Elsevier B. V., 2017, 113: 1-7.

[88] Chen W, Feng Q, Zhang G, et al. Selective flotation of scheelite from calcite using calcium lignosulphonate as depressant [J]. Minerals Engineering, Elsevier, 2018, 119: 73-75.

[89] Tian M, Gao Z, Han H, et al. Improved flotation separation of cassiterite from calcite using a mixture of lead (Ⅱ) ion/benzohydroxamic acid as collector and carboxymethyl cellulose as depressant [J]. Minerals Engineering, Elsevier, 2017, 113: 68-70.

[90] Castro F H B de, Borrego A G. The influence of temperature during flotation of celestite and calcite with sodium oleate and quebracho [J]. International Journal of Mineral Processing, 1996, 46: 35-52.

[91] Dong L, Jiao F, Qin W, et al. Selective flotation of scheelite from calcite using xanthan gum as depressant [J]. Minerals Engineering, Elsevier, 2019, 138: 14-23.

[92] Jiao F, Dong L, Qin W, et al. Flotation separation of scheelite from calcite using pectin as de-

pressant [J]. Minerals Engineering, Elsevier, 2019, 136: 120-128.
[93] Miettinen T, Ralston J, Fornasiero D. The limits of fine particle flotation [J]. Minerals Engineering, Elsevier Ltd, 2010, 23 (5): 420-437.
[94] 李淑菲，李强．微细粒白钨矿浮选研究现状［J］．有色冶金节能，2019（3）：12-15.
[95] Subrahmanyam T V, Forssberg K S E. Fine particles processing: shear-flocculation and carrier flotation—A review [J]. International Journal of Mineral Processing, 1990, 30 (3): 265-286.
[96] 龙涛，陈伟．调浆过程能量输入对微细粒白钨浮选矿浆流变特性的影响研究［J］．矿冶工程，2019，39（5）：49-52.
[97] Forbes E. Shear, selective and temperature responsive flocculation: A comparison of fine particle flotation techniques [J]. International Journal of Mineral Processing, Elsevier B. V., 2011, 99 (1-4): 1-10.
[98] Sivamohan R. The problem of recovering very fine particles in mineral processing—A review [J]. International Journal of Mineral Processing, 1990, 28 (3): 247-288.
[99] 徐凤平，冯其明，张国范，等．湖南某白钨矿浮选试验研究［J］．矿冶工程，2016，36（2）：38-43.
[100] Yang X. Beneficiation studies of tungsten ores—A review [J]. Minerals Engineering, 2018, 125: 111-119.
[101] Warren L J. Shear-flocculation of ultrafine scheelite in sodium oleate solutions [J]. Journal of Colloid and Interface Science, 1975, 50 (2): 307-318.
[102] Kusters K A, Wijers J G, Thoenes D. Aggregation kinetics of small particles in agitated vessels [J]. Chemical Engineering Science, 1997, 52 (1): 107-121.
[103] Lu S, Ding Y, Guo J. Kinetics of fine particle aggregation in turbulence [J]. Advances in Colloid and Interface Science, 1998, 78 (3): 197-235.
[104] Koh P T L, Warren L. A Pilot plant test of the shear-flocculation of ultrafine scheelite [C]. Eighth Auatralian chemical engineering conference at Melbourne, Australia, 1980: 2-6.
[105] Koh P T L, Andrews J R G, Uhlherr P H T. Floc-size distribution of scheelite treated by shear-flocculation [J]. International Journal of Mineral Processing, 1986, 17 (1-2): 45-65.
[106] Akdemir Ü, Hiçyilmaz C. Shear flocculation of chromite fines in sodium oleate solutions [J]. Colloids and Surfaces A: Physicochemical and Engineering Aspects, 1996, 110 (1): 87-93.
[107] Akdemir Ü. Shear flocculation of fine hematite particles and correlation between flocculation, flotation and contact angle [J]. Powder Technology, 1997, 94 (1): 1-4.
[108] Song S, Lopez-Valdivieso A, Reyes-Bahena J L, et al. Floc flotation of galena and sphalerite fines [J]. Minerals Engineering, 2001, 14 (1): 87-98.
[109] Ozkan A, Ucbeyiay H, Aydogan S. Shear flocculation of celestite with anionic surfactants and effects of some inorganic dispersants [J]. Colloids and Surfaces A: Physicochemical and Engi-

neering Aspects, 2006, 281 (1-3): 92-98.

[110] Mietta F, Chassagne C, Winterwerp J C. Shear-induced flocculation of a suspension of kaolinite as function of pH and salt concentration [J]. Journal of Colloid and Interface Science, Elsevier Inc., 2009, 336 (1): 134-141.

[111] 陈吴, 欧乐明, 周伟光. 脱气处理对微细白钨颗粒疏水聚团行为的影响 [J]. 中南大学学报 (自然科学版), 2018, 49 (8): 1852-1856.

[112] Zhou W, Chen H, Ou L, et al. Aggregation of ultra-fine scheelite particles induced by hydrodynamic cavitation [J]. International Journal of Mineral Processing, Elsevier B. V., 2016, 157: 236-240.

[113] 刘旭. 微细粒白钨矿浮选行为研究 [D]. 长沙: 中南大学, 2010.

[114] 胡岳华, 冯其明. 矿物资源加工技术与设备 [M]. 北京: 科学出版社, 2006.

[115] 何廷树, 陈炳辰. 新型细粒浮选机的研制和现场分流试验 [J]. 金属矿山, 1996 (7): 33-37.

[116] Demir U, Yamik A, Kelebek S, et al. Characterization and column flotation of bottom ashes from Tuncbilek power plant [J]. Fuel, 2008, 87 (6): 666-672.

[117] Güney A, Önal G, Çelik M S. New flowsheet for processing chromite fines by column flotation and the collector adsorption mechanism [J]. Minerals Engineering, 1999, 12 (9): 1041-1049.

[118] 卿林江. CCF 浮选柱在钼和钨浮选的应用 [J]. 矿业工程, 2018, 16 (2): 42-47.

[119] 张健, 郭建根, 王旭. 柱-机联合工艺在低品位白钨矿回收中的应用实践 [J]. 中国钨业, 2019, 34 (3): 36-41.

[120] 黄光耀, 冯其明, 欧乐明, 等. 浮选柱法从浮选尾矿中回收微细粒白钨矿的研究 [J]. 稀有金属, 2009, 33 (2): 263-266.

[121] 王选毅, 吴铁生, 薛明向, 等. 浮选柱用于白钨精选的工业试验研究 [J]. 有色金属 (选矿部分), 2012 (6): 60-64.

[122] 高湛伟, 胡林生, 郑灿辉, 等. 浮选柱在低品位白钨矿粗选中的应用实践 [J]. 中国钨业, 2011, 26 (2): 27-30.

[123] 张贤贤, 张羽末, 丁雪刚, 等. FJCA16-4 型喷射式浮选机在美国克莱塔选煤厂的生产指标分析 [J]. 煤炭加工与综合利用, 2018 (3): 1-5.

2 矿物浮选过程流变学

2.1 流变学概述

2.1.1 流变学发展与由来

“流变”这一术语源自古希腊中的单词“rhei”，意思为“万物皆流”。在一些古代欧洲的药店中，标记有“rhei”单词的药瓶表明瓶内盛装的物质为液体，其能够发生明显流动与变形的行为。

历史上，很早就有对物质受到外力作用下发生流动或者变形的记录。1676年，英国科学家胡克提出了著名的胡克定律，即物体受到的形变与受到的力成正比，该定律奠定了弹性力学的基础；1687 年，英国科学家牛顿研究了黏性液体的剪切速率与剪切应力的关系，发现黏性流体的流动阻力与流动速度成正比，即牛顿黏性定律，开启了黏性流体力学的开端；在研究油漆、玻璃、混凝土及金属等工业材料，岩石、土、石油、矿物等地质材料，以及血液、肌肉骨骼等生物材料性质的过程中，发现使用古典弹性理论、塑性理论和牛顿流体理论已不能说明这些材料的复杂特性，于是就产生了流变学的思想。英国物理学家麦克斯韦和开尔文很早就认识到材料的变化与时间之间存在紧密联系的时间效应。在 1869 年麦克斯韦进一步认识到弹性的物质又同时可以具备黏性。对于黏性材料，应力不能保持恒定，而是以某一速率减小到零，其速率取决于施加的起始应力值和材料的性质。这种现象称为应力松弛。许多学者还发现，在外加应力不发生变化的情况下，材料棒可随时间继续变形，这种性能就是蠕变或流动。1905 年，德国科学家爱因斯坦针对含有固体悬浮液的流体，提出了悬浮液的黏度方程：

$$\mu = \mu_s(1 + 2.5\varphi) \tag{2-1}$$

式中，μ 为悬浮体、浆体等固液混合相的黏度；Pa · s；μ_s为介质的黏度，Pa · s；φ 为固体体积分数,%。该式只适用于体积分数小于 2%的低浓度的悬浮液的黏度计算。在生产实践中，人们逐渐发现，悬浮颗粒的粒度、形状、分散状态等因素均对悬浮体的黏度有较大的影响，因而仅仅使用固体浓度百分数来表征悬浮体的黏度是很不全面的[1]。在微细颗粒的悬浮体中，悬浮体的黏度远远大于粗粒悬浮体的黏度，加上微细粒颗粒特有的性质如表面积大、溶解度大等特点，其悬浮体黏度更加难以简单的按照上述黏度方程表述。经过长期探索，人们终于得知，一切材料都具有时间效应，于是出现了流变学。但直到 1920 年，美国科学家宾汉（Bingham）以连续介质力学、胶体化学为基础，才正式提出“流变学”的概念。宾汉开展了一系列关于材料流动与变形的研究，创办了《流变学杂志》，是流变学的奠基者。通过研究剪切速率与剪切应力的关系，宾汉发现对某些材料而言，只有在施加的剪切应力超过或者达到临界值（即后来确定的屈服应力）时，才会发生显著的变形与流动。1939 年，荷兰皇家科学院成立了以伯格斯教授为首的流变学小组；1940 年英国出现了流变学学会。当时，关于流变学的研究成果，荷兰处于领先地位，于是 1948 年国际流变学会议就是在荷兰举行的。法国、日本、瑞典、澳大利亚、奥地利、捷克斯洛伐克、意大利、比利时等国也先后成立了流变学会。之后，人们将这一类的流体称之为宾汉体，并在此基础上发展并进一步丰富了常见的流体类型，如油、蜂蜜、洗发剂、护手霜、牙膏、蜜饯果冻、塑料等。

2.1.2　流变学研究内容

流变学是研究材料流动与变形发生与发展的一般规律的科学，其研究对象包括流体、固体及介于二者之间的悬浮体，例如橡胶、塑料、油漆、玻璃、混凝土及金属等工业材料，泥浆、污泥、悬浮液、岩石、土、石油、矿物等地质材料，以及血液、聚合物、食品、体液、肌肉骨骼等生物材料，这些流体的特点使内部多种分散相之间存在明显的相互作用，具有复杂的内部结构特征。生产中常见的工业悬浮液、矿浆、泥浆等，也属于流变学的研究范畴[2]。

流变学的任务是将材料的物理力学性质与应力、应变、时间等物理量用一个或者几个方程联系起来，这样的方程称为材料的流变状态方程或本构方程。从这一点讲，虎克定律与牛顿定律是最简单最基础的本构方程。虎克定律描述了固体材料弹性与应力、应变的关系，而牛顿定律描述了流体的黏性与应力、应变速率的关系。从极长的时间尺度上讲，固体材料也具有黏性；从极短的时间尺度看，流体材料也具有弹性。因此，流变学的研究范畴包括建立悬浮体黏性、弹性的本构方程。

2.1.3　流变学研究意义与矿浆流变学

流变学测量是观察高分子材料内部结构的窗口，通过高分子材料，诸如塑料、橡胶、树脂中不同尺度分子链的响应，可以表征高分子材料的分子量和分子量分布，能快速、简便、有效地进行原材料、中间产品和最终产品的质量检测和质量控制。流变测量在高聚物的分子量、分子量分布、支化度与加工性能之间构架了一座桥梁，所以它提供了一种直接的联系，帮助用户进行原料检验、加工工艺设计和预测产品性能[3]。

在石油工业中，大量使用钻井泥浆来润滑钻头，从而使岩石碎片顺利地从油井中排出，这就要求泥浆在剪切过程中既要表现出较低的黏性（表观黏度要低），又要在静止的时候表现出很高的稠度（屈服应力要大），使得钻井过程中排出的岩石碎片不发生沉降，在这个过程中，钻井泥浆的流变特性是钻井过程中的重要因素。

在油漆、涂料等材料的使用中，材料的“可刷性”是决定材料等级、质量的重要因素。良好的油漆涂料要求流动性要好，在涂刷后不留下明显的“痕迹”，又不能产生“流挂”现象，这就要求该类材料的黏度要高，但是又不能具有太大的黏弹性特征[4]。

在医学上，对人体血液流变性的研究也有很多，血液是一种悬浮体，它在流变性上的复杂性主要原因有：微米级别的红血球的体积浓度超过40%，分散质为高分子蛋白质，其本质上表现出非牛顿流体的特性。实验证实，在较高剪切速度（大于 $100s^{-1}$）时，血液可以近似看作牛顿流体，而在较低剪切速率时（$0.1 \sim 0.5s^{-1}$），是触变性流体。根据人的血流变曲线可以判断出血液具有一个临界切速 D_{cr} 值。对正常人来说，该值一般在 $10s^{-1}$ 以下，此时全部红细胞没有聚集现象，而严重高血脂症患者的 D_{cr} 值可高达 $50s^{-1}$ 或者 $100s^{-1}$，甚至更高。若红细胞表面负电荷减少，则其聚集数增加，引起血液黏度 η 增加；若红细胞变形性降低，则刚性增加，血液黏度也会增加。对高血压、高胆固醇患者而言，其血液黏度也会升高很多。由于血液黏度升高，血液在血管中的流动阻力增大，加重心脏负担，有害健康。因此，对于高血黏度患者而言，必须积极治疗降低血液黏度，使其保持在一个合理的范围内。在血液病治疗中，利用血液的流变性变化，不仅可以判断病变状态，还可以研究药物对血流变的影响，了解药物疗效。

在建筑材料工业中，新拌水泥砂浆和混凝土，在泵送和施工过程中要求物料具有较好的流动性（要求表观黏度较低），但同时需要少加水以提高物料凝固后的强度（屈服应力），因而一般在砂浆混凝土中加入减水剂以提高流动性[5]。

在煤炭工业中，水煤浆是一种常见的悬浮体，也是一种新型以煤代油的液体燃料，水煤浆的输送、燃烧、储存都与水煤浆的流变性有关，在不同的剪切速率下，水煤浆的流变性不同，表现出的性能也有很大的区别[6]。

矿物加工过程中的矿浆是由不同粒度、不同表面性质的矿物颗粒与水溶液以及浮选药剂组成的固体悬浮液，属于典型的非牛顿流体[11,12]。矿浆流变学是研究矿物加工过程中矿浆流体在外加剪切应力作用下流动与变形性质的学科[8,13]。通过研究矿浆在矿物组分、粒度组成、化学药剂、外加力场等因素作用下变形与流动的规律，分析矿浆流体中由于矿物（包括矿石矿物与脉石矿物）粒度与表面性质差异引起的矿浆整体黏度、屈服应力、黏弹性等流变特性的变化规律，揭示矿浆中矿物颗粒之间的相互作用与聚集分散行为，为磨矿中物料[14~17]与磨矿回路[18~20]、重悬浮液分选[21,22]、固体物料的浮选[23]、浮选矿浆[24]与尾矿输送[25]、固液悬浮液的过滤分离[26,27]等矿物加工过程研究提供参考依据。矿浆流变学的研究结果（如矿浆黏度、屈服应力、黏弹性等方面）既体现了矿浆流体的宏观性质，又可以清楚地阐明矿浆流体中矿物颗粒由于粒度、表面亲水性及疏水性不同而产生的相互作用形成的浆体结构，进而明确矿浆结构对上述矿物加工微观过程的影响，从而实现过程指标的优化。常见的矿浆在不同的细度及颗粒含量下，矿物加工过程中的剪切速率-剪切应力曲线如图 2-1 所示。由图 2-1 可知，随着矿浆中颗粒粒度、颗粒含量的变化，矿浆的流变曲线有很大的不同。因此，研究矿浆流变性，深入了解流体宏观性质与矿物加工微观过程，对提升矿物加工分离效率，有很大的促进作用。

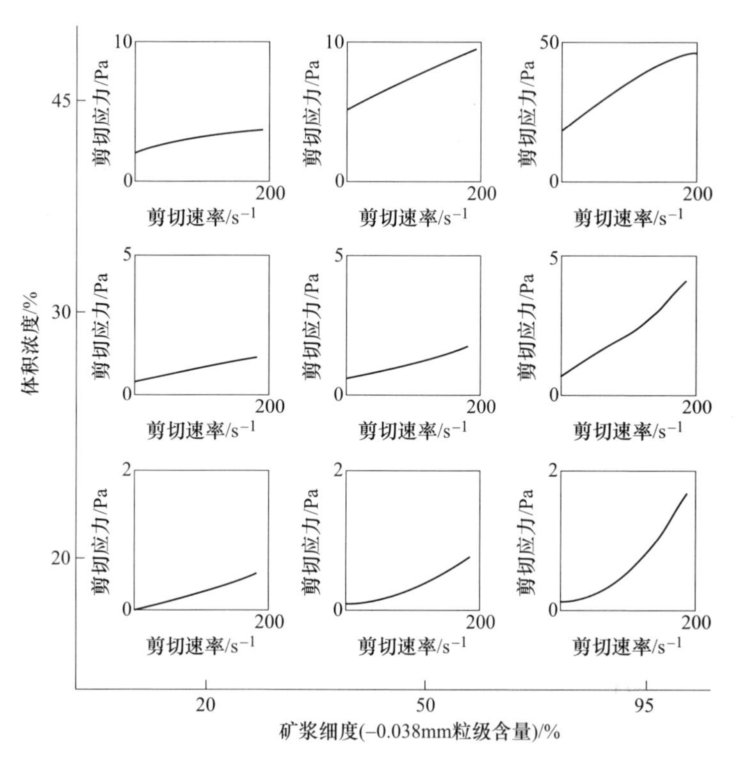

图 2-1　不同粒度以及颗粒含量下，矿物加工过程中矿浆的剪切速率-剪切应力曲线[10]

2.2　矿浆流变性测量技术进展

2.2.1　流体的流变状态方程

一直以来，流变学测量技术是随着力学以及计算机自动化技术的发展而进步的。对于不同流体而言，剪切应力 τ(Pa) 与剪切速率 γ(s^{-1}) 的比值不是常数，即 γ-τ 曲线不是一条水平直线，而是呈现出各种各样的变化趋势。流体的流变状

态方程为

$$\tau = f(\gamma) \tag{2-2}$$

式（2-2）是描述剪切应力与剪切速率之间关系的方程，能够将牛顿流体与非牛顿流体的流变行为统一起来。

通过研究剪切速率与剪切应力的关系，宾汉发现对某些材料而言，只有在施加的剪切应力超过或者达到临界值（即后来确定的屈服应力）时，才会发生显著的变形与流动。之后，人们将这一类的流体称之为宾汉体，并且在此基础上进一步发展，并丰富了流体的类型[9,28,29]，常见的流体类型主要包括以下几种：

Ostwald 流体：

$$\tau = c \cdot \gamma^{p} \tag{2-3}$$

Bingham 流体：

$$\tau = \tau_{y} + c \cdot \gamma \tag{2-4}$$

Herschel-Bulkley 流体：

$$\tau = \tau_{y} + c \cdot \gamma^{p} \tag{2-5}$$

式中，τ 为剪切应力；c 为流动系数；τ_y为符合各自模型的流体的屈服应力；p 为流体类型指数。对含有指数 p 的流体而言，$p>1$ 时，流体为塑型流体；$p<1$ 时，流体为假塑性流体；$p=1$ 时，流体为 Bingham 流体。随着新型材料的研发，一些具有更加复杂的流变性质的流体材料也被研发出来，例如 Carreau/Yasuda 流体，其剪切速率与应力符合式（2-6）：

$$\frac{\eta(\gamma) - \eta_{\infty}}{\eta_0 - \eta_{\infty}} = \frac{1}{(1 + (\lambda \cdot \gamma)^{p_1})^{\frac{1-p}{p_1}}} \tag{2-6}$$

式中，p_1为 Yasuda 指数；γ 为松弛时间；p 为幂律指数；η_0为零剪切黏度；η_∞ 为极限剪切黏度。

2.2.2　流体流变性测量技术的发展

随着流变学的发展，测量材料的流变数据对分析材料的流变性越来越重要。最开始，人们只能采取简单的手工测试，确定材料的流变性，这期间主要是对材料黏度的测量[30]。典型的测试手段包括抹刀测试、触指测试、流杯测试等，具体测量过程简述如下。

抹刀测试：使用抹刀舀取要测试的样品，然后将抹刀固定在水平位置或朝下稍稍倾斜。黏稠的高黏度非流动性膏状体将黏在抹刀上持续很长的时间而不会滴落，而较稀薄的低黏度分散液将因自身质量快速流掉，如图 2-2 所示。抹刀测试是一种简单的定性研究材料流变性的技术。

触指测试：即用手指感受膏状体、黏合剂、印刷用油墨、润滑脂、沥青或面团的硬度、刚度、脆性、黏稠度或黏性。“长”特性意味着样品容易出现拉丝性能，而“短”特性意味着将发生脆性断裂，并且不会出现拉丝性能，如图 2-3 所示。这也是一种确定材料流变性的简单的、定性的研究方法，在人们的日常生活中比较常用。

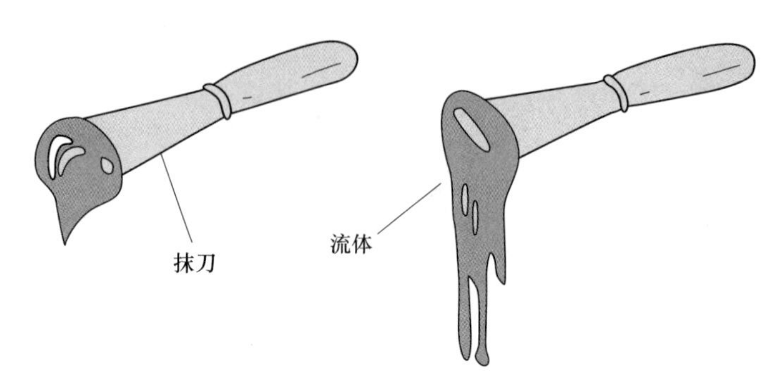

图 2-2 用于确定流体黏性的抹刀测试

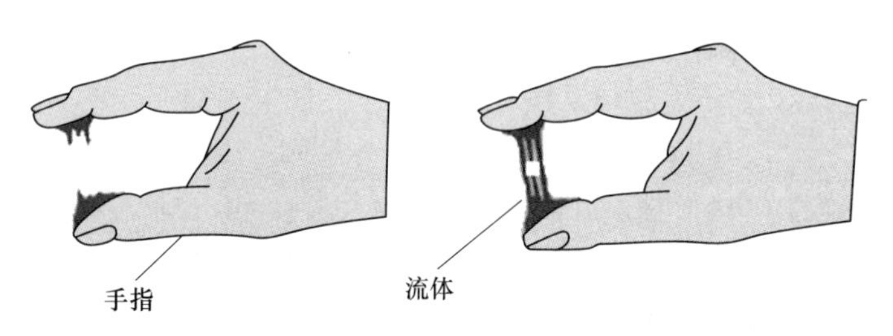

图 2-3 用于确定黏性的触指测试

流杯测试：用于低黏度液体的简单质量控制。测得的参数是规定量的液体流过杯子底部小孔所需的流动时间。流动时间越短，样品的黏度越低。此测量值取决于重力，如图 2-4 所示。适用于此类测试的典型样品包括矿物油、溶剂基涂料、低黏度凹版和柔性版印刷用油墨。流杯测试虽属于定性测试，但是可以通过流动时间实现材料流变性测试的初步量化。

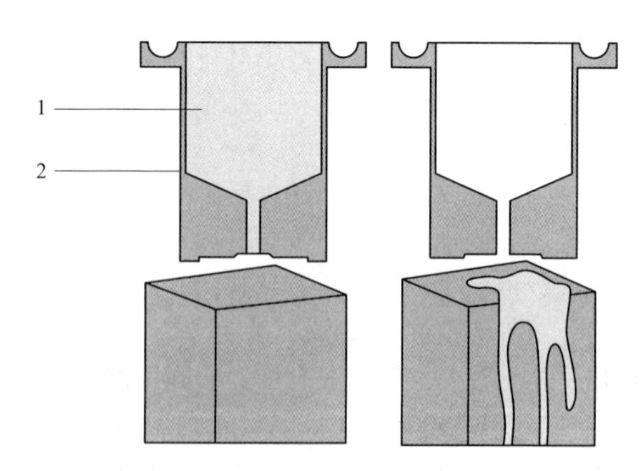

图 2-4 用于确定黏性的流杯测试
1—流体；2—流杯

图 2-2~图 2-4 所述 3 种测量方式均属于定性测试，一般用于几种材料的黏性的相互比较，而不能测量出材料的绝对黏度。

1945 年，美国 Brookfield 公司研发出首台旋转黏度计，使用一个同轴圆筒转子，用于测量各种非牛顿流体的黏度，但是这种黏度计只能在固定且有限的剪切速率下测量物质的黏度，存在很大的局限性[31]。1951 年，Weissenberg 公司开发出首台旋转流变仪，通过测量出剪切应力进而测量出了设定剪切速率下的流动曲线[31,32]。自 1970 年以来，使用流变仪可以采用连续的流动曲线测量代替了以前的单点测试。自 1980 年以来，在流变仪上开始大规模配套使用数字控制和计算机技术，材料的流变性测试实现了自动化、智能化[33~36]。

2.2.3 浮选矿浆体系流变测量技术发展

在矿物加工领域中，由于矿浆中的矿物颗粒具有粒度分布不均匀、易沉降等特点，造成矿浆的流变性难以稳定测量。针对上述问题，一大批适用于悬浮体系的黏度计被开发出来。按照测定方式与发展历史的不同，可以分为早期的毛细管黏度测量法、后期的旋转黏度测量法以及目前常用的流变仪测量法[2]。

2.2.3.1 毛细管黏度测量法

毛细管黏度测量法包括玻璃毛细管黏度计、Marsh 漏斗黏度计和给压毛细管黏度计 3 种，其结构如图 2-5~图 2-7 所示。

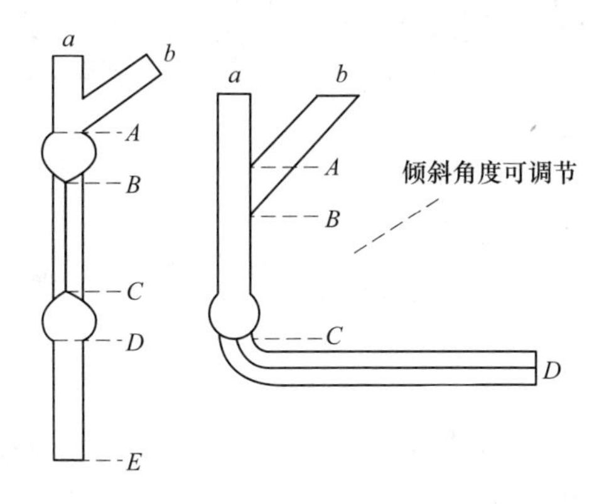

图 2-5 玻璃毛细管黏度计[2]

玻璃毛细管黏度计测量原理主要是通过测量毛细管两段的压力差从而计算出黏滞力，进而计算出黏度。玻璃黏度计由于其材料和结构的限制，对于高黏度、不透明的液体适应性较差，因为残留于容壁的液体将妨碍对液面位置的观察。所以玻璃黏度计不太适合选矿过程的浆体，特别是针对高密度、粗颗粒矿浆的流变性测量。

Marsh 漏斗黏度计结构如图 2-6 所示，其操作过程为：拿起漏斗，并用手指

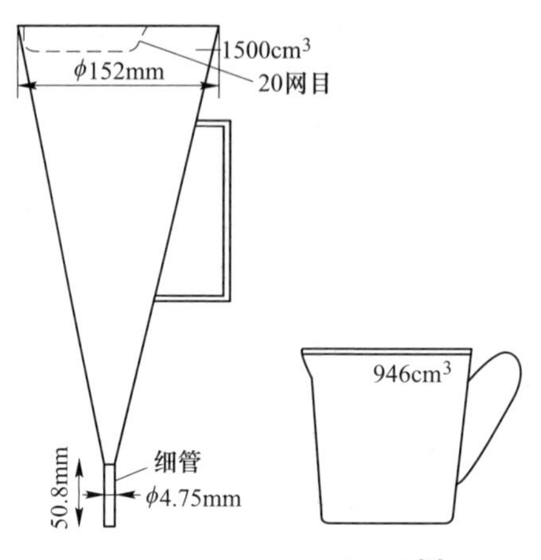

图 2-6 Marsh 漏斗黏度计[2]

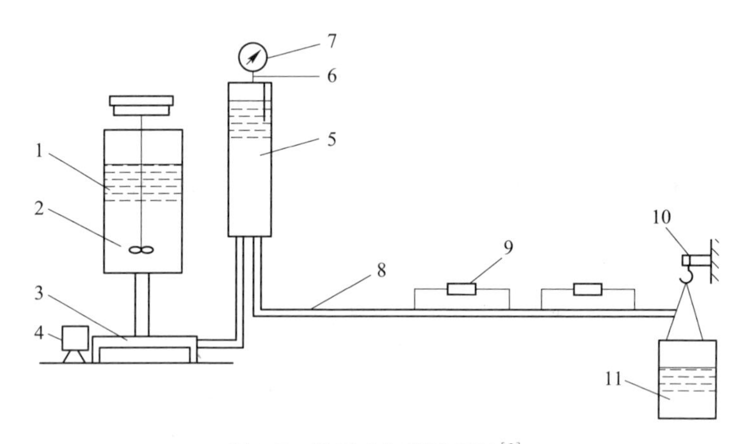

图 2-7 给压毛细管黏度计[2]

1—搅拌筒；2—搅拌装置；3—可调速曲杆泵；3—调速电机；5—密封缓冲容器；6—湿度传感器；7—压力表；8—管路；9—差压传感器；10—质量传感器；11—称重容器

将孔端堵住，把浆体通过漏斗上端的筛网倒入漏斗，直到淹没筛网，这时相应的浆体体积为 1500cm^3。握住漏斗，让浆体开始流入刻度杯中，同时按下秒表，当浆体流到杯子的刻度（即 946cm^3）时，停住秒表，这时秒表的读数（秒）即所测浆体的 Marsh 黏度。这种黏度计操作十分简单，但测定范围有限，只能测定一定流速下浆体的表观黏度，或看作牛顿流体的黏度。对于具有非牛顿流体特性的浆体不适用。另外，该黏度计的测量精度也不高。其主要误差来源有：（1）标定误差；（2）出流孔被浆状物阻塞造成的误差；（3）出流时间过长，如浆体形成胶凝体，则变相增大出流时间；（4）出流时间测不准[37]。

给压毛细管黏度计，该黏度计以泵作为动力系统，管中的压差由压差传感器测定。压差信号和流量信号进行计算机的自动处理。由于流入管道后需要流经一段距离后才能形成稳定的流速分布。该装置充分考虑了入口段长度，使测定的压差为稳定流动后某两点的压差值，从而消除了入口效应造成的测定误差。这种黏度计的特点是：依靠泵或压缩气体等动力系统，使流体在管中产生不同的流速，通过测定管两端的压差和管中的流量来确定流体的流变参数。这种黏度计不仅适用于牛顿流体的流变性测量，也适用于非牛顿流体的流变性测量[38]。

2.2.3.2 旋转黏度测量法

旋转黏度测量法包括同心圆筒式旋转黏度计、单圆筒旋转黏度计、锥板旋转黏度计、平行板旋转黏度计等，其核心测量部件如图 2-8~图 2-11 所示。旋转黏

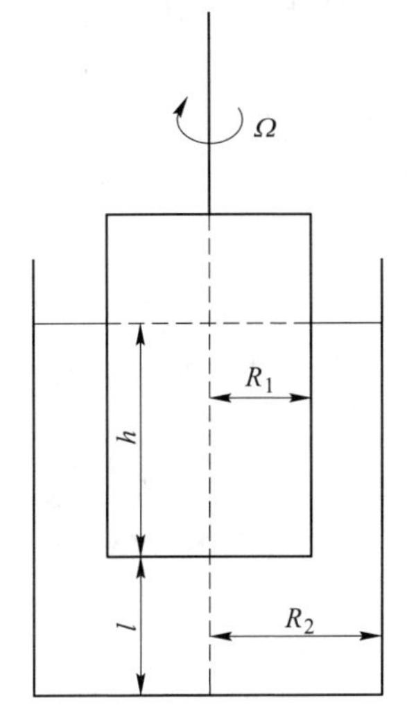

图 2-8 同心圆筒式旋转黏度计系统[2]

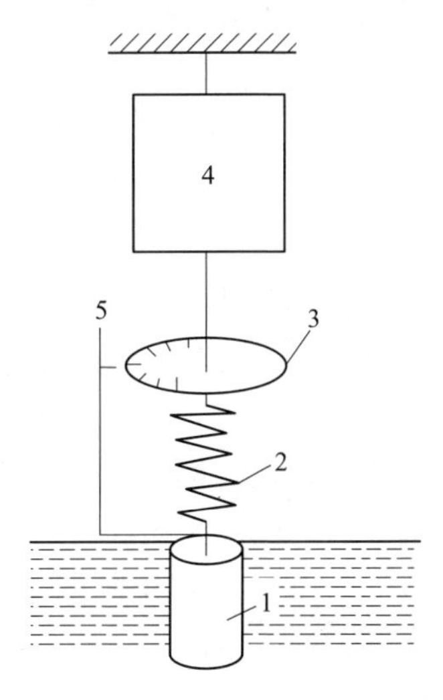

图 2-9 单圆筒旋转黏度计的结构简图[2]

1—测量转子；2—弹簧；3—刻度盘；4—电机；5—指针

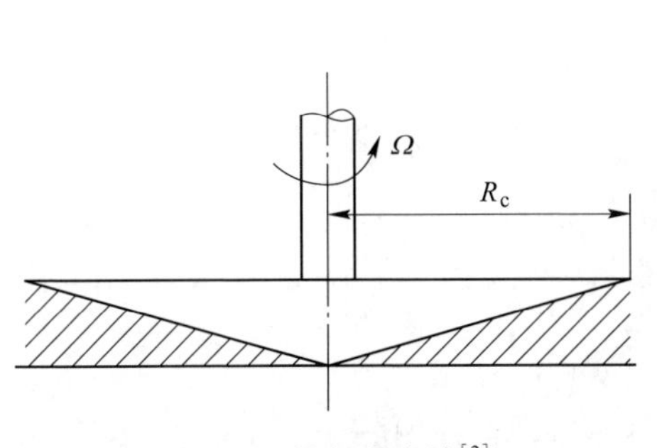

图 2-10 锥板黏度计[2]

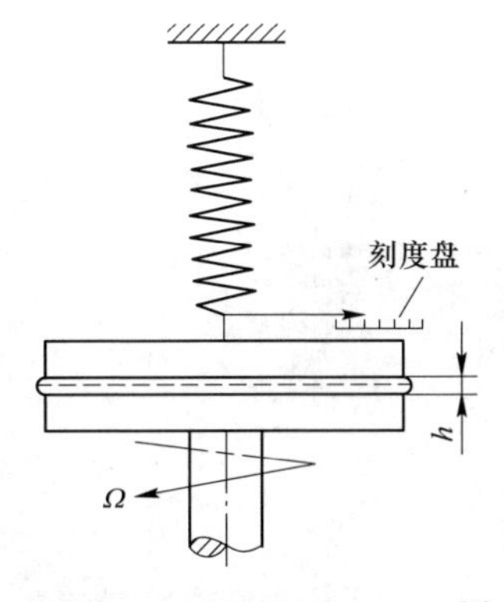

图 2-11 平行板旋转黏度计[2]

度法测量的基本原理是通过测量样品被破坏过程中的扭矩变化与形变而测量样品的黏度，针对不同物理化学性质的样品，采取不同的测量系统。使用旋转黏度测量法存在的问题主要有：

（1）剪切率的确定。由于浆体的流变性较复杂，测量时剪切率需要修正，偏离牛顿流体的程度越大，修正误差就越大。

（2）颗粒径向和轴向移动造成的测量误差。在离心力和重力的作用下，颗粒在径向和轴向产生运动，使测量结果出现误差，因为在测量公式推导中假设被测流体为二维平面旋转运动状态。

（3）筒壁滑动效应。在推导测量公式时，假设流体在筒壁上无滑动。由于两圆筒之间的流场为不均匀流场，浆体颗粒向应力减小方向移动，使筒壁上浓度改变并产生滑动，所测表观黏度偏离真实值。

（4）特征尺寸的影响。颗粒大小对于流体微粒可以忽略，而面对分散系浆体，颗粒大小往往是不能忽略的，从而与层流假设相矛盾，于是必然会产生测试上的误差[39,40]。

2.2.3.3　流变仪测量法

流变仪测量法与旋转黏度测量法类似，主要是采用对应的旋转流变仪对样品进行连续的流动曲线的测量。针对样品的性质，设计了不同的测量系统，包括锥板或平板测量系统、同心圆筒测量系统、平行板测量系统等，其主要结构如图2-12所示[41,42]。现代流变仪可用于剪切测试和扭摆测试。它们以连续扭转和旋转振动的方式工作[43]。特定的测量系统可用于执行沿一个运动方向进行的单轴拉伸测试，或者进行振荡测试。

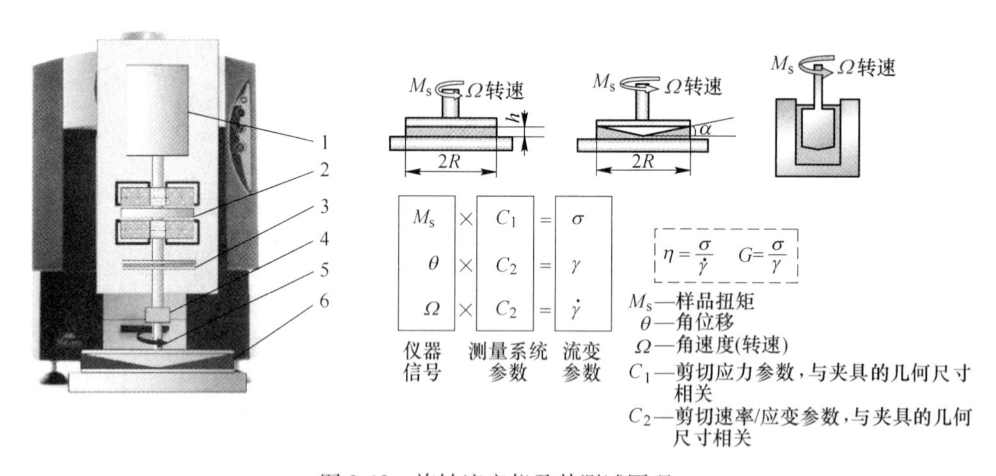

图 2-12　旋转流变仪及其测试原理

（锥板/平板测量系统、同心圆筒测量系统、平行板测量系统）

1—拖杯马达；2—空气轴承；3—位置传感器；4—保护锁；5—测量系统；6—样品

在常见的几种测试系统中，锥板/平行板系统适用于所有类型的液体。但是，在测量固体颗粒悬浮液时，存在特定的最大粒子尺寸限制。锥板/平行板系统的优点是样品需要量较少，可以快速调整温度且清洗方便，其缺点在于对悬浮液中颗粒的尺寸有要求；同心圆筒测试系统通常用于测试低黏度的液体，其优点在于加样操作简单，缺点在于需要的样品量大；平行板系统适用于膏状体、凝胶、软固体或者高黏度的聚合物溶体等样品，其优点在于需要的样品量少，间隙可调，因而对样品的粒度没有要求，其缺点在于在平板的边缘处可能会出现样品流出间隙或者结膜等问题[36,37,44]。

然而，上述几种黏度计或者流变仪均不能有效地避免矿浆中矿物颗粒沉降带来的负面影响[39,40]。针对这个缺点，选矿工作者陆续提出了采用桨叶式测量系统对矿物加工领域内的矿浆的流变性进行相对测量。目前比较成熟的桨叶式测量系统如图 2-12 所示。在桨叶式测量系统中，通过测量桨叶剪切矿浆需要的扭矩可以计算得到剪切应力，同时根据矿浆运动的情况记录矿浆的剪切速率，就可以得到矿浆的流动曲线，进而对矿浆的流变性进行分析[30~32,35]。桨叶式测量系统是目前矿物加工领域内研究矿浆流变性的常用测试系统。

2.3 矿物浮选过程流变学

矿浆流变性对矿物浮选过程的影响已经引起了国内外一些学者的关注。对于矿浆流变性在矿物加工过程的作用，相对来说，国内的学者研究较少，研究成果大多由国外学者发表。研究工作集中在磨矿、重选、脱水过程矿浆流变性的作用。但近些年来，越来越多的学者开始研究浮选分离体系矿浆流变性的影响机制[45]。对于矿物浮选过程，经调浆处理后矿浆的流变性性质表征了矿浆中相同或者不同矿物颗粒之间的分散或者聚集的程度，因而可以作为浮选各作业中包含各项浮选操作因素的控制变量，进而为矿物的浮选分离提供指导[10]。目前矿浆流变学的研究已经涉及典型的硫化矿[46]、典型氧化矿[47~49]、黏土矿物[50~53]、煤泥[54,55]等矿浆中不同矿物颗粒之间相互作用。在这些研究中，一般是通过矿浆流变性的测量，研究矿浆流变性对矿浆中水动力学、气泡分散、颗粒悬浮、气泡-颗粒碰撞、黏附和解体等浮选过程的影响，进而认识浮选过程中多相之间的相互作用。

有研究表明，浮选矿浆的流变性受矿浆中主要脉石矿物的流变性的影响[56]。在含金铜矿的浮选作业中，含钙盐类矿物与黏土矿物在浮选药剂的作用下，显著恶化了铜、金的浮选，其原因在于某些含钙盐矿物溶解产生的钙离子与黏土矿物作用改变了黏土矿物的界面性质，进而增大了矿浆的表观黏度与屈服应力，导致矿浆中形成了稳定的三维结构，阻碍了气泡的有效分散和浮选药剂与目的矿物的选择性作用，导致铜矿浮选恶化[57,58]。而进一步的研究表明，不同黏土矿物种类对硫化矿浮选的影响机制也不同，膨润土在浮选药剂作用下，矿浆的表观黏度增大并阻碍了矿浆中气泡的分散[7]；而高岭石在对应浮选药剂作用下对矿浆表观黏度没有较大影响，但是显著增大了泡沫层的屈服应力，表明高岭石以夹杂方式进入精矿而恶化浮选[59,60]。

这些研究结果也说明，调节矿浆流变性可以改善矿物浮选分离过程。已有研究表明，通过调节矿浆流变性，可以从深层次调节矿浆中各种矿物之间的相互作用，改变矿浆中矿物的聚集分散行为，从而提高矿物分选过程中的选择性，提高矿物的浮选回收率[10,13]。在含有蛇纹石矿物的硫化铜镍矿浮选中，发现矿浆表观黏度与矿浆屈服应力均较高的情况下，硫化矿的回收率显著降低，而脉石矿物蛇纹石极易进入泡沫层，降低了精矿品位[61~63]。通过在矿浆中加入无机酸，调节蛇纹石表面性质，则可以大幅降低矿浆的表观黏度与屈服应力，实现硫化铜镍矿的回收率的提高。在处理细泥煤的浮选作业中发现，采用含有大量 Ca^{2+}、Mg^{2+} 的海水作为浮选介质，细泥煤的浮选指标更好。其原因在于使用海水作为浮选介质，其中的离子与煤颗粒相互作用，增大了矿浆的表观黏度，在浮选药剂的作用下，促进了煤颗粒形成聚团，导致较大的矿浆屈服应力，促进了煤泡沫层的稳定性，最终提高了细泥煤的回收率[64~68]。

但是，矿物浮选体系中矿浆流变性的研究尚处于起步阶段，许多相关问题尚待解决。关于矿浆流变性变化对浮选过程的影响机制，现有的研究工作尚未形成统一认识。在含黏土矿物的含金铜矿的浮选作业中发现，矿浆中含钙盐类矿物与黏土矿物作用后会导致矿浆表观黏度显著增大，铜矿、金矿的回收率降低，然而，在适宜的范围内，黏土矿物的增加，会使矿浆黏度增大、金矿回收率提升[68]；同样在细泥煤的浮选中，研究表明，矿浆的表观黏度增大是有助于目的矿物的浮选回收的[67]。上述两种表面上相反的关于矿浆流变性对浮选行为影响的认识，表明矿浆流变性对浮选体系的影响不是一成不变的，而是随着浮选体系变化而变化的。但是，浮选体系中，矿浆流变性反映了矿浆中矿石矿物、脉石矿物之间以及各自内部颗粒间之间的相互作用，并且对浮选作业中气泡与颗粒碰撞、脉石矿物与矿物颗粒相互作用、药剂与矿物相互作用等浮选微观过程具有直接的影响，这一点已经得到了广泛的证实，并开始通过研究矿浆流变性认识矿浆的流体性质与微观结构，进而对浮选过程进行优化[69]。

目前，国内对浮选过程中矿浆流变性的研究尚处于起步阶段，研究报道较少。在处理某高泥高铁的氧化锌矿时，针对由矿石中大量微细粒矿泥以及黏土矿物造成矿浆黏度高的问题，发现矿浆流变性会显著影响氧化锌矿物分选效率，通过引入矿浆黏度作为浮选作业浓度选择的参考依据，结合常规分散剂六偏磷酸钠与腐植酸钠并通过调整矿浆黏度，实现了浮选指标的优化[70]。目前针对浮选作业中的流变性研究仅仅停留在表面层次，并未深入到矿浆流变性与矿浆中颗粒聚集与分散之间的联系[71]。

白钨矿是我国现在主要的钨金属来源，我国80%以上的白钨资源赋存于矽卡岩型白钨矿床。在矽卡岩型白钨的浮选作业中，微细粒白钨矿的浮选回收一直是选矿技术难点。据统计，在我国白钨矿尾矿中有一半以上的钨损失于-10μm粒级，而常规浮选作业中-10μm粒级的回收率往往不到40%，并且在最终的白钨精矿中，微细粒的方解石、石英等颗粒难以通过浮选的办法有效去除。例如江西某矽卡岩型白钨矿选厂原矿品位为0.8%，尾矿品位就高达0.1%，且尾矿中70%以上的白钨损失于-10μm粒级。在全厂的浮选作业中，-10μm粒级部分的白钨矿损失严重，无法回收。因此，实现微细粒白钨矿资源的高效浮选回收，是十分重要的研究内容。针对微细粒白钨矿难以有效回收的技术难题，结合微细粒矿浆的流变性与矿浆中颗粒之间相互作用的关联，本书提出以调控矿浆流变性促进微细粒白钨矿浮选回收的方法。通过分析微细粒矿浆在实际矿石浮选环境下的流变性（主要指矿浆表观黏度以及形成颗粒聚团的屈服应力），结合微细矿物颗粒与浮选药剂等因素作用前后的表面性质与粒度的变化规律，认识矿浆流变性对微细粒白钨矿浮选行为以及微细粒白钨矿与微细粒方解石、石英等脉石矿物的分离机制，实现微细粒白钨矿浮选作业中流变性的可控调节，从而提升微细粒白钨矿的浮选回收指标。

参 考 文 献

[1] 王淀佐，邱冠周，胡岳华．资源加工学［M］．北京：科学出版社，2005.

[2] 杨小生，陈荩．选矿流变学及其应用［M］．长沙：中南工业大学出版社，1995.

[3] 吴其晔，巫静安．高分子材料流变学［M］．北京：高等教育出版社，2002.

[4] Asamoah R K, Skinner W, Addai-Mensah J. Pulp mineralogy and chemistry, leaching and rheological behaviour relationships of refractory gold ore dispersions [J]. Chemical Engineering Research and Design, Institution of Chemical Engineers, 2019, 146: 87-103.

[5] Hong E, Yeneneh A M, Sen T K, et al. A comprehensive review on rheological studies of sludge from various sections of municipal wastewater treatment plants for enhancement of process performance [J]. Advances in Colloid and Interface Science, 2018, 257: 19-30.

[6] 徐佩弦．高聚物流变学及其应用［M］．北京：化学工业出版社，2003.

[7] Jeldres R I, Uribe L, Cisternas L A, et al. The effect of clay minerals on the process of flotation of copper ores: A critical review [J]. Applied Clay Science, Elsevier, 2019, 170: 57-69.

[8] Boger D V. Rheology and the resource industries [J]. Chemical Engineering Science, Elsevier, 2009, 64 (22): 4525-4536.

[9] Mewis J, Wagner N J. Current trends in suspension rheology [J]. Journal of Non-Newtonian Fluid Mechanics, 2009, 157 (3): 147-150.

[10] Farrokhpay S. The importance of rheology in mineral flotation: A review [J]. Minerals Engi-

neering, Elsevier Ltd, 2012, 36-38: 272-278.
[11] 卢寿慈. 工业悬浮液的特征 [M]. 北京: 化学工业出版社, 1986.
[12] 卢寿慈. 工业悬浮液分散的调控 [M]. 北京: 化学工业出版社, 1985.
[13] Boger D V. Rheology and the minerals industry [J]. Mineral Processing and Extractive Metallurgy Review, 2000, 20 (1): 1-25.
[14] 杨小生, 吕桂芝. 磨矿流变效应研究 [J]. 中国有色金属学报, 1995, 5 (3): 4-8.
[15] He M, Wang Y, Forssberg E. Slurry rheology in wet ultrafine grinding of industrial minerals: A review [J]. Powder Technology, 2004, 147 (1-3): 94-112.
[16] Shi F N, Napier-Munn T J. Effects of slurry rheology on industrial grinding performance [J]. International Journal of Mineral Processing, 2002, 65 (3-4): 125-140.
[17] 温建康. 流变学理论在高岭土助磨作用机理研究中的应用 [J]. 中国矿业, 1998, 7 (4): 56-59.
[18] Klimpel R R, 孟广涛. 矿浆流变学对矿石(或煤)在磨矿回路中性能的影响(一) [J]. 湿法冶金, 1982, 3 (7): 44-48.
[19] Klimpel R R, 孟广涛. 矿浆流变学对矿石(或煤)在磨矿回路中性能的影响(二) [J]. 湿法冶金, 1984, 4: 36-42.
[20] 雷绍民, 龚文琪. 硬质高岭土超细磨过程中的流变性 [J]. 矿冶工程, 2002, 22 (3): 3-5.
[21] Dunglison M, Napier-Munn T J, Shi F N. The rheology of ferrosilicon dense medium suspensions [J]. Mineral Processing and Extractive Metallurgy Review, 2000, 20 (1): 183-196.
[22] Taylor P, Bevilacqua P, Lorenzi L D E, et al. Rheology of low density suspensions in dense medium separation of post-consumer plastics [J]. Coal Preparation, 2007, 9343: 37-41.
[23] Shabalala N Z P, Harris M, Leal Filho L S, et al. Effect of slurry rheology on gas dispersion in a pilot-scale mechanical flotation cell [J]. Minerals Engineering, Elsevier Ltd, 2011, 24 (13): 1448-1453.
[24] 刘桂华, 黄亚军, 李小斌, 等. 表面活性剂对铝土矿选矿尾矿流变性的影响 [J]. 矿冶工程, 2009, 29 (2): 2-5.
[25] Huynh L, Jenkins P, Ralston J. Modification of the rheological properties of concentrated slurries by control of mineral - solution interfacial chemistry [J]. International Journal of Mineral Processing, 2000, 59: 305-325.
[26] Chen B H, Lee S J, Lee D J, et al. Rheological behavior of waste water sludge following cationic polyelectrolyte flocculation [J]. Drying Technology, 2006, 24 (10): 1289-1295.
[27] Nguyen Q D, Boger D V. Application of rheology to solving tailings disposal problems [J]. International Journal of Mineral Processing, 1998, 54 (3-4): 217-233.
[28] Fallis A. 微粒流体——现代矿物加工中的一个重要概念 [J]. 国外金属矿选矿, 1994, 53 (9): 1689-1699.
[29] Tadros T F. Rheology of dispersions: principles and applications [M]. Rheology of Dispersions: Principles and Applications, 2010.

[30] Klein B, Laskowski J S, Partridge S J. A new viscometer for rheological measurements on settling suspensions [J]. Journal of Rheology, 1995, 39 (5): 827-840.

[31] Shi F N, Napier-Munn T J. Measuring the rheology of slurries using an on-line viscometer [J]. International Journal of Mineral Processing, 1996, 47 (3-4): 153-176.

[32] Liddell P V, Boger D V. Yield stress measurements with the vane [J]. Journal of Non-Newtonian Fluid Mechanics, 1996, 63 (2-3): 235-261.

[33] Scales P J, Johnson S B, Healy T W, et al. Shear yield stress of partially flocculated colloidal suspensions [J]. AIChE Journal, 1998, 44 (3): 538-544.

[34] Barnes H A. The yield stress—a review or 'panta rhei' —everything flows? [J]. Journal of Non-Newtonian Fluid Mechanics, 1999, 81 (1-2): 133-178.

[35] Barnes H A, Nguyen Q D. Rotating vane rheometry—A review [J]. Journal of Non-Newtonian Fluid Mechanics, 2001, 98 (1): 1-14.

[36] Akroyd T J, Nguyen Q D. Continuous rheometry for industrial slurries [J]. Experimental Thermal and Fluid Science, 2003, 27 (5): 507-514.

[37] Akroyd T J, Nguyen Q D. Continuous on-line rheological measurements for rapid settling slurries [J]. Minerals Engineering, 2003, 16 (8): 731-738.

[38] Guillemin J P, Menard Y, Brunet L, et al. Development of a new mixing rheometer for studying rheological behaviour of concentrated energetic suspensions [J]. Journal of Non-Newtonian Fluid Mechanics, 2008, 151 (1-3): 136-144.

[39] 徐继润，张丽莉，丁仕强．旋转流变仪测定易沉降悬浮液流变性的初步探讨 [J]. 过滤与分离，2008，18 (2)：1-14.

[40] 徐继润，徐俊杰，邢军，等．易沉降悬浮液流变性测定时循环速度的理论分析 [J]. 过滤与分离，2009，19 (3)：1-3.

[41] Nguyen Q D, Boger D V. Yield stress measurement for concentrated suspensions [J]. Journal of Rheology, 1983, 27: 321-349.

[42] Dzuy N Q, Boger D V. Direct yield stress measurement with the vane method [J]. Journal of Rheology, 1985, 29 (3): 335-347.

[43] Cruz N, Peng Y. Rheology measurements for flotation slurries with high clay contents—A critical review [J]. Minerals Engineering, 2016, 98: 137-150.

[44] Stokes J R, Telford J H. Measuring the yield behaviour of structured fluids [J]. Journal of Non-Newtonian Fluid Mechanics, 2004, 124: 137-146.

[45] Becker M, Yorath G, Ndlovu B, et al. A rheological investigation of the behaviour of two Southern African platinum ores [J]. Minerals Engineering, Elsevier Ltd, 2013, 49: 92-97.

[46] Muster T H, Prestidge C A. Rheological investigations of sulphide mineral slurries [J]. Minerals Engineering, 1995, 8 (12): 1541-1555.

[47] Bhattacharya I N, Panda D, Bandopadhyay P. Rheological behaviour of nickel laterite suspensions [J]. International Journal of Mineral Processing, 1998, 53: 251-263.

[48] Klein B, Hallbom D J. Modifying the rheology of nickel laterite suspensions [J]. Minerals Engineering, 2002, 15 (10): 745-749.

[49] Zhou Z, Scales P J, Boger D V. Chemical and physical control of the rheology of concentrated metal oxide suspensions [J]. Chemical Engineering Science, 2001, 56 (9): 2901-2920.

[50] Melton I E, Rand B. Particle interactions in aqueous kaolinite suspensions [J]. Journal of Colloid and Interface Science, 1977, 60 (2): 331-336.

[51] Richmond W R, Jones R L, Fawell P D. The relationship between particle aggregation and rheology in mixed silica-titania suspensions [J]. Chemical Engineering Journal, 1998, 71 (1): 67-75.

[52] Luckham P F, Rossi S. Colloidal and rheological properties of bentonite suspensions [J]. Advances in Colloid and Interface Science, 1999, 82 (1): 43-92.

[53] Yalçn T, Alemdar A, Ece O I, et al. The viscosity and zeta potential of bentonite dispersions in presence of anionic surfactants [J]. Materials Letters, 2002, 57 (2): 420-424.

[54] Turian R M, Attal J F, Sung D J, et al. Properties and rheology of coal-water mixtures using different coals [J]. Fuel, 2002, 81 (16): 2019-2033.

[55] Boylu F, Dinçer H, et al. Effect of coal particle size distribution, volume fraction and rank on the rheology of coal-water slurries [J]. Fuel Processing Technology, 2004, 85 (4): 241-250.

[56] Leistner T, Peuker U A, Rudolph M. How gangue particle size can affect the recovery of ultrafine and fine particles during froth flotation [J]. Minerals Engineering, Elsevier Ltd, 2017, 109: 1-9.

[57] Cruz N, Peng Y, Elainewightman. Interactions of clay minerals in copper-gold flotation: Part 2—Influence of some calcium bearing gangue minerals on the rheological behaviour [J]. International Journal of Mineral Processing, 2015, 141: 51-60.

[58] Cruz N, Peng Y, Farrokhpay S, et al. Interactions of clay minerals in copper-gold flotation: Part 1—Rheological properties of clay mineral suspensions in the presence of flotation reagents [J]. Minerals Engineering, 2013, 50-51: 30-37.

[59] Cruz N, Peng Y, Wightman E, et al. The interaction of clay minerals with gypsum and its effects on copper-gold flotation [J]. Minerals Engineering, 2015, 77: 121-130.

[60] Cruz N, Peng Y, Wightman E, et al. The interaction of pH modifiers with kaolinite in copper-gold flotation [J]. Minerals Engineering, Elsevier Ltd, 2015, 84: 27-33.

[61] Partha Patra. Dissolution of serpentine fibers under acidic flotation conditions [J]. Colloids and Surfaces A: Physicochemical and Engineering Aspects, 2014, 459: 11-13.

[62] Patra P, Bhambhani T, Nagaraj D R, et al. Impact of pulp rheological behavior on selective separation of Ni minerals from fibrous serpentine ores [J]. Colloids and Surfaces A: Physicochemical and Engineering Aspects, 2012, 411: 24-26.

[63] Patra P, Bhambhani T, Vasudevan M, et al. Transport of fibrous gangue mineral networks to froth by bubbles in flotation separation [J]. International Journal of Mineral Processing, 2012, 104-105: 45-48.

[64] Peng Y, Bradsha W D. Mechanisms for the improved flotation of ultrafine pentlandite and its separation from lizardite in saline water [J]. Minerals Engineering, Elsevier Ltd, 2012, 36-

38：284-290.

[65] Wang Y，Peng Y，Nicholson T，et al. The different effects of bentonite and kaolin on copper flotation [J]. Applied Clay Science，2015，114：48-52.

[66] Zhang M，Peng Y，Xu N. The effect of sea water on copper and gold flotation in the presence of bentonite [J]. Minerals Engineering，2015，77：93-98.

[67] Zhao S，Peng Y. Effect of electrolytes on the flotation of copper minerals in the presence of clay minerals [J]. Minerals Engineering，Elsevier Ltd，2014，66：152-156.

[68] Zhao S，Peng Y. Effect of clay minerals on pulp rheology and the flotation of copper and gold minerals [J]. Minerals Engineering，2014，70：8-13.

[69] Bryant A O. Characterization of the interactions within fine particle mixtures in highly concentrated suspensions for advanced particle processing [J]. Advances in Colloid and Interface Science，2015，226：37-43.

[70] 卢建安. 高泥高铁氧化锌矿浮选理论与工艺研究 [D]. 长沙：中南大学，2014.

[71] Chen W，Chen Y，Bu X，et al. Rheological investigations on the hetero-coagulation between the fine fluorite and quartz under fluorite flotation-related conditions [J]. Powder Technology，Elsevier B. V.，2019，354：423-431.

3 矿样、药剂及试验方法

3.1 试验样品

3.1.1 单矿物试验样品

本书使用的白钨矿样品取自湖南省某单一型矽卡岩型白钨矿矿山。首先选取大块的白钨矿晶体，经过铁锤破碎之后获得较小的晶体颗粒，再在荧光灯（矿用，波长为265nm）照射下挑选出较纯的白钨矿颗粒，最后用干式陶瓷磨矿机与气流磨结合的方法（配合使用湿式筛分与淘析），制备出不同粒级的白钨矿单矿物样品，将样品烘干保存。白钨矿单矿物的全元素化学分析结果（见表3-1）与X射线衍射分析结果（见图3-1）表明，白钨矿样品的 $CaWO_4$ 含量（质量分数，后同）在94.00%以上，除含有少许石英外，不含其他杂质矿物，满足浮选试验以及其他检测的要求。

方解石单矿物晶体样品取自湖南省郴州市柿竹园矿山。从原矿中选取大块的方解石晶体，用铁锤敲碎，用干式陶瓷磨矿机与气流磨结合的方法（配合使用湿式筛分与淘析），制取不同粒级的方解石产品，将样品烘干保存。方解石单矿物的化学分析结果（见表3-1）与X射线衍射分析结果（见图3-2）表明，方解石单矿物样品中 $CaCO_3$ 含量在98.40%以上，满足浮选试验以及其他检测的要求。

表3-1 几种单矿物样品、搅拌介质化学成分分析结果（质量分数） （%）

成 分	WO_3	CaO	SiO_2	MgO	Al_2O_3	Fe_2O_3
含量（白钨矿）	75.77	22.20	1.31	—	0.72	—
含量（方解石）	—	55.10	1.23	0.38	—	—
含量（石英）	—	—	99.10	—	0.24	0.66
含量（石榴石）	—	39.01	36.89	0.55	11.32	12.23
含量（玻璃微珠）	—	4.40	55.50	0.40	33.25	1.54

石英单矿物样品取自湖南省长沙市矿石粉厂。从矿石粉厂购得的大颗粒石英使用干式陶瓷磨矿机与气流磨结合制取不同粒级的矿样（配合使用湿式筛分与淘析）。为避免杂质离子对石英可浮性的影响，制备合格的各个粒级的石英颗粒使用稀盐酸（2mol/L）浸泡一段时间，再用超纯水反复冲洗，直至最终上清液中无氯离子、钙离子、镁离子、铝离子等杂质离子，最后将样品烘干保存。石英矿

样的化学分析结果（见表 3-1）与 X 射线衍射分析结果（见图 3-3）表明，本研究使用的石英矿样中 SiO_2 含量高于 99.00%，满足浮选试验以及其他检测的要求。

石榴石单矿物样品取自湖南省某矽卡岩型白钨矿山。从白钨选厂磨矿机中得到磨矿产品，使用 0.8T 间歇式高梯度磁选机磁选得到磁性矿物颗粒，经筛分分级后，晾干备用。石榴石单矿物的化学分析结果（见表 3-1）与 X 射线衍射分析结果（见图 3-4）表明，本研究使用的石榴子石样品纯度高于 90%，除含有少量的石英外，没有其他杂质，满足浮选试验以及其他检测的要求。

玻璃微珠样品购自河北庆东玻璃微珠生产厂。该玻璃微珠是白色粉末，密度为 2.5g/cm³，莫氏硬度为 7.0，表面化学惰性，其主要成分为二氧化硅、三氧化二铝等碱金属氧化物，具体成分见表 3-1。

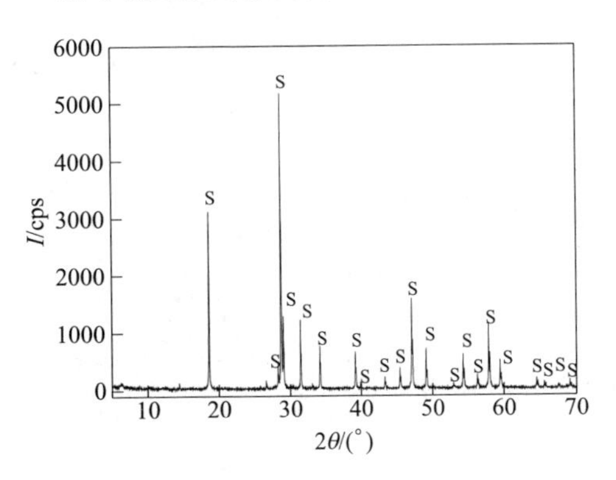

图 3-1　白钨矿单矿物样品 XRD 结果

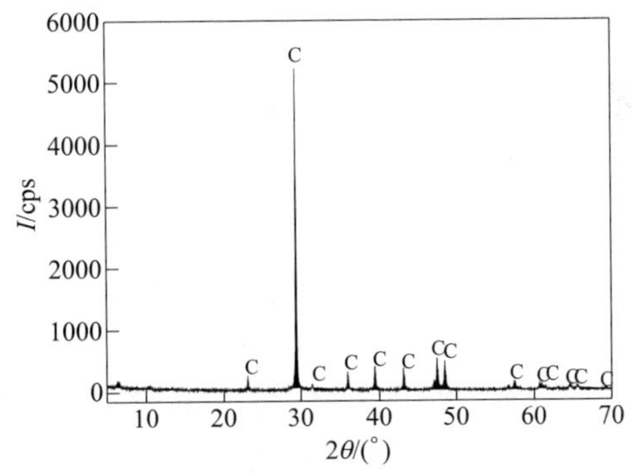

图 3-2　方解石单矿物样品 XRD 结果

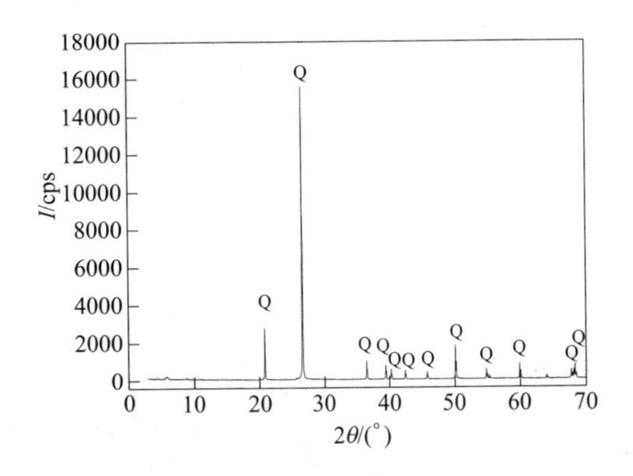

图 3-3　石英单矿物样品 XRD 结果

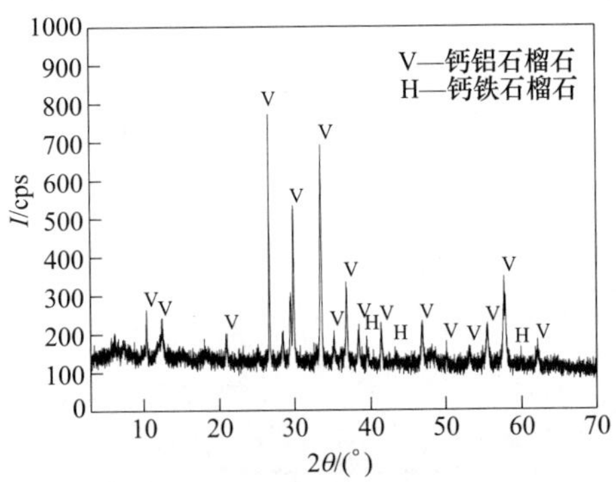

图 3-4　石榴石单矿物样品 XRD 结果

上述单矿物样品以及搅拌介质样品的粒度分布曲线如图 3-5～图 3-10 所示，其中石榴石搅拌介质与玻璃微珠搅拌介质的表面形貌特征如图 3-11 所示，上述所有制备样品的粒度分布统计结果见表 3-2。

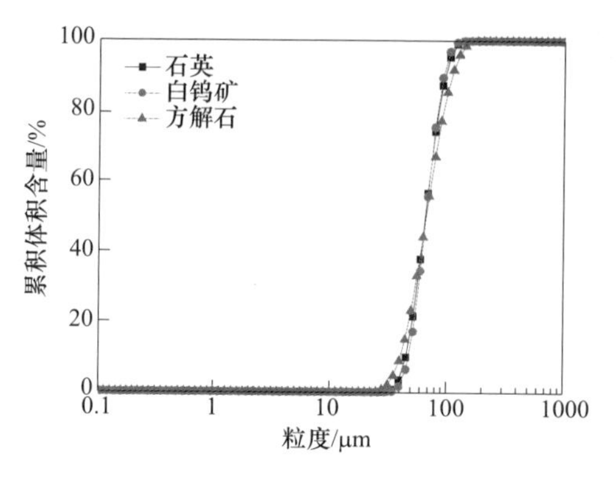

图 3-5 单矿物样品(−106+74μm)粒度分布

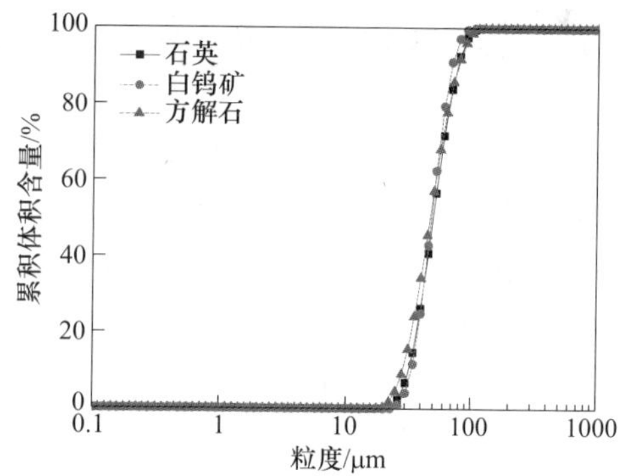

图 3-6 单矿物样品(−74+38μm)粒度分布

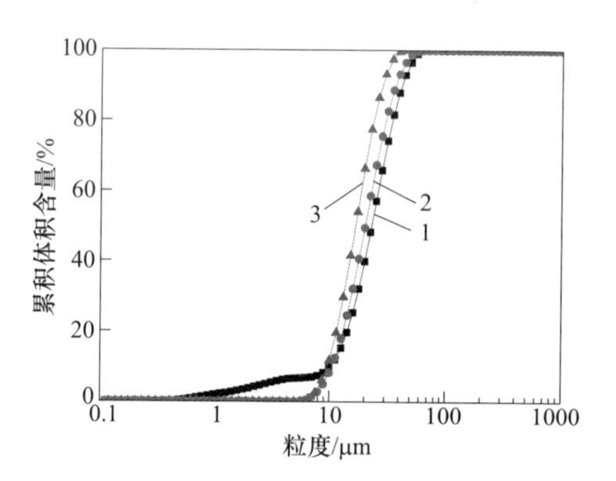

图 3-7 单矿物样品(−38+10μm)粒度分布

1—石英；2—方解石；3—白钨矿

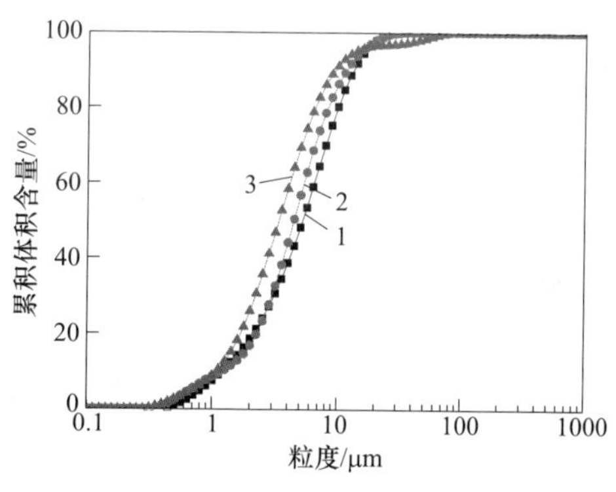

图 3-8 单矿物样品(−10μm)粒度分布

1—石英；2—方解石；3—白钨矿

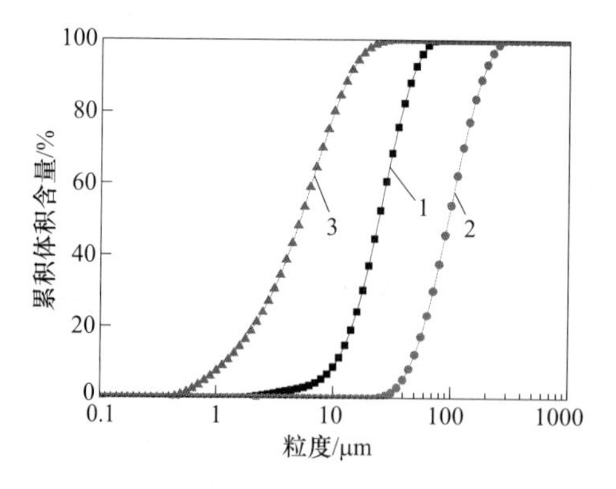

图 3-9 石榴石样品(搅拌介质)粒度分布曲线

1—−38+10μm；2—−106+38μm；3—−10μm

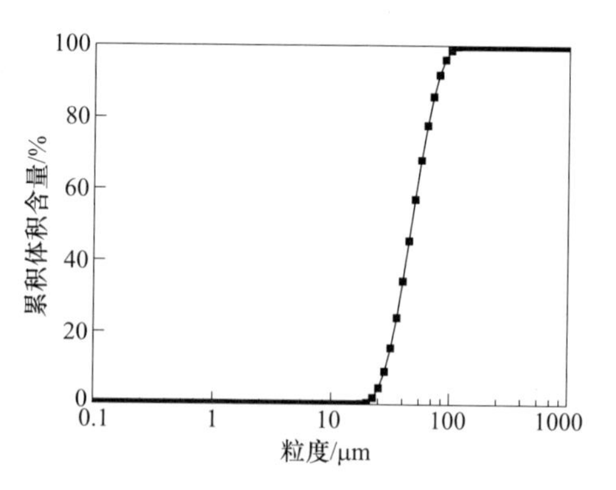

图 3-10 玻璃微珠(搅拌介质)粒度分布曲线

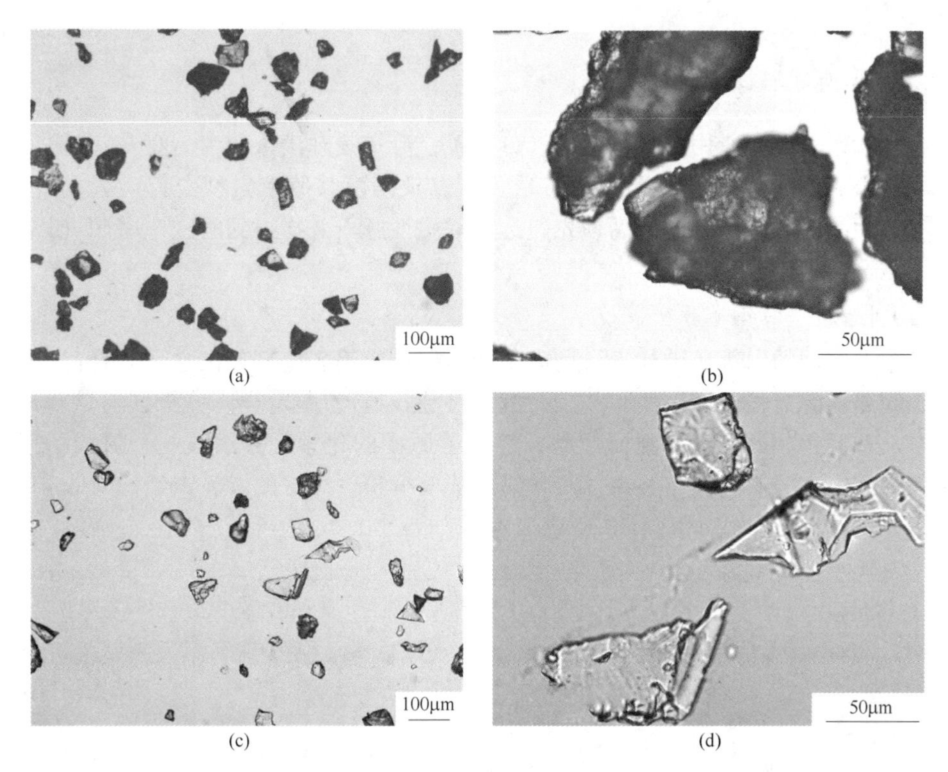

图 3-11 搅拌介质石榴石与玻璃微珠的微观形貌观测结果

(a)，(c) 石榴石；(b)，(d) 玻璃微珠

表 3-2 几种单矿物样品粒度分布统计结果 (μm)

样品名称	粒度	D_{10}	D_{50}	D_{90}	体积平均粒径
白钨矿	-106+74	55.492	76.625	105.382	78.908
	-74+38	38.882	55.134	78.073	57.114
	-38+10	11.072	19.091	32.278	20.545
	-10	1.059	3.540	10.802	6.424
方解石	-106+74	45.874	75.208	121.876	80.172
	-74+38	32.319	52.486	85.698	56.184
	-38+10	11.871	22.588	41.245	24.827
	-10	1.342	4.983	13.067	6.411
石英	-106+74	52.551	75.704	108.727	78.605
	-74+38	36.965	56.831	86.682	59.704
	-38+10	11.518	25.768	46.865	27.404
	-10	1.354	5.860	14.884	7.227
石榴石	-106+74	53.003	106.458	204.961	118.988
	-38+10	11.932	27.278	52.461	29.952
	-10	3.567	7.893	13.767	9.238
玻璃微珠	-106+74	56.093	102.276	198.265	111.29

3.1.2 实际矿石样品

实际矿石试验所用的白钨矿矿样分两批，分别是湖南某矽卡岩型白钨选厂的球磨机溢流产品（以下称为白钨矿原矿）以及湖南某矽卡岩型白钨矿公司开发新工艺期间将球磨机溢流产品预先磁选脱除磁性脉石矿物得到的磁选尾矿（以下称为磁选钨精矿）。

3.1.2.1 白钨矿原矿性质

本书使用的白钨矿试样来自湖南某矽卡岩型白钨矿南部矿区选厂。样品经三段一闭路破碎流程破碎至3mm以下保存，分别取岩矿鉴定样、分析样与试验样。针对从选厂得到的球磨机溢流产品，进行了原矿的化学元素组成、X射线衍射、矿物组成、主要矿物嵌布关系以及粒级组成等分析。原矿的多元素组成（X射线荧光光谱结果）结果如图3-12所示。

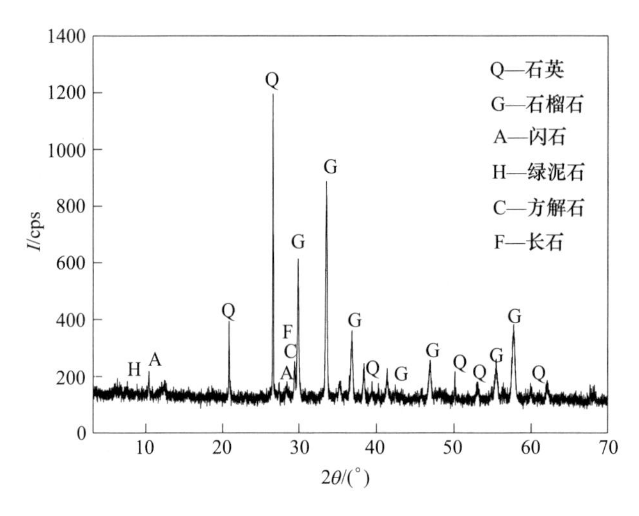

图3-12 白钨矿原矿XRD结果

从表3-3可知，该白钨原矿 WO_3 含量为0.31%，其他元素或有用氧化物含量低。原矿的XRD结果如图3-12所示，结合化学分析，确定了原矿的矿物组成，结果见表3-4。在白钨矿原矿中，钨矿物主要为白钨矿。硫化矿种类多，但数量

表3-3 白钨矿原矿元素分析结果（质量分数） （%）

元素	TFe	ZnO	As	Zr	Mo	Sn
含量	10.146	0.039	0.142	0.0016	0.0024	0.016
元素	WO_3	PbO	Bi	MnO	Ni	Co
含量	0.31	0.0037	0.0039	2.23	0.006	0.068

较少，主要是部分的黄铁矿、黄铜矿、闪锌矿等。矿石矽卡岩化严重，主要的脉石矿物为石榴石（主要以钙铁榴石、钙铝榴石为主）、石英、方解石等，含有部分萤石，但是量少。

表 3-4 白钨矿矿物组成及其相对含量（质量分数） （%）

矿物名称	相对含量	矿物名称	相对含量
白钨矿	0.437	方铅矿	0.002
石英	10.331	毒砂	0.008
方解石	7.227	白云母	0.274
萤石	1.991	黑云母	0.106
钙铁榴石	37.774	绿帘石	1.060
钙铝榴石	25.823	绿泥石	2.034
黄铁矿	0.775	高岭土	0.067
黄铜矿	0.006	磷灰石	0.025
透辉石	6.072	磁铁矿	0.415
透闪石	4.666	赤铁矿	0.003
长石	0.488	其他	0.361
闪锌矿	0.055	合 计	100.00

在白钨矿原矿中，白钨矿的嵌布特点如图 3-13～图 3-16 所示。白钨矿赋存于石榴石中，以单粒或者多粒呈半自形晶粒状嵌布，与方解石连生（见图 3-13）；白钨矿赋存于石英中，呈半自形粒状嵌布，晶洞中充填方解石（见图 3-14）；白钨矿呈自形粒状嵌布于石英中（见图 3-15）；白钨矿赋存于长石中，呈半自形粒状嵌布，粒度较微细（见图 3-16）。

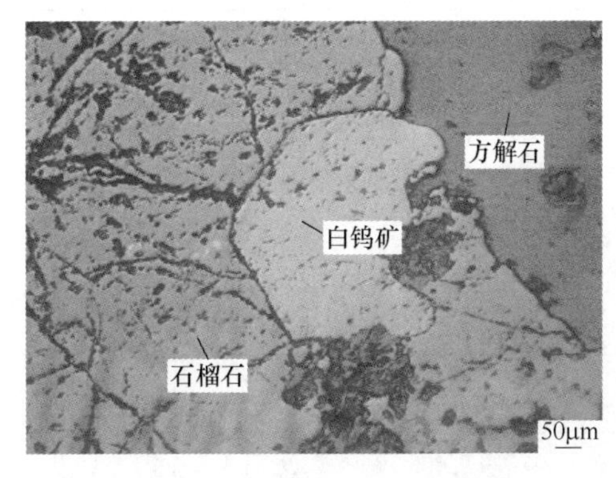

图 3-13 半自形晶粒状白钨矿嵌布于石榴石中，并与方解石连生

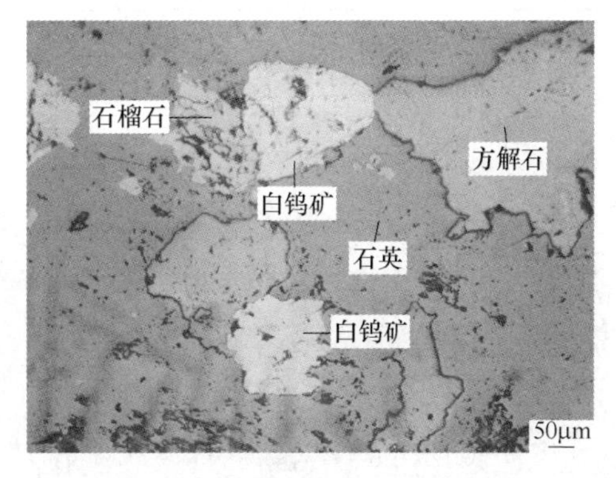

图 3-14 白钨矿呈半自形粒状嵌布于石英中，晶洞中充填方解石

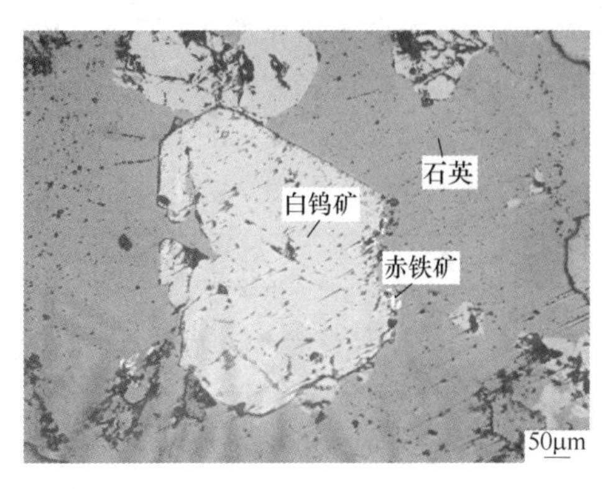

图 3-15 白钨矿呈自形粒状嵌布于石英中

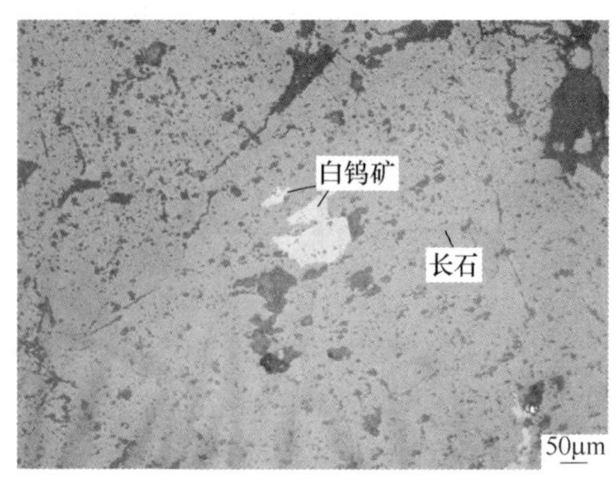

图 3-16 在花岗岩矿石中，白钨矿呈半自形粒状嵌布于长石中，白钨矿粒度较微细

由上述分析结果可知，该白钨矿为典型的矽卡岩型白钨矿，脉石矿物主要为石榴石、方解石与石英。由于白钨矿与硬度较大的钙铁榴石、钙铝榴石等密切共生，且嵌布较细，因而在实现单体解离的破碎、磨矿作业中，极易发生过磨，产生大量的微细颗粒，给后续浮选过程造成困扰。

白钨矿浮选原矿（白钨矿解离度达 98%以上）的粒级分析结果见表 3-5。由表中数据可知，白钨矿浮选原矿有以下特点：

（1）部分矿物极易泥化，在矿浆样品的细度为-0.074mm 占 58.72%时，-0.01mm粒级含量高达 14.95%。

（2）各粒级中 WO_3 的含量随粒级的细度增加而增加，粗粒级 WO_3 含量低，细粒级 WO_3 含量高。

表 3-5 白钨矿浮选原矿粒级分布分析（品位与回收率均以 WO_3 含量计）

粒级/mm	产率/%	品位/%	分布率/%
+0.450	1.02	0.03	0.10
-0.450+0.300	4.16	0.02	0.32
-0.300+0.150	13.78	0.05	2.07
-0.150+0.090	18.09	0.16	8.93
-0.090+0.074	4.23	0.26	3.47
-0.074+0.038	19.53	0.36	22.13
-0.038+0.020	17.47	0.53	29.54
-0.020+0.010	6.77	0.40	8.64
-0.010	14.95	0.52	24.80
合计	100.00	0.31	100.00

+0.074mm 粒级矿石中 WO_3 含量较低，尤其是+0.15mm 粒级的含量低于 0.05%，而+0.15mm 粒级产率达到了 18.96%，WO_3 分布率仅为 2.48%。在粒级小于 0.038mm 时，WO_3 含量远高于原矿品位，加权品位达到 0.50%，粒级产率为 39.19%，WO_3 分布率为 62.98%。由此可见，磨矿产品中的白钨矿主要以细粒级存在，因此强化细粒级尤其是-0.01mm 粒级的回收是提高钨回收率的关键。

3.1.2.2 磁选钨精矿的性质

白钨矿原矿中含有大量的弱磁性石榴子石矿物（见表 3-4），在全浮选过程中并没有实现回收利用。在公司后续开发的磁选—浮选联合流程中，使用高梯度磁选机预先脱除了大量的石榴石，磁选尾矿（以下称磁选钨精矿）作为浮选原矿，使选厂的处理量增大到原来的 2 倍，规模效益显著。磁选钨精矿的 X 射线衍射分析结果、矿物成分含量分析结果以及粒级组成结果分别见图 3-17、表 3-6 与表 3-7。

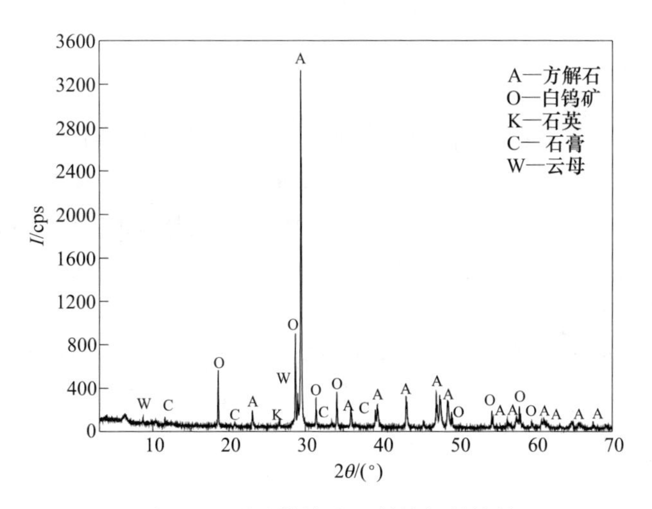

图 3-17 磁选钨精矿 X 射线衍射结果

表 3-6 磁选钨精矿矿物种类与含量（质量分数） (%)

矿物名称	相对含量	矿物名称	相对含量
白钨矿	0.521	石膏	3.000
石英	22.302	萤石	8.591
方解石	18.502	绿泥石	4.291
石榴石	12.249	云母	1.208
透辉石	14.500	其他	4.607
透闪石	10.229	合 计	100.00

表 3-7 磁选钨精矿粒级分析结果

粒级/mm	产率/%	WO_3 品位/%	WO_3 分布率/%
+0.15	5.03	0.03	0.31
-0.15+0.09	6.48	0.12	1.51
-0.09+0.074	9.42	0.30	5.43
-0.074+0.038	13.62	0.53	13.78
-0.038+0.02	19.76	0.72	27.16
-0.02+0.01	20.64	0.66	26.00
-0.01	25.05	0.54	25.82
合　计	100.00	0.52	100.00

结合图 3-17 和表 3-6 可知，磁选钨精矿在矿物种类组成上基本与原生矿石相同，但是矿物相对含量发生了较大的变化。经过磁选去除了大量的弱磁性石榴石矿物，磁选钨精矿中 WO_3 含量由原来的 0.31%上升到 0.52%，石榴石含量则由 63.697%降低到 12.249%，其他非磁性矿物均有不同程度的富集。其中，主要的脉石矿物仍旧为石英、方解石等。

磁选钨精矿样品的粒级分析结果见表 3-7。在磁选钨精矿中，-0.074mm 含量占 79.07%，而-0.01mm 含量占 25.05%，有用矿物白钨矿主要赋存在-0.038mm 粒级（WO_3 累积分布率达 78.98%），而原矿中-0.074mm 含量占仅 58.72%，-0.01mm 含量仅占 14.95%，-0.038mm 粒级 WO_3 累积分布率仅为 62.98%。与白钨矿原矿的磨矿产品相比，经过预先磁选取出矿浆中大量的磁性脉石颗粒后，磁选钨精矿的细度显著降低，主要的目的矿物白钨矿集中在微细粒级，这将给后续高效分离带来很大的困难。

3.2 试剂与仪器

本书中试验所用仪器、试剂及其品级与生产厂家分别见表 3-8 和表 3-9。

表 3-8 试验主要药剂信息

名　称	化学式	品级	生 产 厂 家
水玻璃	$Na_2O \cdot 2.4SiO_2$	工业品	武汉诚信化工有限公司
海藻酸钠	$(C_6H_7NaO_6)_n$	分析纯	郑州塔伯贸易有限公司
油酸钠	$C_{18}H_{33}O_2Na$	分析纯	株洲市星空化玻有限责任公司
碳酸钠	Na_2CO_3	化学纯	西陇化工股份有限公司
盐酸	HCl	分析纯	上海国药集团化学试剂公司
氢氧化钠	NaOH	分析纯	成都市科龙化工试剂厂
氯化钾	KCl	化学纯	西陇化工股份有限公司
乙醇	C_2H_6O	化学纯	上海谱振科技有限公司

表 3-9 试验主要仪器设备信息

设备名称	设备型号	生 产 厂 家
对喷式气流磨	JSM-Q	四川极速动力超微粉体设备有限公司
间歇式高梯度磁选机	自制	长沙矿冶研究院
精密 pH 计	F-50C	上海实验仪器总厂
真空干燥箱	ZB-82B	上海精密科学仪器有限公司
电子天平	ES-103HA	长沙湘平科技发展有限公司
真空过滤机	DL-5C	南昌恒顺化验设备制造有限公司
挂槽式浮选机	XFG 型挂槽式浮选机	中国长春探矿机械厂
单槽浮选机	XFD 型单槽式浮选机	中国长春探矿机械厂
X 射线衍射仪	TTR Ⅲ	日本株式会社理学电子
台式自动平衡离心机	TG16-WS	长沙湘智离心机仪器有限公司
Zeta 电位分析仪	Zeta-Plus	美国 Brookhaven 公司
激光粒度仪	Mastersizer 2000	英国 Malvern 公司
傅里叶红外光谱仪	IRAffinity-1	日本 Shimadzu 公司
XRF 荧光分析仪	OLYMPUS X-5000	奥林巴斯光学工业日本株式会社
X 射线荧光光谱仪	Axios mAX	荷兰 PANalytical 公司
旋转流变仪-1	Haake Mars 40	美国赛默飞世尔公司
旋转流变仪-2	Anton Paar MCR102	奥地利安东帕公司
电子搅拌器	EUROSTAR-6000	德国 IKA
电热恒温鼓风干燥箱	GZX-9420MBE	上海博迅医疗设备厂
透射光显微镜	OLYMPUS-CX31RTSF	奥林巴斯光学工业日本株式会社
视频接触角测定仪	JY-82C	承德鼎盛试验机检测设备公司
冰柜	BD/BC-305EH	台州星星集团有限公司
三头研磨机	RK/XPM-ϕ120×3	武汉洛克粉磨设备制造有限公司

3.3 试验方法

3.3.1 浮选试验与数据分析

3.3.1.1 单矿物浮选试验

本书所述的单矿物浮选试验使用挂槽式浮选机（XFG 型）完成。浮选试验使用 40mL 有机玻璃浮选槽，浮选矿浆的温度通过实验用水保持为（25±2）℃来控制。浮选给矿通过向浮选槽中添加计算好质量的单矿物粉末或者向浮选槽中转移计算好体积的矿浆（经过调浆处理）来实现。用蒸馏水将单矿物粉末或者矿浆转移至浮选槽中，在搅拌转速为 1800r/min 下混合搅拌 1min；依次加入 pH 值调整剂、抑制剂、捕收剂（若使用单独调浆处理的矿浆则不需要加入任何药剂），每种药剂的作用时间为 3min。整个浮选时间控制为 6min。手工刮泡，每间隔 15s 刮泡 1 次。刮泡完毕后，用玻璃表面皿分别收集精矿（泡沫产品）与尾矿（槽内产品）。将两个浮选产品烘干，称重，并计算精矿产率。以浮选精矿产率代表回收率。浮选回收率 ε(%) 计算公式如下所示：

$$\varepsilon = m_1/(m_1 + m_2) \times 100\% \tag{3-1}$$

式中，m_1 和 m_2 分别为精矿与尾矿的质量。

对于需要计算浮选速率的浮选试验，采取分批刮泡的方式得到多个精矿产品，分别计算每个产品的浮选回收率，进而得到累积浮选时间-累积浮选回收率曲线。在分批刮泡过程中，刮泡时间间隔依次为：20s、20s、20s、20s、30s、40s、50s、60s、100s。浮选速率按照第一性原理[1,2]，通过式（3-2）对累积浮选时间-累积浮选回收率曲线进行拟合得到：

$$R(t) = R_{max}(1 - e^{-kt}) \tag{3-2}$$

式中，k 为浮选速率常数 s^{-1}；t 为累计浮选时间，s；R_{max} 为浮选终点时的回收率,%；$R(t)$ 为累积浮选时间 t 时的累积浮选回收率。在本书中，使用非线性最小方差回归法对上述模型进行拟合，得到的浮选速率常数用于表征浮选速率。

3.3.1.2 混合矿浮选试验

本书所述的混合矿浮选试验在挂槽式浮选机（XFG 型）上进行，使用 40mL 有机玻璃浮选槽，浮选矿浆的温度保持在（25±2)℃。浮选操作与单矿物浮选试验相同，对刮泡得到的精矿与尾矿，经烘干、称重以后，计算各个产品的产率，化验钨元素的品位，计算白钨矿的含量，进而计算白钨矿的回收率。精矿产率 γ 与精矿中白钨矿的回收率 ε 按式（3-3）计算：

$$\gamma = m_1/(m_1 + m_2) \times 100\% \tag{3-3}$$

$$\varepsilon = (\beta \cdot \gamma)/\alpha \times 100\% \tag{3-4}$$

式中，γ 为精矿的产率,%；m_1 和 m_2 分别为浮选完毕后收集到的精矿、尾矿的质量；β 为精矿中白钨矿的品位,%；α 为原矿中白钨矿的含量,%。对混合矿浮选结果，用浮选指数-分离效率来评价分离过程[3]，分离效率定义如下：

$$E = (\varepsilon - \gamma)/(\varepsilon_{max} - \gamma_{opt}) \times 100\% \tag{3-5}$$

式中，E 为分离效率,%；ε 为浮选回收率,%；γ 为精矿的产率,%；ε_{max} 为混合矿中白钨矿的理论最大浮选回收率,%；γ_{opt} 为精矿的理论最大产率,%。

3.3.1.3 实际矿石浮选试验

本书针对浮选白钨矿原矿、磁选钨精矿进行了实际矿石浮选试验。所有浮选均在配备有机玻璃浮选槽（规格为 3L、1.5L、1.0L、0.5L）的 XFD 单槽式浮选机上进行，使用自来水作为实验用水。原矿经破碎磨矿之后，用筛子隔去较大砾石颗粒，转入浮选槽，搅拌 1min 之后添加各种浮选药剂，经一定时间作用之后，开启充气开关，使用浮选机自带的刮板进行刮泡，刮泡时间固定。浮选完毕后，将收集到的所有精矿、尾矿产品分别烘干、称重、化验钨元素的品位、计算各个浮选产品的回收率。

实际矿石浮选试验浮选速率的计算仍然采用第一性原理，通过式（3-6）对累积浮选时间-累积浮选回收率曲线进行拟合得到[4]：

$$f(t) = \varphi \cdot e^{-k_f t} + (1 - \varphi) \cdot e^{-k_s t} \tag{3-6}$$

式中，$f(t)$为浮选时间t后尚未回收的白钨矿；φ为具有浮选速率为k_f的快浮白钨矿的回收率，命名为Fast(φ)；(1-φ) 为具有浮选速率为k_s的慢浮白钨矿的回收率，命名为Slow(1-φ)；k_f、k_s均为通过实际矿石浮选过程的分批浮选实验数据，结合下列Matlab程序计算[5]：

*[x,y]=solve('(f(ta)*exp((-ta)*x)+(100-f(ta))*exp((-ta)*y)=100-f(ta))','(f(tb)*exp((-tb)*x)+(100-f(tb))*exp((-tb)*y)=100-f(tb))')*

式中，x为慢浮白钨矿组分的浮选速率k_s，min^{-1}；y为快浮白钨矿组分的浮选速率k_f，min^{-1}；t_a、t_b为累积浮选时间；$f(t_a)$、$f(t_b)$分别为在对应累积浮选时间的累积浮选回收率。

3.3.2 搅拌调浆试验与能量计算

浮选矿浆的搅拌在单独自制的搅拌桶中完成。使用有4块挡板的有机玻璃搅拌桶，配合使用四叶直桨作为搅拌设备，搅拌设备示意图如图3-18所示，设备参数见表3-10[6]。

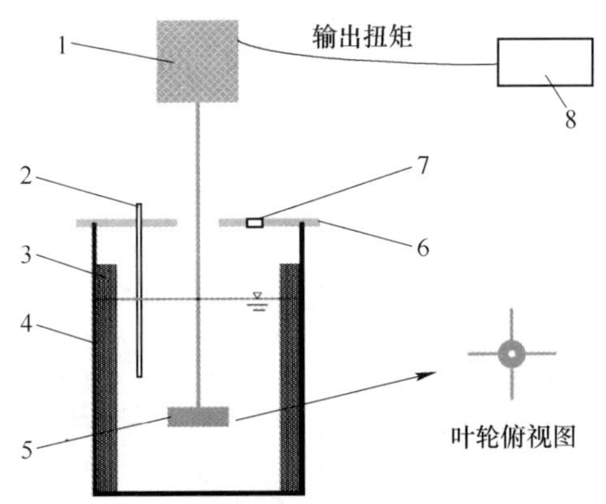

图3-18 搅拌设备示意图

1—IKA-6000搅拌器；2—取样口；3—挡板；4—搅拌桶；5—搅拌叶轮；6—盖板；7—加药口；8—电脑

在矿浆搅拌平稳之后，通过读取搅拌过程的扭矩，可以得到调浆搅拌过程外界对矿浆的输入功，计算公式如下所示：

$$W = T \cdot n \cdot t/9549V \quad (3\text{-}7)$$

式中，T 为测得的扭矩，N·m；n 为转速，r/min；t 为搅拌时间，s；V 为矿浆体积，m^3；W 为调浆输入功，J/m^3。

表 3-10　搅拌设备参数

应用体系	搅拌桨直径/mm	叶轮参数/mm×mm×mm	搅拌桶直径/mm	挡板参数/mm×mm×mm
单矿物浮选	30	10×10×1	90	80×10×1
实际矿石（精选）	40	12×12×1	100	120×15×1
实际矿石（粗选）	40	12×12×1	120	120×15×1

3.3.3　矿浆流变性测试与分析

本书中，矿浆流变性检测与分析采用 Anton Paar MCR102 旋转流变仪（奥地利安东帕公司生产）与 Haake Mars 40 旋转流变仪（美国赛默飞世尔公司生产）实现。在矿浆体系中，一般采用桨式测量夹具系统来消除矿浆中颗粒沉降对测量结果的影响[7~9]。本测试使用桨式搅拌转子作为测量夹具，搅拌转子的直径为 24mm，盛矿浆的圆筒试样杯直径为 27mm，容积为 37mL，桨式搅拌测量夹具由流变仪主机马达控制，伸入试样杯搅动矿浆，对矿浆的表观黏度、屈服应力等参数进行测量，如图 3-19 所示。本书中，流变学测量主要包括针对矿浆表观黏度进行测量的剪切速率-剪切应力测试（控制剪切速率测试），以及针对矿浆屈服应力的剪切应力-剪切形变测试（控制剪切应力测试）。

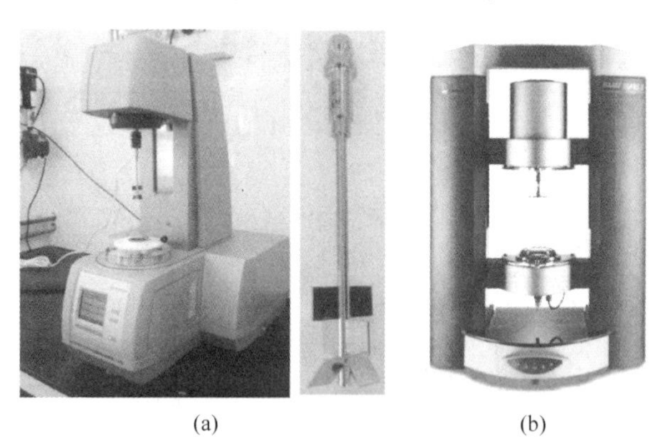

(a)　　　(b)

图 3-19　Anton Paar MCR102 旋转流变仪与 Haake Mars 40 旋转流变仪
（a）Anton Paar MCR102 旋转流变仪；（b）Haake Mars 40 旋转流变仪

测量的矿浆样品来自搅拌桶、浮选槽或者通过混合矿物粉末与蒸馏水得到。对一份矿浆样品，一个完整的流变学测量包括以下步骤。

（1）在 $400s^{-1}$ 下预先剪切 1min，实现矿浆的剪切混匀分散。

（2）在 $0s^{-1}$ 下稳定化 20s，使矿浆结构稳定化，避免矿浆的旋转流动。

（3）在设定变量变化的范围内测量流变曲线：对控制剪切速率测量，剪切速率范围设定为 $20\sim400s^{-1}$，单次测量耗时 1.5min；对控制剪切应力测量，剪切应力范围设定为 0.01～20Pa，单次测量耗时 12min。

本书中，选择表观黏度作为研究矿浆在动态搅拌过程中呈现流变学性质的流变学参数。矿浆在不同剪切速率下的表观黏度通过控制剪切速率测量曲线的斜率计算得到，如图 3-20 所示，计算公式如下所示：

$$\eta = \tau/\gamma \tag{3-8}$$

式中，γ 为剪切速率，s^{-1}；τ 为在一定剪切速率下测得的剪切应力，Pa；η 为矿浆的表观黏度，Pa·s。本书中，选择矿浆屈服应力（τ_0）作为评价矿浆从静态稳定到结构被破坏过程中的流变学参数。在控制剪切应力测量中，矿浆的屈服应力通过测试结果中曲线的突变点得到，这个突变点通过线性黏弹区域直线拟合法得到，选取偏离直线区域 5%的终点对应的横坐标的剪切应力值作为矿浆的剪切屈服应力，如图 3-20 所示。

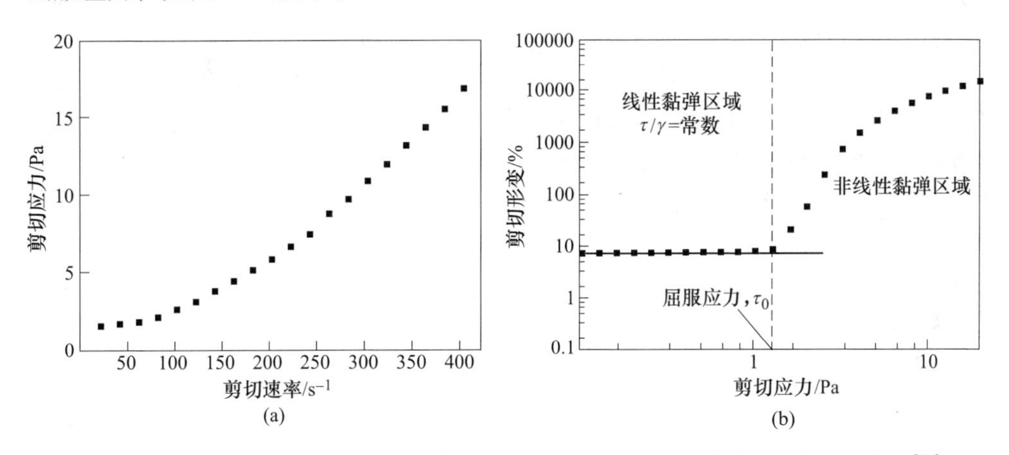

图 3-20 控制剪切速率测量曲线与控制剪切应力测量曲线以及曲线处理方法示意图[10]

（a）控制剪切速率测量曲线；（b）控制剪切应力测量曲线

对浮选矿浆的流变学分析采用 Herschel Buckley 模型，该模型的流变方程如下所示：

$$\tau = \tau_{HB} + \eta_{HB} \cdot \gamma^{p} \tag{3-9}$$

式中，τ 为剪切应力，Pa；γ 为剪切速率，s^{-1}；τ_{HB} 为 Hershel Buckley 屈服应力，Pa；η_{HB} 为稠度系数，Pa·s；p 为 Herschel Buckley 流动指数。τ_{HB} 为外推屈服应力，是指矿浆中的多颗粒结构在外加剪切力作用下发生破坏的临界值；稠度系数 η_{HB} 指浮选矿浆微粒流体的连续性；Herschel Buckley 流动指数 p 是指分析出的浮选矿浆流体偏离牛顿流体流变行为的程度，牛顿流体的流动指数 $p=1$；本书中，采用流变参数与浮选指标，如分离效率、泡沫性质等反映浮选微观过程的参数做曲线，以反映矿浆流变学对浮选行为的影响机制。

3.3.4 浮选矿浆中多颗粒聚团与聚团度分析

本书使用 Mastersizer 2000 激光粒度分析仪（英国马尔文）测量矿物颗粒在特定条件下的粒度分布，并以测量结果为原始数据计算聚团度，反映矿物在特定条件下的聚团行为。在粒度分析中，将矿物样品或者矿浆样品逐渐加入一个 1L 的盛样杯中，直至遮光度到达 10%～20%范围内，再开始测量。对每份样品，在同样的条件下测量 3 次，取其平均值作为最终测量结果。样品的体积粒度分布、累积粒度分布、D_{10}、D_{50}、D_{90}、体积加权平均粒径作为样品的粒度参数。以矿物颗粒的粒度分布数据为基础，矿物颗粒的聚团度通过式（3-10）计算得到：

$$R_{\text{floc}}(i) = (\alpha_i - \beta_i)/\alpha_i \times 100\% \tag{3-10}$$

式中，α_i为原矿中 i 粒级的含量；β_i为一定条件下样品中 i 粒级的含量；$R_{\text{floc}}(i)$为 i 粒级在此条件下的聚团度。本书中，通过计算与比较不同矿物样品中不同粒级的聚团度随调浆条件、药剂条件的变化，分析矿物颗粒的聚团行为机制。

为便于比较，书中提到的原矿粒度为矿物样品或者矿浆样品在不加任何药剂时的粒度数据；结合激光粒度分析结果中各个粒级的含量值，通过合并某一段粒级的含量值，可以得到样品中 i 粒级的相对含量。

3.3.5 矿浆结构与矿物颗粒聚团显微观测

本书使用 OLYMPUS-CX31RTSF 奥林巴斯生物显微镜对矿物颗粒之间的聚团行为、聚团形貌进行直接观测与表征。通过一个 10mL 的医用注射器取一滴矿浆，在干净的烧杯中稀释 10 倍，取一滴稀释后的矿浆小心地滴在载玻片上，用镊子夹取一个盖玻片从一侧缓缓盖上，置于显微镜载物台，在一个 1000μm×1000μm 的视野中，通过显微镜连接的电脑拍取清晰的照片。

3.3.6 矿物颗粒表面电位测定

本书使用 Coulter Delsa440sx 颗粒表面电位分析仪测定矿物颗粒在一定溶液条件下的表面电位。在动电位的测试中，使用浓度为 10^{-2}mol/L 的氯化钾溶液作为背景液，以消除矿浆中离子浓度变化对待测定的矿物颗粒的表面电位的影响。待测的矿样在玛瑙研钵中磨至-2μm，每次取 30mg 置于烧杯中，加入 50mL 的背景溶液，使用超声波分散，依次加入 pH 值调整剂、抑制剂、捕收剂等，每种药剂的作用时间为 5min，在磁力搅拌器上搅拌，温度设定为 25℃。调浆完毕后，静置 5min，吸取上层清液进行动电位测量，重复测量 3 次取其平均值，并且每次测量的电位标准差小于 5mV。

3.3.7 红外光谱 FT-IR 测试

本书通过红外光谱测试确定浮选药剂在矿物表面的吸附形式（物理吸附、化学吸附等）。使用 IRAffinity-1 型傅里叶变换红外光谱仪上进行，采用溴化钾压片的散射法，测量波数范围 400～4000cm^{-1}，分辨率为 4cm^{-1}。对每次红外光谱测量，将单矿物用玛瑙研钵研磨至−2μm 粒径，称取样品 0.5g 置于搅拌桶中，依次加入各项浮选药剂，按照调浆流程进行搅拌调浆。充分搅拌后，用慢速滤纸过滤分离，用相同 pH 值的清水冲洗滤饼 3 次，最终将滤饼放置在真空干燥箱内，50℃以下烘干，再进行红外光谱检测。得到的红外光谱，与标准图库（The Sadtler Handbook of Infrared Spectra，Bio-Rad Laboratories，Inc.，Informatics Division）进行比对[11]，以确定每个吸收峰所代表的位置，进而对表面吸附的官能团进行判定。

3.3.8 颗粒接触角测试

本书通过测量矿物光片的接触角来研究矿物光片表面的润湿性[12]。使用 JY-82C视频接触角测定仪对矿物光片的表面接触角进行测定。通过切割机切割以及 0.05μm 铝粉抛光处理新鲜的矿物光片，得到洁净的矿物光滑表面。将制备好的矿物光片浸入已控制好浓度的药剂溶液中，用玻璃棒轻缓地搅拌溶液，避免触碰到矿物光片，从而使药剂与矿物光片充分作用，搅拌时间为 20min。作用完毕后，使用相同 pH 值的水清洗光片表面 3 次，置于真空干燥箱内，在 50℃以下烘干。测量时，将一滴体积为 0.016mL 的水滴滴到光片表面，待水滴稳定后，通过软件拍取包含气-液-固三相界面的照片，用软件分析中点、顶点以及切点之后，由软件自动计算得到接触角。对每个条件下的接触角，进行 10 次测量，取平均值作为最终的接触角，用以评价矿物表面的润湿性大小。

参考文献

[1] Ahmed N，Jameson G J. Flotation kinetics [J]. Mineral Processing and Extractive Metallurgy Review，1989，5：77-99.

[2] Xu M. Modified flotation rate constant and selectivity index [J]. Minerals Engineering，1998，11 (3)：271-278.

[3] 许时．矿石可选性研究 [M].2 版．北京：冶金工业出版社版，1979.

[4] Forbes E，Davey K J，Smith L. Decoupling rehology and slime coatings effect on the natural flotability of chalcopyrite in a clay-rich flotation pulp [J]. Minerals Engineering，2014，56：136-144.

[5] Chen W, Chen F, Bu X, et al. A significant improvement of fine scheelite flotation through rheological control of flotation pulp by using garnet [J]. Minerals Engineering, Elsevier, 2019, 138: 257-266.

[6] Chen W, Feng Q, Zhang G, et al. Effect of energy input on flocculation process and flotation performance of fine scheelite using sodium oleate [J]. Minerals Engineering, 2017, 112: 27-35.

[7] Cruz N, Peng Y. Rheology measurements for flotation slurries with high clay contents—A critical review [J]. Minerals Engineering, 2016, 98: 137-150.

[8] Li C, Farrokhpay S, Shi F, et al. A novel approach to measure froth rheology in flotation [J]. Minerals Engineering, 2015, 71: 89-96.

[9] Liddell P V, Boger D V. Yield stress measurements with the vane [J]. Journal of Non-Newtonian Fluid Mechanics, 1996, 63 (2-3): 235-261.

[10] Chen W, Chen Y, Bu X, et al. Rheological investigations on the hetero-coagulation between the fine fluorite and quartz under fluorite flotation-related conditions [J]. Powder Technology, Elsevier B. V., 2019, 354: 423-431.

[11] Fukami Y, Maeda Y. Raman and FT-IR studies of photodynamic processes of cholesteryl oleate using IRFELs [J]. Nuclear Instruments and Methods in Physics Research B, 1998, 144: 229-235.

[12] Kwok D Y, Neumann A W. Contact angle measurement and contact angle interpretation [J]. Advances in Colloid and Interface Science, 1999, 81 (3): 167-249.

4　搅拌调浆作用下微细粒白钨矿的聚团机制

本章认识、考查微细粒白钨矿浮选体系中3种矿物的晶体结构，重点明确在搅拌调浆体系下，微细粒白钨矿发生多颗粒聚团的行为与机制，为后续实现微细粒白钨矿浮选回收做好理论基础。

4.1　矿物晶体结构

在微细粒矽卡岩型白钨矿浮选体系中，白钨矿是主要的有用矿物，方解石是典型的含钙脉石矿物，石英是典型的非含钙脉石矿物[1]。3种矿物的结晶结构参数见表4-1。

表4-1　三种矿物的结晶结构参数

矿物	晶系	晶 胞 参 数
白钨矿	四方	$a=0.524$nm，$b=0.524$nm，$c=1.138$nm，$\alpha=\beta=\gamma=90°$
方解石	三方	$a=0.499$nm，$b=0.499$nm，$c=1.706$nm，$\alpha=\beta=90°$，$\gamma=120°$
石英	三方	$a=0.491$nm，$c=0.541$nm

4.1.1　白钨矿晶体结构

白钨矿属于四方晶系的钨酸盐矿物，化学分子式为$CaWO_4$，空间群：$4/m$，晶胞参数$a=b=0.524$nm，$c=1.138$nm，$\alpha=\beta=\gamma=90°$，$Z=4$，晶体结构如图4-1所示。白钨矿晶体中常赋存钼元素，一般认为其主要以类质同象方式混入白钨矿晶体中，形成部分的钼酸钙，分子式为$CaW(Mo)O_4$。白钨矿晶体为近于八面体的四方双锥状（假八面体状），{101}晶面上常具斜纹，依{101}成双晶普遍，集合体多呈不规则粒状，较少呈致密块状[2]。解理平行{111}中等，断口参差状。摩氏硬度为4.5~5，密度为5.8~6.2g/cm^3（随钼的增加而降低），性脆。白钨矿晶体具有荧光性，在紫外线照射下发浅蓝色至黄色的荧光。在白钨矿晶体中，钙离子与周围6个钨氧四面体的6个氧原子配合，形成$Ca—O_6$四方双锥体。据报道，钙离子与氧负离子的距离在c轴和在水平方向上是不同的，Ca—O键在c轴方向为0.248nm，而在a轴方向为0.244nm。在钨酸根中，钨离子与4个氧离子形成沿c轴方向稍扁平的四面体结构，其中钨位于四面体中心，氧离子位于四面体4个角顶。在此钨氧四面体中，4个氧离子与钨离子的距离是相等的，

W—O 键长为 0.178nm，键角不同，分别为 107.4°和 113.8°[3]。据相关报道，当白钨矿晶体在破碎、磨矿作用下粒度变小的时候，常见的暴露面为｛001｝、｛112｝面，暴露质点有钙质点和钨氧八面体质点[4]。

4.1.2　方解石晶体结构

方解石属于三方晶系的碳酸盐矿物，化学分子式为 $CaCO_3$，空间群：$R3c$，晶胞参数 $a=0.499$nm，$c=0.1706$nm，$\alpha=\beta=90°$，$\gamma=120°$，$Z=6$，晶体结构如图 4-2 所示。方解石晶体中常赋存锰、铁、钡、镁等元素，一般认为其主要以类质同象方式或机械混入方解石晶体中，分子式为 $Ca(Fe, Mn, Mg)CO_3$。自然界中，方解石常以很好的结晶出现，其晶形多种多样，不同的聚形多达 600 种以上。方解石常依｛0001｝形成双晶，依｛0112｝形成聚片双晶，其集合体形态丰富多变，有晶簇状、块状、钟乳状、结核状、土状等[4]。纯净的方解石是无色透明的，称作冰洲石，一般呈白色、浅灰白，随混入不同元素而呈现不同的颜色，具有玻璃光泽，菱面体解理完全。方解石晶体硬度为 3，密度为 2.9~3.1g/cm^3，含铁的方解石密度增大，性脆。方解石晶体中，钙离子与碳酸根离子三角平面体的氧离子相连，配合成 Ca—O 八面体，钙离子位于 6 个氧离子组成的八面体中心，Ca—O 键长为 0.236nm。在碳酸根中，碳离子与 3 个氧离子形成平面三角形构型，碳离子位于平面三角形的几何中心，在这个平面三角形中，3 个氧离子与碳离子的距离是相等的，C—O 键长为 0.128nm，键角相等，均为 120°[5]。据相关报道，当方解石晶体在破碎、磨矿作用下粒度变小时，常见的暴露面为｛214｝、｛018｝、｛104｝面，暴露出的质点有钙质点和碳酸根[6]。

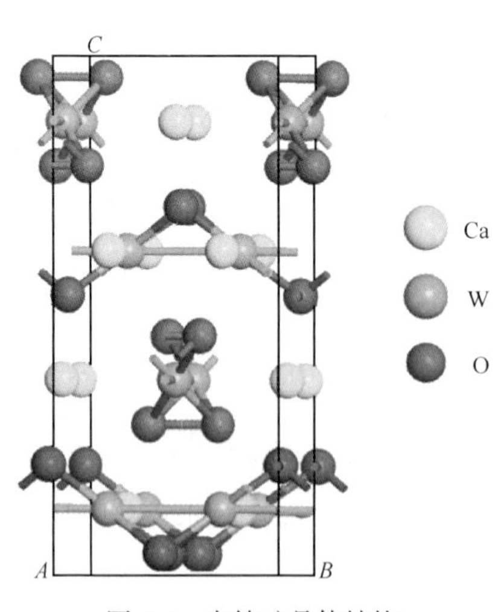

图 4-1　白钨矿晶体结构

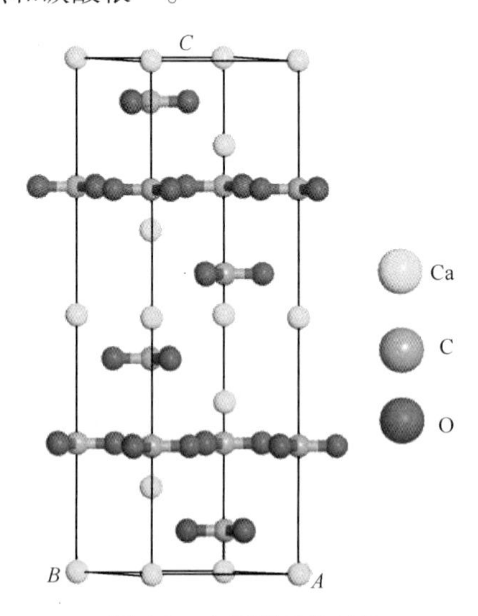

图 4-2　方解石晶体结构

4.1.3　石英晶体结构

石英是有色金属选矿过程中最常见的一种矿物。石英是由 SiO_2组成的矿物，按照热力学稳定关系，其同质多象变体主要有 α-石英、β-石英、α-鳞石英、β_1-鳞石英、β_2-鳞石英、α-方石英、柯石英、斯石英等。在这些同质多象变体中，硅离子均为四面体配位，每 1 个硅离子均被 4 个氧离子包围，构成硅氧四面体结构。这些硅氧四面体彼此之间均以四面体角顶相连形成三维结构。在上述石英的同质多象变体中，硅氧四面体在排布方式、紧密程度上均有差异，进而反映在形态和物理性质上有所不同。石英的低温变体为 α-石英，化学式为 α-SiO_2，接近于纯 SiO_2，变化范围小，一般包含液、固、气态机械混入物。α-石英晶体属于三方晶系硅氧四面体以角顶相连，晶胞参数 $a=0.491$nm，$c=0.541$nm，$Z=3$，在 c 轴方向上呈螺旋状排布，如图 4-3 所示。石英晶体结晶习性一般为柱状，柱面上有横纹，聚形分为显晶和隐晶两类，显晶的形态有晶簇状、块状、致密状，隐晶的形态包括钟乳状、皮壳状、结核状等[7]。纯净的 α-石英晶体一般是无色透明的，当掺杂有微量色素离子或者细分散包裹体时，晶体通常呈现各种颜色。α-石英莫氏硬度为 7，密度在 2.60～2.70g/cm^3，无解理；贝壳状断口，断口呈油脂光泽，具有压电性和焦电性[8]。当 α-石英晶体在破碎、磨矿作用下粒度变小时，一般沿着硅氧四面体角顶连接处断裂，暴露质点主要是氧质点[9]。

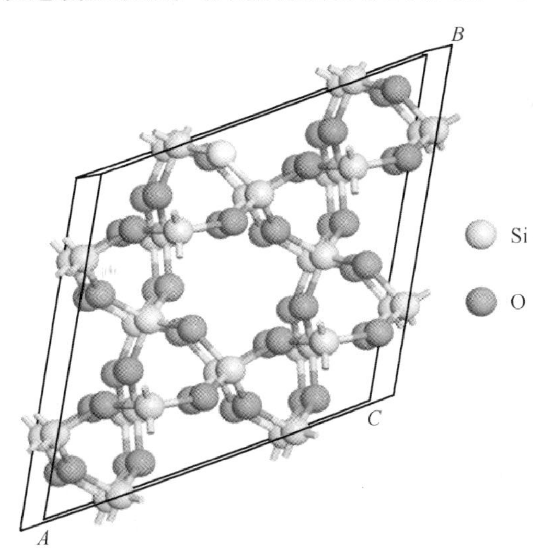

图 4-3　α-SiO_2石英的晶体结构

4.2　搅拌体系中微细粒白钨矿多颗粒聚团行为

在矿浆中，固体颗粒的粒度分布特征与表面性质是决定矿浆结构的两大重要因素，同时也是影响矿浆流变性的重要变量[10]。大量的研究表明，在浮选体系中有油酸钠存在时，通过增大搅拌转速、延长搅拌时间，某些矿物颗粒会发生聚团[11~13]。在本小节中，作者使用自制的搅拌调浆桶，结合高速搅拌器，计算搅拌过程能量输入，同时测定相应能量输入下微细粒矿物的粒度分布变化，在油酸钠用量为 50mg/L 的条件下，分析搅拌过程能量输入对微细粒白钨矿多颗粒聚团形成、生长、破裂的影响，观察不同能量输入下矿浆的显微结构，通过分析粒度分布曲线的峰形变化以及几种矿物的聚团度差异，提出了表面疏水的、负电性的微细粒白钨矿形成多颗粒聚团的微观模型。

4.2.1 微细粒白钨矿粒度分布曲线峰形变化

保持油酸钠浓度为 50mg/L，控制 pH 值在 8.5~9.0 范围内，在单矿物搅拌桶中，以四叶直桨为搅拌叶轮，测定搅拌过程能量输入，同时测定微细粒白钨矿的粒度分布曲线的峰形变化。通过不同搅拌体系能量输入下，微细粒白钨矿颗粒群粒度分布的峰形的不同趋势变化，将微细粒白钨矿的颗粒聚团形成过程分为 5 个子阶段，具体如图 4-4~图 4-9 所示。

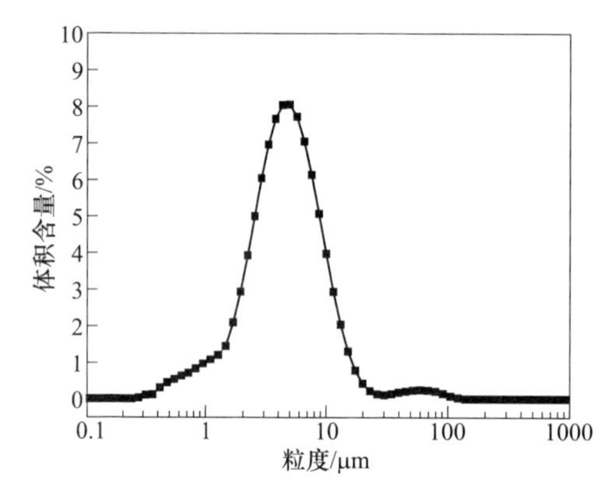

图 4-4 微细粒白钨矿原始粒度分布

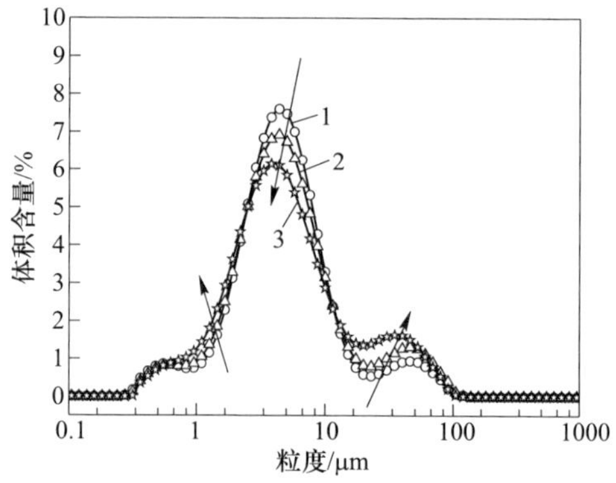

图 4-5 多颗粒聚团初步形成其粒度分布
（油酸钠用量为 50mg/L，pH 值为 8.5~9.0）
1—1.38kJ/m³；2—2.04kJ/m³；3—2.64kJ/m³

图 4-4 是微细粒白钨矿样品在无油酸钠时的粒度分布曲线，由图 4-4 可知本白钨矿样品为典型的单峰分布，粒度分析统计结果显示微细粒白钨矿矿浆颗粒群的 D_{90} 为 10.80μm。图 4-5 显示了微细粒白钨矿多颗粒聚团初步形成时期的粒度分布曲线变化。由图 4-5 可知，随着能量输入的增大，白钨矿原矿的单峰开始分裂，表现为主峰高度降低，在主峰右侧形成代表粗粒级（+10μm）的副峰。粒度分析统计结果表明，当能量输入从 0.19kJ/m^3 增大到 2.64kJ/m^3 时，矿浆中颗粒群的 D_{90} 从 10.80μm 增大到 23.22μm，D_{50} 从 3.54μm 增大到 4.26μm，说明在

此阶段，微细粒疏水的、负电表面的白钨矿开始形成多颗粒的聚团。

图 4-6 显示了微细粒白钨矿颗粒聚团生长期的粒度分布曲线变化。在此阶段，原有的单峰分布的曲线变成双峰分布，但是代表微细粒级的左边的峰仍然占据主要位置。粒度分析统计结果表明，当能量输入从 2.64kJ/m^{3}增大到 6.41kJ/m^{3}时，矿浆中颗粒群的 D_{90}从 23.33μm 增大到 46.02μm，D_{50}从 4.26μm 增大到 8.67μm，说明在此阶段，大量的微细粒的白钨矿逐渐形成了多颗粒聚团。图 4-7 显示了微细粒白钨矿大尺寸多颗粒聚团形成时期的粒度分布曲线变化。在此阶段，微细粒白钨矿矿浆中颗粒的粒度仍然呈双峰分布，但是以代表粗粒级的右边的峰为主，随着能量输入的增大，左边的峰逐渐降低。粒度分析统计结果表明，当能量输入从 6.41kJ/m^{3}增大到 9.55kJ/m^{3}时，矿浆中颗粒群的 D_{90}从 46.02μm 增大到 70.41μm，D_{50}从 8.67μm 增大到 29.87μm，说明在此阶段，初始形成的颗粒聚团继续生长，同时细粒级的颗粒相对含量急速降低。在这个能量输入范围内，微细粒白钨矿矿浆中有大量的大尺寸的聚团形成。

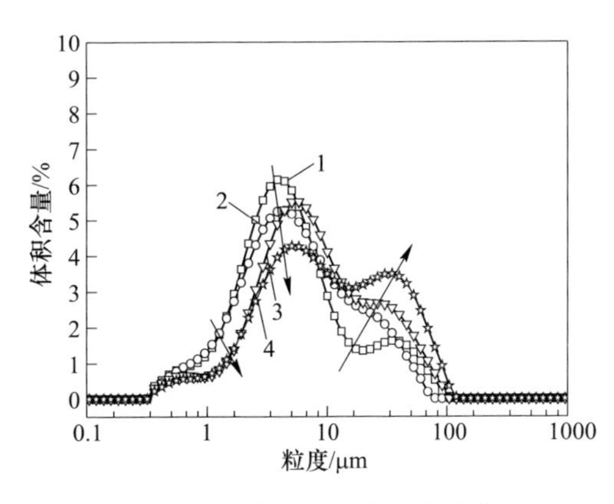

图 4-6 多颗粒聚团生长期粒度分布
（油酸钠用量为 50mg/L，pH 值为 8.5~9.0）
1—2.64kJ/m^3；2—3.35kJ/m^3；
3—4.52kJ/m^3；4—6.41kJ/m^3

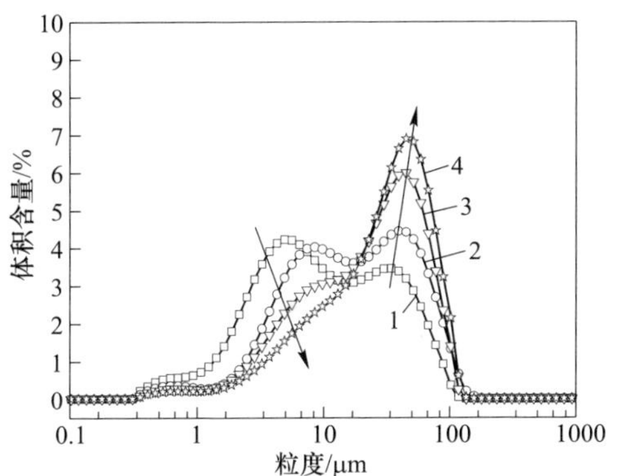

图 4-7 大尺寸聚团形成期粒度分布
（油酸钠用量为 50mg/L，pH 值为 8.5~9.0）
1—6.41kJ/m^3；2—8.29kJ/m^3；
3—8.92kJ/m^3；4—9.55kJ/m^3

图 4-8 显示了微细粒白钨矿多颗粒聚团稳定化时期的粒度分布变化曲线。在矿浆中多颗粒聚团的稳定化时期，矿浆中颗粒的粒度分布逐渐由双峰分布转向单峰分布，且呈现出粗粒级聚团粒度减小，而细粒级含量也减少的特点。粒度分析统计数据表明，当能量输入从 9.55kJ/m^{3}增大到 12.06kJ/m^{3}时，矿浆中颗粒群的 D_{90}从 70.41μm 减小到 53.48μm，D_{50}从 29.87μm 减小到 23.65μm，说明在此阶段，虽然细粒级的相对含量也在减少，但是粗粒级的含量也在降低，中间粒级的含量反而增多，表现为单峰分布的曲线稍向左移，但是高度增大。随着能量输入

的进一步增大，已经形成的单峰分布曲线再次向双峰分布转变，为多颗粒聚团的破裂时期，如图 4-9 所示。在此阶段，单峰分布的矿浆，在继续增大的能量输入的作用下，微细粒级的含量再次增多，且单峰的高度又开始下降。粒度分析统计结果表明，当能量输入从 12. 06kJ/m^{3}增大到 17. 09kJ/m^{3}时，微细粒白钨矿矿浆中颗粒群的 D_{90} 从 53. 48μm 变化到 54. 84μm，D_{50} 从 23. 65μm 减小到 20. 48μm，说明在此阶段大量的粗粒级的多颗粒聚团发生破裂，成为中等粒级的聚团，微细粒级的含量与分布再次增大、扩大。

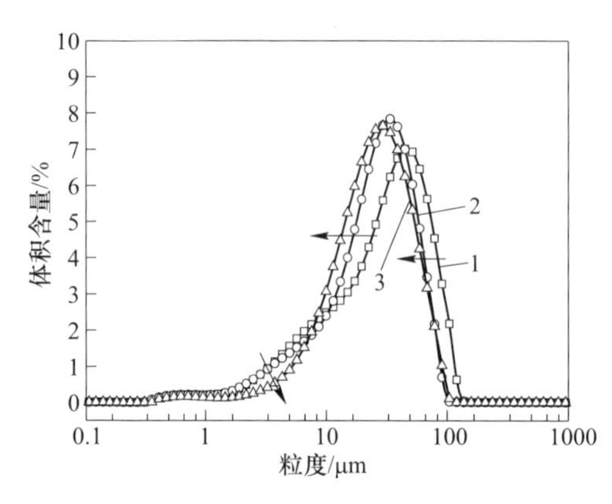

图 4-8　多颗粒聚团稳定化时期粒度分布
（油酸钠用量为 50mg/L，pH 值为 8. 5~9. 0）
1—9. 55kJ/m^3；2—11. 28kJ/m^3；3—12. 06kJ/m^3

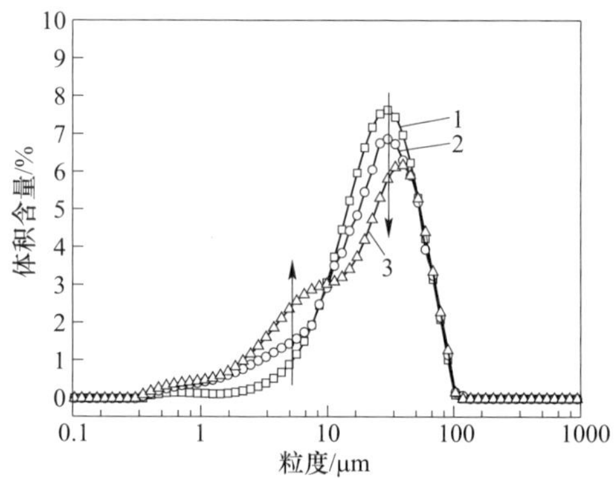

图 4-9　多颗粒聚团破裂时期粒度分布
（油酸钠用量为 50mg/L，pH 值为 8. 5~9. 0）
1—12. 06kJ/m^3；2—14. 57kJ/m^3；3—17. 09kJ/m^3

总体来说，通过搅拌过程的能量输入，单峰分布的微细粒白钨矿矿浆在油酸钠作用下，表面疏水性增大，通过疏水缔合的方式，形成的大量的多颗粒聚团[14]。随着能量输入的增大，微细粒白钨矿的粒度分布，由单峰、双峰、单峰进行转变，经历了颗粒聚团形成、生长、增大、稳定化、破裂等阶段。在颗粒聚团的形成过程中，双峰峰形的出现表明，矿浆中各个粒径的颗粒在形成颗粒聚团过程中的行为是不同步的，有先后之分。这种不同粒级范围内颗粒发生聚团与破裂的不同步现象对于研究微细粒矿物的颗粒聚团形成机制是非常重要的。

4. 2. 2　油酸钠作用下，微细粒白钨矿多颗粒聚团形貌变化

为形象地表征随能量输入过程中各个阶段颗粒聚团的形貌，根据矿物浮选中对疏水性聚团观测的常见技术研究[15,16]，作者使用奥林巴斯矿物显微镜拍取了上述几个阶段的微细粒白钨矿矿浆中多颗粒聚团的形貌特征，结果如图 4-10~图 4-15 所示。

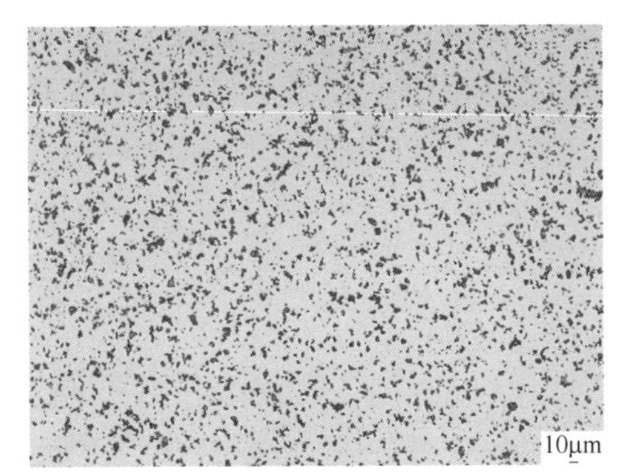

图 4-10 微细粒白钨矿矿浆显微形貌
（pH 值为 8.5~9.0）

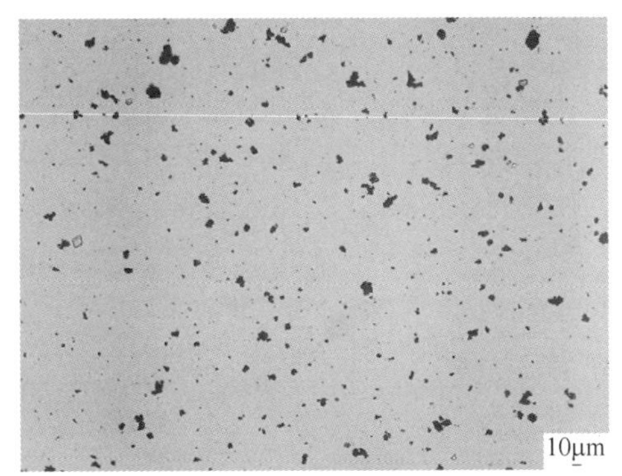

图 4-11 多颗粒聚团初步形成
（油酸钠用量为 50mg/L，pH 值为 8.5~9.0，2.04kJ/m^3）

图 4-10 显示了在没有油酸钠的条件下，微细粒白钨矿矿浆中固体颗粒由于表面电性相互排斥，呈现出分散状态。在油酸钠存在的情况下，随着能量输入的增大，开始形成较小的多颗粒聚团，此时聚团呈较小的颗粒型，如图 4-11 所示。随着能量输入的进一步增大，多颗粒聚团的粒度进一步增大，进入聚团的生长期，其形貌如图 4-12 所示，形成的多颗粒聚团形状转向树枝型。随着能量输入的进一步增大，矿浆中开始出现粒度较大的树枝型多颗粒聚团，如图 4-13 所示。这个时期形成多颗粒聚团的特点是粒度较大，但是结构比较松散。随着能量输入的增大，大颗粒、树枝型的多颗粒聚团被破坏，如图 4-14 所示。在较高能量的输入下，微细粒白钨矿便逐渐形成比较稳定的多颗粒球型聚团，如图 4-15 所示。

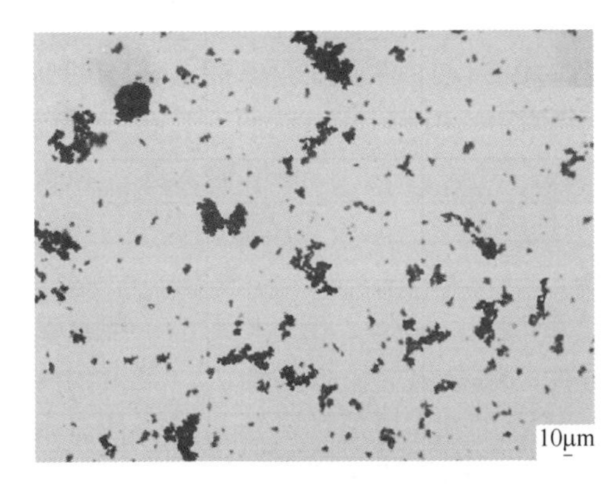

图 4-12 多颗粒聚团生长
（油酸钠用量为 50mg/L，pH 值为 8.5~9.0，6.41kJ/m^3）

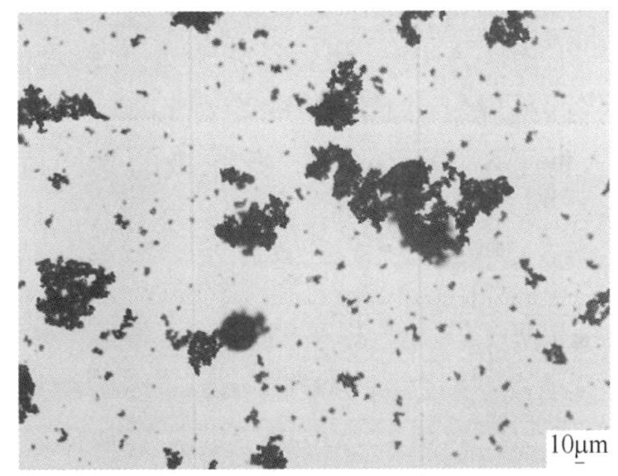

图 4-13 大颗粒树枝型聚团
（油酸钠用量为 50mg/L，pH 值为 8.5~9.0，9.55kJ/m^3）

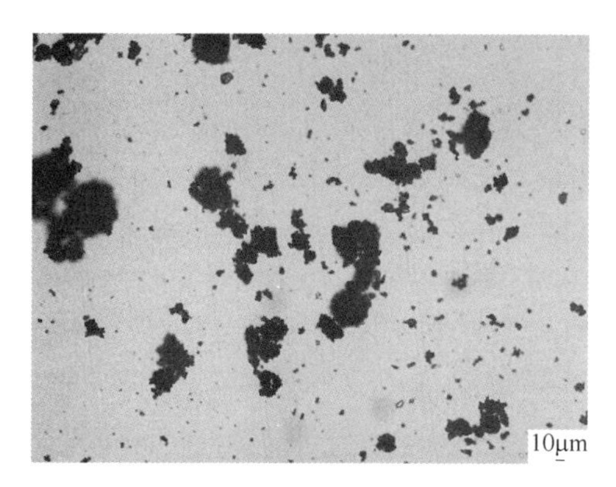

图 4-14 大颗粒聚团破裂
（油酸钠用量为 50mg/L，pH 值为 8.5~9.0，12.06kJ/m^3）

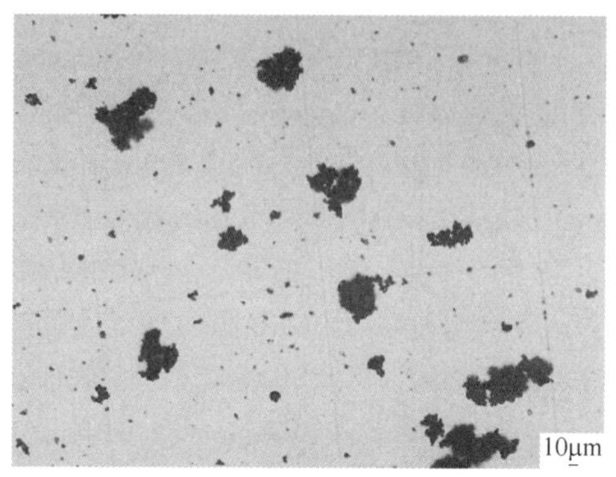

图 4-15 稳定的球型聚团
（油酸钠用量为 50mg/L，pH 值为 8.5~9.0，17.09kJ/m^3）

由上述多颗粒聚团形貌变化可知，微细粒白钨矿矿浆中多颗粒聚团的粒度、形貌均受到搅拌过程能量输入的影响。对于不同的搅拌能量输入，微细粒白钨矿矿浆中的白钨矿颗粒虽然都实现了疏水化，但是形成的多颗粒聚团的粒度与形貌各不一致。由此可以看出，对于选择性的实现特定的矿浆结构，选择合适的搅拌能量输入非常重要[17]。

4.2.3 油酸钠作用下，微细粒白钨矿颗粒群聚集行为

4.2.1 节提到，在形成多颗粒聚团的过程中，各个粒级的聚团行为是不同步的。为了探究多颗粒聚团的形成机制，统计分析 10μm 以下各个粒级的聚团度随能量输入的变化情况，将聚团度变化相似的粒级合并，得到如图 4-16 所示的不同粒级的聚团度随搅拌过程能量输入的变化趋势。

由图 4-16 可知，矿浆中 3 个粒级的聚团度随搅拌调浆过程中能量输入的变化而呈现出明显不同的变化趋势。对于粗粒级（−10+7.5μm）而言，在能量输入低于 8.29kJ/m^{3}时，此粒级的聚团度保持在 20%左右，当能量输入继续增大时，粒级聚团度增长到 40%左右，之后基本保持不变。上述变化趋势表明，粗粒级的含量在一定的能量输入范围内是保持不变的。对于中等粒级（−7.5+2.5μm）而言，其聚团度随能量输入的增大先增大后降低，拐点处对应的能量输入为 9.55kJ/m^3。对细粒级（−2.5μm）而言，随着能量输入的增大，其聚团度先为负值，再转为正值增大，后降低，两次变化的拐点处对应的能量输入值分别为 4.52kJ/m^{3}和 12.06kJ/m^3。3 个粒级聚团度的不同变化趋势表征了 3 个粒级在形成颗粒聚团过程中的不同行为机制。在颗粒聚团的形成过程中，3 个粒级进入颗粒聚团的顺序为：粗粒级（−10+7.5μm）、中等粒级（−7.5+2.5μm）、细粒级（−2.5μm）。在能量输入较小的情况下，粗粒级就已经开始逐步进入颗粒聚

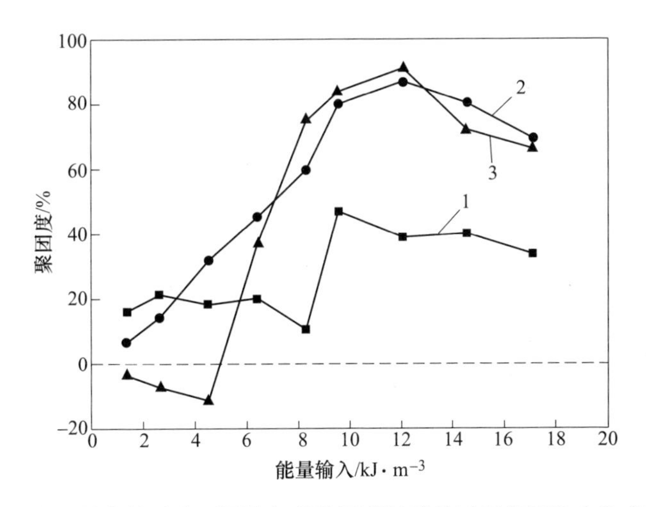

图 4-16 微细粒白钨矿中不同粒级的聚团度随搅拌过程能量输入的变化趋势

（油酸钠用量为 50mg/L，pH 值为 8.5~9.0）

1—−10+7.5μm；2—−7.5+2.5μm；3—−2.5μm

团，而只有当能量输入超过 4.52kJ/m³时，细粒级颗粒才开始发生明显的聚团行为。这种不同的变化可以从颗粒聚团的形貌变化情况得到验证。在颗粒聚团中，粗粒级颗粒最稳定，中等粒级次之，细粒级最不稳定。结合粒度变化与聚团度变化可以得出，在形成颗粒聚团过程中，粗粒级充当了聚团的核心，而细粒级主要构成聚团的树枝型部位或者外层，中等粒级同时参与两个方面。

结合微细粒白钨矿中 3 种粒级的颗粒在颗粒聚团形成过程中的不同变化趋势，颗粒聚团的形成过程可以通过一个核增长模型来描述，如图 4-17 所示。

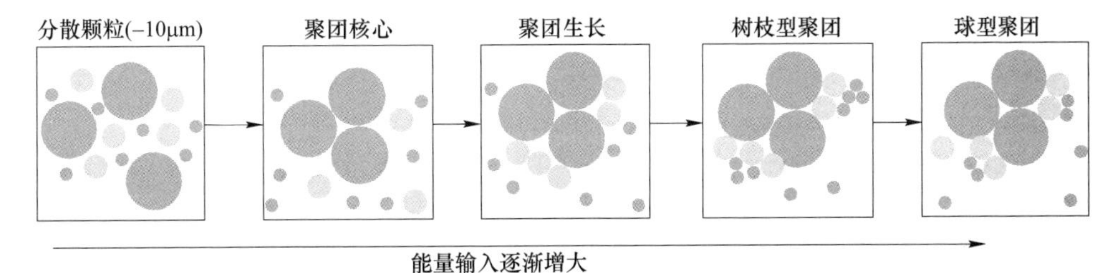

图 4-17 微细粒白钨矿颗粒聚团形成机制的核增长模型

3 种不同粒径大小的圆球代表微细粒白钨矿中的 3 个粒级。颗粒聚团的形成过程可由 3 种圆球的聚集、分散行为表征。对于分散的原矿颗粒，随着能量输入的增大，粗粒级颗粒首先聚团，形成核心，继而依次将中等粒级、细粒级的颗粒吸附在核心的外层，形成树枝状聚团，当能量输入较大时，树枝型聚团不稳定，转化为球型聚团。

4.2.4　油酸钠作用下，微细粒白钨矿、方解石、石英聚团行为差异

在油酸钠浓度为 50mg/L 条件下，测定了微细粒白钨矿、方解石、石英矿浆中 3 种矿物颗粒的聚团度随搅拌过程能量输入的变化趋势，结果如图 4-18 所示。

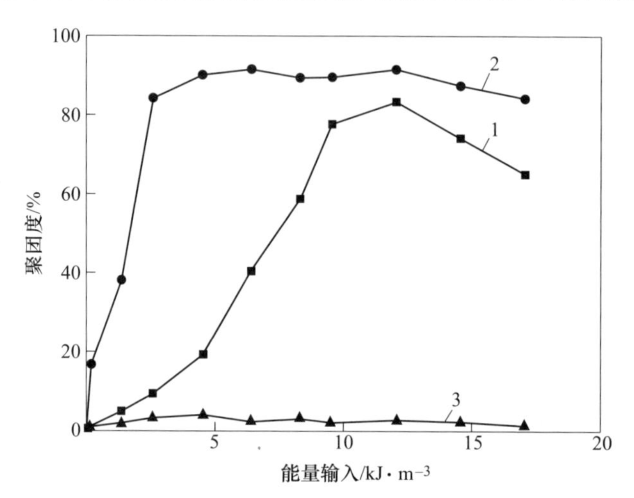

图 4-18　微细粒白钨矿、方解石、石英的聚团度（−10μm）随能量输入的变化
（油酸钠用量为 50mg/L，pH 值为 8.5~9.0）
1—白钨矿；2—方解石；3—石英

由图 4-18 可知，在油酸钠存在的情况下，随着搅拌过程能量输入的增大，微细粒白钨矿与方解石的聚团度迅速增大，而石英的聚团度一直保持在接近于零附近。这与油酸钠对 3 种矿物的表面性质的影响行为是一致的。对比白钨矿与方解石的聚团度变化，发现在相同的能量输入下，方解石多颗粒聚团度增长显然快于白钨矿。也就是说，与白钨矿形成多颗粒聚团相比，在油酸钠的作用下，方解石颗粒形成多颗粒聚团所需要的能量输入更小。油酸钠在这两种矿物表面均存在稳定的化学吸附。因此对于表面电位绝对值更小的方解石表面，形成多颗粒聚团过程中克服的静电斥力越小，在疏水缔合作用中受到的阻力更小，因而形成聚团过程中需要的能量输入也就越低。

4.3　微细粒白钨矿多颗粒聚团形成机制分析

4.3.1　调浆对微细粒白钨矿颗粒聚团行为的影响

在 1975 年，Warren 等人对瑞士某微细粒白钨矿的剪切絮凝-浮选研究就表明，在使用搅拌叶轮的情况下，采用高强度的搅拌操作，在油酸钠的作用下，能够促使微细粒（小于 2μm）的白钨矿颗粒突破颗粒之间的排斥势能能垒，使得

表面吸附有油酸钠的微细粒白钨矿颗粒发生碰撞、黏附，进而形成多颗粒聚团。在固体颗粒的聚团动力学理论中，高强度的搅拌调浆是促进表面疏水的矿物颗粒发生聚团或者絮凝的必要动力学条件[18]。研究表明，在高强度搅拌调浆（high intensity conditioning）的急速湍流环境中，颗粒的碰撞速率与搅拌过程能量输入的0.5次方成正比，而能量输入与矿浆流体的运动速度密切相关。当搅拌强度处于某一值时，矿浆流体的运动速度与搅拌叶轮的搅拌速度成正比，此时矿物颗粒的碰撞速度与搅拌速度的1.5次方成正比[19]。因此，调浆过程的搅拌速度增大，矿浆中颗粒之间的碰撞次数增加，颗粒间相互作用得到大幅度强化，颗粒形成聚团或者絮团的速率也随之增大，表现为颗粒群的疏水凝聚速度常数也增大[11]。

因此，通过高强度调浆，促进颗粒聚团，增大浮选过程中目的矿物的表观粒度，对提高微细粒白钨矿的可浮性有重要意义。在采用高强度调浆途径实现微细粒白钨矿聚团浮选过程中，颗粒之间的相互作用十分关键。本书借用胶体化学领域内的DLVO理论与细粒浮选领域内的EDLVO理论对纯水体系中、疏水体系中微细粒白钨矿颗粒之间的相互作用进行计算与论证。

4.3.2 水体系中白钨矿颗粒间的相互作用与DLVO理论

DLVO理论是由Derjguin、Landau、Verwey和Overbeek 4位科学家共同提出，是关于胶体溶液中胶体颗粒稳定性的经典理论。在矿浆体系中，特别是微细粒矿物矿浆中，许多学者也常常应用该理论解释矿浆体系中矿物颗粒间的相互作用关系，分析颗粒之间的聚集/分散行为[20]。该理论认为，当胶粒相互靠近时，粒子间的范德华吸引力和双电层静电排斥力决定了胶体在分散体系中的稳定性。在胶体溶液中，胶体颗粒之间的相互作用总能量（V_T^D）等于颗粒间范德华作用能（V_W）与静电排斥作用能（V_E）之和，如式（4-1）所示：

$$V_T^D = V_W + V_E \tag{4-1}$$

当颗粒间总作用能（V_T^D）为正时，表示矿浆中胶体颗粒之间的作用为排斥作用，颗粒处于分散状态；反之，则颗粒之间的作用为吸引状态，有可能发生凝聚、絮凝或聚集，值越负，则聚集越完全。本小节介绍颗粒间范德华作用能（V_W）与静电排斥作用能（V_E）的计算方法。

4.3.2.1 颗粒间范德华作用能

对半径分别为R_1和R_2的两个球形颗粒，颗粒间的范德华作用能表达式为：

$$V_W = -\frac{A}{6h}\frac{R_1R_2}{R_1 + R_2} \tag{4-2}$$

式中，h为颗粒表面间的距离，nm；A为物质的Hamaker常数，J。颗粒1和颗粒2在介质3体系中，相互作用的Hamaker常数表达式为：

$$A_{132} = (\sqrt{A_{11}} - \sqrt{A_{33}})(\sqrt{A_{22}} - \sqrt{A_{33}}) \tag{4-3}$$

式中，A_{11}为颗粒1在真空中的Hamaker常数；A_{22}为颗粒2在真空中的Hamaker常数；A_{33}为介质3在真空中的Hamaker常数。

由式（4-3）可知，同种矿物在介质3中的Hamaker常数A_{131}总为正值，颗粒间的范德华作用能总表现为吸引作用。

4.3.2.2 静电排斥作用能

对于半径分别为R_1和R_2的同种球形颗粒，颗粒间的静电相互作用能为：

$$V_E = \frac{128\pi n_0 k_B T\gamma^2}{\kappa^2}\left(\frac{R_1R_2}{R_1 + R_2}\right)\exp(-\kappa h) \tag{4-4}$$

式中

$$\gamma = \frac{\exp\left(\dfrac{ze\varphi_0}{2k_BT}\right) - 1}{\exp\left(\dfrac{ze\varphi_0}{2k_BT}\right) + 1} \tag{4-5}$$

对于低电位表面，298K时，$\varphi_0 \leqslant 25$mV，式（4-5）可简化为：

$$\gamma = ze\varphi_0/4k_BT \tag{4-6}$$

本书研究矿浆中白钨矿颗粒间的聚团状态，颗粒粒径相等$R_1 = R_2 = R$，且$\kappa R > 10$，因此，式（4-4）可进一步简化为：

$$V_E = 2\pi\varepsilon_a R\varphi_0^2\ln[1 + \exp(-\kappa h)] \tag{4-7}$$

式中，φ_0为矿物的表面电位，V；h为两颗粒表面间距离，nm；介电常数$\varepsilon_a = \varepsilon_0\varepsilon_r$，$\varepsilon_0$为真空中绝对介电常数为$8.854\times10^{-12}C^{-2}J^{-1}m^{-1}$，$\varepsilon_r$为分散介质的绝对介电常数，水的$\varepsilon_r = 78.5C^{-2}J^{-1}m^{-1}$，则$\varepsilon_a = 6.95\times10^{-10}C^{-2}J^{-1}m^{-1}$；$\kappa^{-1}$为Debye长度，nm，表示双电层厚度，在298K时，对于1∶1型电解质：

$$\kappa^{-1} = 0.304/\sqrt{C} \tag{4-8}$$

式中，C为离子体积摩尔浓度mol/L。本书计算中设定$C = 10^{-3}$mol/L，则$\kappa = 0.104nm^{-1}$。同种矿物颗粒具有相同的电荷，颗粒间的静电相互作用总表现为排斥作用。

4.3.2.3 水体系中白钨矿颗粒间的相互作用计算

白钨矿和水在真空中的Hamaker常数分别取$A_{11} = 13.9\times10^{-20}$J和$A_{33} = 3.7\times10^{-20}$J，按照式（4-3）计算白钨矿在水中的Hamaker常数为$A = 3.25\times10^{-20}$J，白钨矿的颗粒半径R取10×10^{-6}m，根据式（4-2），白钨矿颗粒间在水介质中的范德华作用能为：

$$V_W = -2.71\times10^{-26}\left(\frac{1}{h}\right) \tag{4-9}$$

水介质pH值为9.0时，白钨矿在水中的动电位ζ为−49.30mV，本书以ζ代

替 φ_0，根据式（4-7），则白钨矿颗粒间在水中的静电相互作用能为：

$$V_E = 1.06 \times 10^{-25} \ln[1 + \exp(-0.104h)] \quad (4\text{-}10)$$

因此，白钨矿在水介质中总的相互作用能为：

$$V_T^D = V_W + V_E = -2.71 \times 10^{-26}\left(\frac{1}{h}\right) + 1.06 \times 10^{-25} \ln[1 + \exp(-0.104h)] \quad (4\text{-}11)$$

由式（4-9）~式（4-11），计算−10μm 白钨矿颗粒间相互作用的范德华势能、静电势能以及总势能曲线如图 4-19 所示。由图 4-19 可以看出，颗粒间相互作用的范德华势能为吸引，静电势能为排斥，总势能曲线存在一较高能垒（4nm 位置 12.4×10^{-18}J），表现为排斥作用，说明在 pH 值为 9.0 的水介质体系中，白钨矿颗粒间呈稳定分散状态，而这不利于微细粒白钨矿的聚团浮选过程。

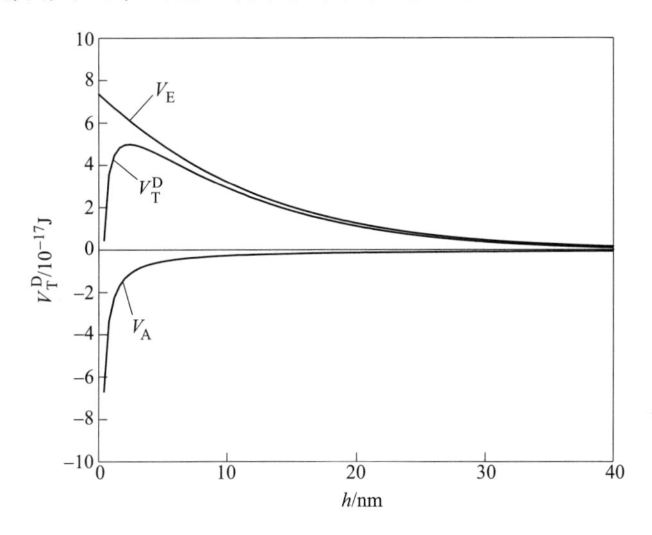

图 4-19　白钨矿颗粒间相互作用势能与表面间距的关系（pH=9.0）

4.3.3　疏水体系中白钨矿颗粒间的相互作用与 EDLVO 理论

在含有油酸钠的搅拌调浆体系中，矿物颗粒吸附油酸钠发生表面疏水后，颗粒间除了范德华分子吸引作用和双电层排斥作用外，还存在一种特殊的吸引作用力，即疏水相互作用力（V_H），该理论称为扩展的 DLVO 理论，即 EDLVO 理论[21]。

该理论中，疏水体系中颗粒间总相互作用势能（V_T^D）等于颗粒间范德华作用能（V_W）、静电排斥作用能（V_E）与疏水相互作用能（V_H）三者之和，即

$$V_T^{ED} = V_W + V_E + V_H \quad (4\text{-}12)$$

式中，颗粒间范德华作用能（V_W）、静电排斥作用能（V_E）的计算方法与 DLVO

理论中的计算相同。

4.3.3.1 疏水相互作用能（V_H）的计算

对于半径为 R_1 和 R_2 的两种颗粒间的疏水相互作用能 V_H 为：

$$V_H = \frac{2\pi R_1 R_2}{R_1 + R_2} h_0 V_H^0 \exp\left(-\frac{h}{h_0}\right) \tag{4-13}$$

式中，h_0 为衰减长度，一般为 1~10nm；V_H^0 为界面极性相互作用能量常数，可按式（4-14）和式（14-15）计算：

$$V_H^0 = \Delta G_{131(H_0)}^{AB} = -2\gamma_{SW}^{AB} \tag{4-14}$$

$$\gamma_{SW}^{AB} = 2(\sqrt{\gamma_W^+ \gamma_W^-} - \sqrt{\gamma_S^- \gamma_W^+}) \tag{4-15}$$

γ_S^- 可由式（4-16）求得：

$$(1 + \cos\theta)\gamma_W = 2(\sqrt{\gamma_S^d \gamma_W^d} + \sqrt{\gamma_S^- \gamma_W^-}) \tag{4-16}$$

式中，θ 为固体表面的接触角；γ_S^d、γ_S^- 分别为固体颗粒表面能的色散分量及给予体分量；γ_W、γ_W^d、γ_W^+、γ_W^- 分别为水的表面能、表面能的色散分量、电子接受体及给予体分量。已知水的 γ_W、γ_W^d、γ_W^+、γ_W^- 分别为 72.8mJ/m^2、21.8mJ/m^2、25.5mJ/m^2 和 25.5mJ/m^2，γ_S^d 可由式（4-17）确定：

$$\gamma_S^d = \frac{A}{24\pi H_0^2} \tag{4-17}$$

式中，A 为 Hamake 常数。

添加表面活性剂的微细粒悬浮体中，药剂在矿物表面发生吸附，对于两个吸附有表面活性剂的半径 R 的两个球形颗粒，其相互间的范德华作用能表达式为：

$$V_W = -\frac{R}{12}\left(\frac{A_{232}}{h} - \frac{2A_{123}}{h+\delta} + \frac{A_{121}}{h+2\delta}\right) \tag{4-18}$$

4.3.3.2 疏水体系中白钨矿颗粒间的相互作用

计算过程中，白钨矿和水在真空中的 Hamaker 常数分别取 $A_{11}=13.9\times10^{-20}$J 和 $A_{33}=3.7\times10^{-20}$J，油酸钠 $A_{22}=4.5\times10^{-20}$J，吸附层厚度 $\delta=1.32$nm，相互作用的 Hamaker 常数表达式为：

$$A_{232} = (\sqrt{A_{22}} - \sqrt{A_{33}})^2 = 3.91 \times 10^{-22}(\text{J}) \tag{4-19}$$

$$A_{123} = (\sqrt{A_{11}} - \sqrt{A_{22}})(\sqrt{A_{33}} - \sqrt{A_{22}}) = -0.318 \times 10^{-20}(\text{J}) \tag{4-20}$$

$$A_{121} = (\sqrt{A_{11}} - \sqrt{A_{22}})^2 = 2.582 \times 10^{-20}(\text{J}) \tag{4-21}$$

因此，半径为 10×10^{-6}m 的白钨矿颗粒间的范德华作用能为：

$$V_W = -0.83 \times 10^{-26}\left(\frac{0.0391}{h} + \frac{0.636}{h+1.32} + \frac{2.582}{h+2.64}\right) \tag{4-22}$$

白钨矿矿浆添加 2×10^{-4}mol/L 油酸钠后，矿物表面动电位 $\zeta=-56.2$mV，则

颗粒间的静电相互作用能表达式为:

$$V_E = 1.38 \times 10^{-25}\ln[1 + \exp(-0.104h)] \tag{4-23}$$

白钨矿疏水聚团体系中，白钨矿表面的接触角为57°，白钨矿的 $A_{11} = 13.9\times 10^{-20}$J，由式（4-15）~式（4-17）可求得 $\gamma_S^d = 62.98$mJ/m^2（$H_0 = 0.2$nm），$\gamma_S^- = 12.48$mJ/m^2，$\gamma_{SW}^{AB} = 19.31$mJ/m^2，$V_H^0 = -30.62$mJ/m^2。当 $h_0 = 3$nm 时，细粒白钨矿颗粒间的疏水相互作用能 V_H表达式为:

$$V_H = -9.186 \times 10^{-27}\exp\left(-\frac{h}{3}\right) \tag{4-24}$$

根据 EDLVO 理论，油酸钠溶液中-10μm 白钨矿相互作用的势能分别为:

$$V_T^D = V_W + V_E = -0.83 \times 10^{-26}\left(\frac{0.0391}{h} + \frac{0.636}{h + 1.32} + \frac{2.582}{h + 2.64}\right) + 1.380 \times 10^{-25}\ln[1 + \exp(-0.104h)] \tag{4-25}$$

$$V_T^{ED} = V_W + V_E + V_H = -0.83 \times 10^{-26}\left(\frac{0.0391}{h} + \frac{0.636}{h + 1.32} + \frac{2.582}{h + 2.64}\right) + 1.380 \times 10^{-25}\ln[1 + \exp(-0.104h)] - 9.186 \times 10^{-27}\exp\left(-\frac{h}{3}\right) \tag{4-26}$$

由式（4-22）~式（4-26）绘制在油酸钠作用下白钨矿颗粒间相互作用势能及总势能曲线，如图 4-20 所示。由图 4-20 可以看出，在不考虑疏水作用情况下，微细粒白钨矿颗粒间总的 DLVO 势能为正，表现为排斥作用，颗粒间无法靠近形成聚团，但疏水聚团的粒度分析表明，白钨矿发生了明显的聚团现象。因此，说明经典的 DLVO 理论不能圆满的解释疏水作用下白钨矿颗粒间的聚团行为。而疏水颗粒表面间存在疏水作用力，在颗粒间距较短范围内表现出较强的吸引作用，在此之前总的 EDLVO 势能曲线在 12nm 位置仍存在一个较小的能垒（2.6×10^{-26} J），在一定机械强搅拌条件下能够赋予微细颗粒足够的动能使其跨越这一能垒，势能曲线将转为负值，表明微细粒白钨矿颗粒间易于发生黏附形成聚团。疏水作用力在该体系中起着重要的作用，同时还可以发现，颗粒间的疏水作用力很强，其数值远远大于静电作用和范德华作用，这是微细粒白钨矿在强剪切流场中发生聚团的原因。

本章采用晶体结构分析、搅拌过程能量输入计算、矿浆体系粒度分析检测、矿浆中多颗粒聚团形貌观测与颗粒间相互作用计算，分析了白钨矿、方解石、石英的晶体结构性质与微细粒白钨矿颗粒在搅拌调浆作业中形成颗粒聚团的机制，可知：使用油酸钠的情况下，调节搅拌调浆过程中的能量输入，矿浆中微细粒白钨矿的颗粒群粒度分布会有单峰—双峰—单峰的往复变化，且颗粒群中不同粒级的颗粒聚团需要的能量输入不同；调节搅拌能量输入，能够得到不同形貌、聚团度的微细粒白钨矿多颗粒聚团；微细粒白钨矿颗粒之间存在较强的静电排斥作

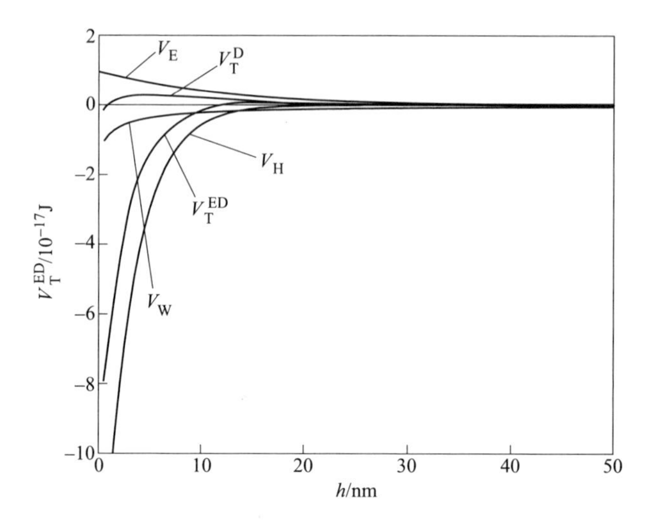

图 4-20 疏水作用下，白钨矿颗粒间相互作用势能与表面间距的关系（pH=9.0）

用，表面经油酸钠作用后有较强的疏水作用，矿浆中输入一定的搅拌动能能够利用白钨矿颗粒间的疏水相互作用使得微细粒白钨矿发生聚集。

参 考 文 献

[1] 邱显扬，董天颂．现代钨矿选矿［M］．北京：冶金工业出版社，2012.

[2] 于洋，孙传尧，卢烁十．白钨矿与含钙矿物可浮性研究及晶体化学分析［J］．中国国矿业大学学报，2013，42（2）：278-283.

[3] Hu Y，Gao Z，Sun W，et al. Anisotropic surface energies and adsorption behaviors of scheelite crystal［J］. Colloids and Surfaces A：Physicochemical and Engineering Aspects，Elsevier B. V.，2012，415：439-448.

[4] 高志勇．三种含钙矿物晶体各向异性与浮选行为关系的基础研究［D］．长沙：中南大学，2013.

[5] Gao Z，Li C，Sun W，et al. Anisotropic surface properties of calcite：A consideration of surface broken bonds［J］. Colloids and Surfaces A：Physicochemical and Engineering Aspects，Elsevier B. V.，2017，520：53-61.

[6] 吴燕玲．白钨矿与方解石、萤石的浮选分离及机理研究［D］．赣州：江西理工大学，2013.

[7] 周乐光．矿石学基础［M］．北京：冶金工业出版社，2006.

[8] Li L，Hao H，Yuan Z，et al. Molecular dynamics simulation of siderite-hematite-quartz flotation with sodium oleate［J］. Applied Surface Science，Elsevier B. V.，2017，419：557-563.

[9] 张英．白钨矿与含钙脉石矿物浮选分离抑制剂的性能与作用机理研究［D］．长沙：中南

大学, 2012.

[10] Farrokhpay S. The importance of rheology in mineral flotation: A review [J]. Minerals Engineering, Elsevier Ltd, 2012, 36-38: 272-278.

[11] Chen W, Feng Q, Zhang G, et al. Effect of energy input on flocculation process and flotation performance of fine scheelite using sodium oleate [J]. Minerals Engineering, 2017, 112: 27-35.

[12] Sadowski Z, Polowczyk I. Agglomerate flotation of fine oxide particles [J]. International Journal of Mineral Processing, 2004, 74 (1-4): 85-90.

[13] Koh P T L, Andrews J R G, Uhlherr P H T. Modelling shear-flocculation by population balances [J]. Chemical Engineering Science, 1987, 42 (2): 353-362.

[14] Oliveira C, Rubio J. A short overview of the formation of aerated flocs and their applications in solid/liquid separation by flotation [J]. Minerals Engineering, Elsevier Ltd, 2012, 39: 124-132.

[15] Liang L, Peng Y, Tan J, et al. A review of the modern characterization techniques for flocs in mineral processing [J]. Minerals Engineering, 2015, 84: 130-144.

[16] Jarvis P, Jefferson B, Gregory J, et al. A review of floc strength and breakage [J]. Water Research, 2005, 39: 3121-3137.

[17] Spicer P T, Keller W, Pratsinis S E. The effect of impeller type on floc size and structure during shear-Induced flocculation [J]. Journal of Colloid and Interface Science, 1996, 184: 112-122.

[18] Safari M, Harris M, Deglon D, et al. The effect of energy input on flotation kinetics [J]. International Journal of Mineral Processing, 2016, 156: 108-115.

[19] Massey W T, Harris M C, Deglon D A. The effect of energy input on the flotation of quartz in an oscillating grid flotation cell [J]. Minerals Engineering, 2012, 36-38: 145-151.

[20] 沈钟, 赵振国, 王果庭. 胶体与表面化学 [M]. 北京: 化学工业出版社, 1993.

[21] 邱冠周, 胡岳华, 王淀佐. 颗粒间相互作用与细粒浮选 [M]. 长沙: 中南工业大学出版社, 1993.

5 矿浆物理及化学性质对矿浆流变性影响规律

在浮选体系中，矿浆的物理及化学性质如矿浆中矿物颗粒的粒度分布、颗粒的表面性质是影响矿浆流变性的重要因素。认识矿浆中矿物颗粒的物理及化学性质和流变性之间的关系是研究矿浆流变性与矿浆结构的基础。本章考查微细粒白钨矿浮选体系中颗粒的粒度、矿浆浓度、颗粒表面性质等因素与微细粒矿物颗粒矿浆流变性的相关性，进而初步探明各种矿物矿浆体系的结构特点，为后续混合矿体系中矿浆的流变性对浮选行为影响的研究打好理论基础。

5.1 矿浆的结构与矿浆的流变性

5.1.1 固液混合物体系分类

工业生产中常见的固液混合物成分复杂，性质多变。固液混合物中固体分散质的粒径不同，整体上矿浆的沉降特点与稳定性也各不相同。表 5-1 给出了工业生产中常见固液混合物体系分类以及对应的工业浆体的实例，有助于更好地认识浆体的性质。

表 5-1 固液混合物体系分类及工业浆体实例

种　类	固体分散质粒径/nm	特　点	实　例
悬浊液	> 100	不均一、不稳定	泥沙、混凝土
悬浮液	1000~100000	不能很快下沉	沙土、微细粒浆体
胶体	1~100	稳定胶粒、均匀分散	胶体氧化铁
高分子溶液	取决于分子直径	真溶液、均匀分散	淀粉溶液
分子离散体系	<1	真溶液、均匀分散	普通无机、有机物稀溶液

矿物加工过程中的矿浆是由矿物颗粒、水、矿用药剂以及气泡在选矿设备中（如搅拌桶、浮选槽）形成的复杂流体，包含了悬浊液、悬浮液、胶体、高分子、分子离子（浮选药剂溶解导致）等[1]。目前的研究一般将浮选作业中的矿浆，或称作悬浮液，看作是一种微粒流体，其流变行为受非牛顿流变学支配，根据颗粒间作用机制不同，流变性质分为剪切稀化、剪切稠化等。按照流变性质的不同，浮选矿浆又可分为假塑性流体、胀塑性流体、宾汉流体等[2]。

5.1.2 浮选矿浆结构

浮选矿浆是由矿物颗粒、水、浮选药剂以及气泡在具有一定的剪切作用的设备中（如搅拌桶、浮选槽），形成的具有一定结构的固体颗粒悬浮液。矿浆的结构反映矿浆中矿物颗粒与颗粒聚团的组成、形态、相对大小及其空间相互作用的总体形态特征。从微观上讲，矿浆结构表征了矿物颗粒与颗粒聚团的矿物组成、尺寸、形态、强度；从宏观上讲，矿浆结构反映了矿浆中矿物颗粒与颗粒聚团的相互作用以及矿浆总体形态特征对应的流体类型。矿物加工过程中的矿浆，根据矿物加工过程中对矿浆处理工艺的不同以及体系中固体、液体性质的特性，表现出不同的空间结构。例如，在磨矿机中，随着磨矿作业时间增大，矿浆的细度增大，矿物颗粒会形成具有空间超结构的网络状悬浮液超结构，稳定性急剧增强，流动性变差，严重影响钢球的磨矿过程。向球磨机中添加一定的助磨介质或者助磨剂之后，有助于矿浆形成没有屈服应力的假塑性流体，促进钢球等对待磨物料的研磨作用[3,4]。在浮选作业中，矿浆在经过搅拌调浆、浮选药剂等操作的处理之后，不同的矿物颗粒表面性质发生了较大的改变，颗粒间相互作用随之发生改变，在固-液-气三相体系中能够形成特定结构的颗粒或者颗粒聚团的分散体系。

白钨矿、方解石、石英 3 种矿物的晶体结构具有显著的差别。在矿浆中固体颗粒的物理及化学性质，如粒度、表面暴露的活性质点、表面电性、药剂作用等方面均具有显著的差异，因而固体颗粒之间的相互作用也具有明显的不同，导致矿浆具有不同的空间结构。通过研究 3 种矿物颗粒组成的浆体在浮选条件下的矿浆结构，有助于认识在浮选体系中，矿物颗粒在一定的浆体结构中的微观行为机制，包括选择性的聚集、分散、上浮等过程。

5.1.3 浮选矿浆的结构与矿浆流变性的相关性

在实验室或者浮选现场的浮选过程中，矿浆的固体浓度较高且不透明，矿浆的结构难以直接观测、判断，因而在浮选过程中由于颗粒间作用导致的选择性聚集与分散行为也难以判断与量化，给研究浮选微观过程与优化浮选指标带来了极大的困难。图 5-1 是选矿过程中矿浆的一种模拟颗粒网络的空腔结构。由此结构可知，通过直接观测的方法得到浮选矿浆内部的结构特征是很困难的。

矿浆的流变性是指矿浆在剪切力场作用下流动与变形的性质。在浮选领域内，矿浆的流变性一般通过浆体的流体类型指数、表观黏度、屈服应力、稠度系数等流变学参数进行量化。通过测定矿浆在剪切力场作用下结构被破坏进而发生变形、流动的过程中的流变性变化，可以了解到矿浆的结构特征。这些结构特征同样可以通过矿浆的流变性参数进行表征。由此，矿浆的内部结构可以通过矿浆的流变参数实现表征与量化。在研究具有多种矿物颗粒组成的矿浆的浮选微观过程中，矿浆流变性实时反映了矿浆的结构。在本书中，通过测量矿浆在特定浮选条件下的表观黏度与屈服应力来认识、量化矿浆的结构，进而揭示浮选微观过程中矿物颗粒间聚集与分散机制。

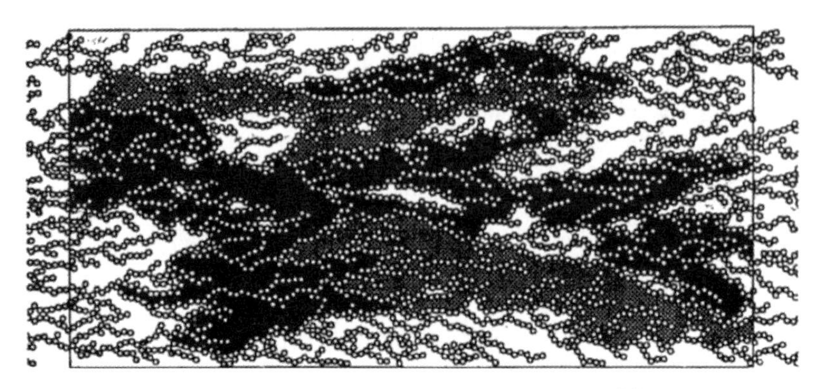

图 5-1 浮选矿浆的模拟颗粒网络空腔结构[5]

5.2 物理性质对矿浆流变性的影响

本小节主要考查矿浆中矿物种类、矿物颗粒含量、矿物颗粒粒度在常规浮选浓度范围内及常规剪切速率（$160s^{-1}$）作用下对矿浆流变性的影响。通过对白钨矿、方解石、石英 3 种单矿物矿浆表观黏度与屈服应力的测定与研究，明确在自然状态即不存在任何浮选药剂的条件下，3 种单矿物矿浆的浆体结构特征与差异，了解这 3 种单矿物矿浆中颗粒之间的相互作用差异，确定不同矿浆在剪切力场下的浆体结构。

5.2.1 矿物颗粒粒径对矿浆流变性的影响

以去离子水为介质，以不同粒径的白钨矿、方解石、石英颗粒为固体分散相，配制不同质量浓度下的矿浆，测定各种矿物颗粒的矿浆在其自然 pH 值下的表观黏度（剪切速率为 $160s^{-1}$时）与屈服应力，结果如图 5-2~图 5-7 所示。

图 5-2 与图 5-3 分别显示了白钨矿矿浆的表观黏度与屈服应力随质量浓度与颗粒粒径改变的变化趋势。由图 5-2 和图 5-3 可知，随着矿浆中矿物颗粒质量浓度的增大，矿浆的表观黏度与屈服应力均增大，并且随着矿浆中白钨矿颗粒粒径的减小，矿浆的表观黏度与屈服应力均呈增大趋势。例如，在常规浮选浓度，即质量浓度为 28%时，粗粒级白钨矿（$-106+74\mu m$）矿浆的表观黏度为 11.457mPa · s，屈服应力为 0.033Pa，均接近于纯水在此条件下的流变性（表观黏度为 10mPa · s，屈服应力为 0Pa），而对微细粒白钨矿（$-10\mu m$）矿浆而言，在相同的质量浓度下，矿浆的表观黏度为 19.579mPa · s，屈服应力为 0.655Pa。由此可见，对白钨矿矿浆来说，当矿浆体系中白钨矿颗粒粒度变细且细粒级含量增多时，颗粒在剪切流场中的内摩擦效应随之增大，颗粒之间的相互作用增强，容易形成具有一定强度（以矿浆的屈服应力值量化表征）的网络状结构。在浮

选作业中，矿浆黏度增大将导致浮选药剂的选择性下降，而形成一定的网络状结构，并将导致浮选作业中夹杂或夹带等行为的显著增大。

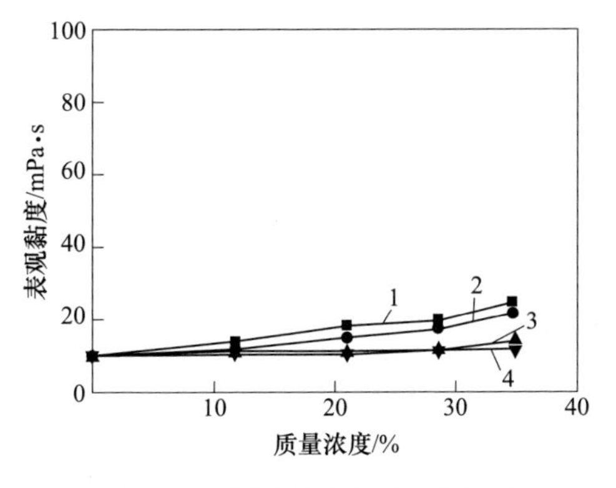

图 5-2　不同质量浓度下，白钨矿矿浆表观黏度与粒径关系
（自然 pH 值为 8.6）
1—-10μm；2—-38+10μm；
3—-74+38μm；4—-106+74μm

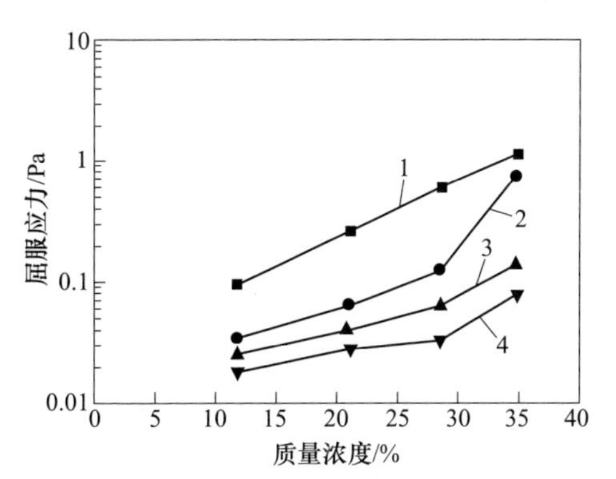

图 5-3　不同质量浓度下，白钨矿矿浆屈服应力与粒径关系
（自然 pH 值为 8.6）
1—-10μm；2—-38+10μm；
3—-74+38μm；4—-106+74μm

图 5-4 与图 5-5 分别显示了方解石矿浆的表观黏度与屈服应力随质量浓度与颗粒粒径改变的变化趋势。由图 5-4 和图 5-5 可以看到，随着方解石矿浆中颗粒质量浓度的增大，方解石矿浆的表观黏度与屈服应力均显著增大，并且随着矿浆中方解石颗粒粒径的减小，矿浆的表观黏度与屈服应力均呈增大趋势。例如，在常规浮选浓度，即质量浓度为 28%时，粗粒级方解石（-106+74μm）矿浆的表

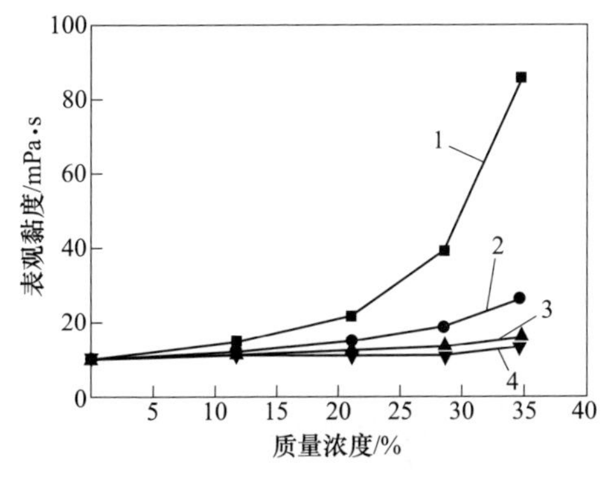

图 5-4　不同质量浓度下，方解石矿浆表观黏度与粒径关系
（自然 pH 值为 9.2）
1—-10μm；2—-38+10μm；
3—-74+38μm；4—-106+74μm

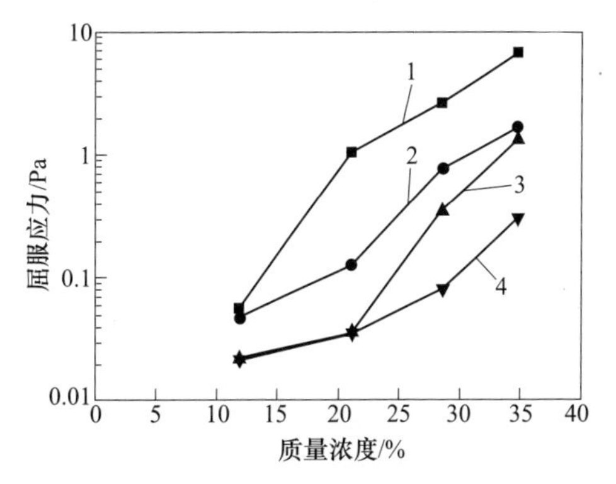

图 5-5　不同质量浓度下，方解石矿浆屈服应力与粒径关系
（自然 pH 值为 9.2）
1—-10μm；2—-38+10μm；
3—-74+38μm；4—-106+74μm

观黏度为 11.088mPa·s，屈服应力为 0.080Pa，均接近于纯水在此条件下的流变性（表观黏度为 10mPa·s，屈服应力为 0Pa）；而对微细粒方解石（-10μm）矿浆而言，在相同的质量浓度下，矿浆的表观黏度为高达 39.332mPa·s，屈服应力高达 2.662Pa。由此可见，对方解石矿浆来说，当体系中方解石粒度变细且细粒级含量增多时，矿浆在剪切场中内摩擦显著增大，颗粒间相互作用显著增强，形成了具有较大强度的网络状结构，这与前人的研究结果类似[6,7]。作为白钨矿浮选过程中尤其是精选作业中的主要脉石矿物之一，当矿浆中方解石粒度变细且含量增多时，浮选作业中矿浆的表观黏度将显著增大，且矿浆中由微细粒方解石形成强度较大的网络状结构将严重影响矿物颗粒的有效分散，降低目的矿物与脉石矿物在浮选作业中的分离效率。

图 5-6 与图 5-7 分别显示了石英矿浆的表观黏度与屈服应力随质量浓度与颗粒粒径的变化趋势。由图 5-6 和图 5-7 可知，随着矿浆中石英颗粒质量浓度的增大，矿浆的表观黏度与屈服应力均略有增大；而随着矿浆中石英颗粒粒径的减小，矿浆的表观黏度与屈服应力均无较明显的变化。例如，在常规浮选浓度，即质量浓度为 28%时，粗粒级石英（-106+74μm）矿浆的表观黏度为 11.308mPa·s，屈服应力为 0.016Pa，均接近于纯水在此条件下的流变性（表观黏度为 10mPa·s，屈服应力为 0Pa），而对微细粒石英（-10μm）矿浆而言，在相同的质量浓度下，矿浆的表观黏度为 15.44mPa·s，屈服应力为 0.050Pa。由石英矿浆的流变性指标可知，与白钨矿、方解石矿浆相比，石英矿浆总体表观黏度较低，屈服应力也很低，石英颗粒呈现良好的分散状态。

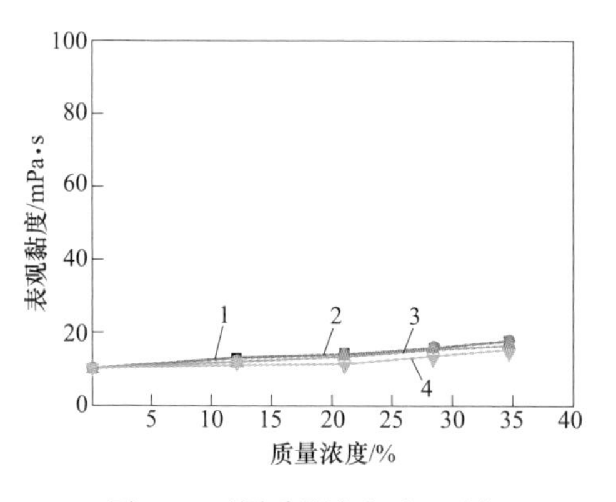

图 5-6 不同质量浓度下，石英矿浆表观黏度与粒径关系
（自然 pH 值为 6.7）
1—-10μm；2—-38+10μm；
3—-74+38μm；4—-106+74μm

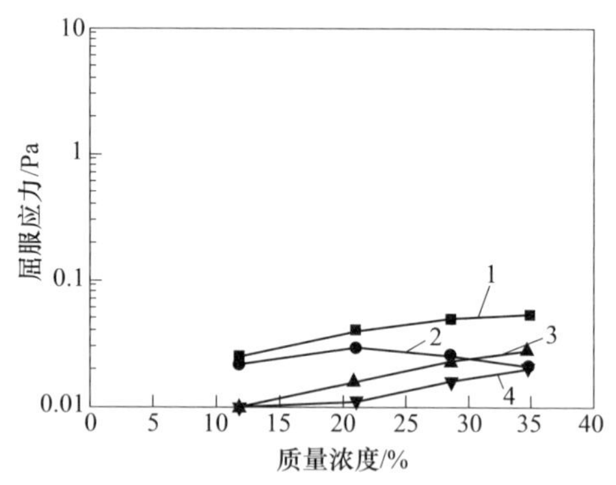

图 5-7 不同质量浓度下，石英矿浆屈服应力与粒径关系
（自然 pH 值为 6.7）
1—-10μm；2—-38+10μm；
3—-74+38μm；4—-106+74μm

结合图 5-2~图 5-7 三种矿浆在不存在任何浮选药剂的条件下的流变性，可以

看到对于粒径相同的3种矿物颗粒的矿浆而言，3种矿浆的表观黏度与屈服应力基本上呈现相同的顺序：方解石>白钨矿>石英。在所有的粒级中，粗粒级矿浆一般呈现出很低的表观黏度与屈服应力，表明在粗粒级颗粒矿浆中，颗粒间以简单堆砌形式形成矿浆结构；而微细粒级（-10μm）的表观黏度与屈服应力均较大，说明在含有大量微细粒级矿物颗粒的矿浆中，微细颗粒容易形成具有网络状的矿浆结构，且不同的矿物形成的网络状结构的强度不同，方解石颗粒形成的网络状结构强度最大，白钨矿颗粒次之，石英颗粒基本不形成网络状结构。因此，着重于研究微细粒级（-10μm）矿物颗粒矿浆的流变性，有助于更好地了解在微细粒浮选浆体中颗粒之间形成的浆体结构与矿物的选择性聚集与分散。

5.2.2 矿物种类对矿浆流变性的影响

以去离子水为介质，以微细粒级的白钨矿、方解石、石英颗粒为固体分散相，配制不同质量浓度下的矿浆，以HCl和NaOH为pH值调整剂，测定了各种矿物矿浆在pH值为8.5~9.0情况下的表观黏度（剪切速率为160s^{-1}时）与屈服应力，结果如图5-8和图5-9所示。

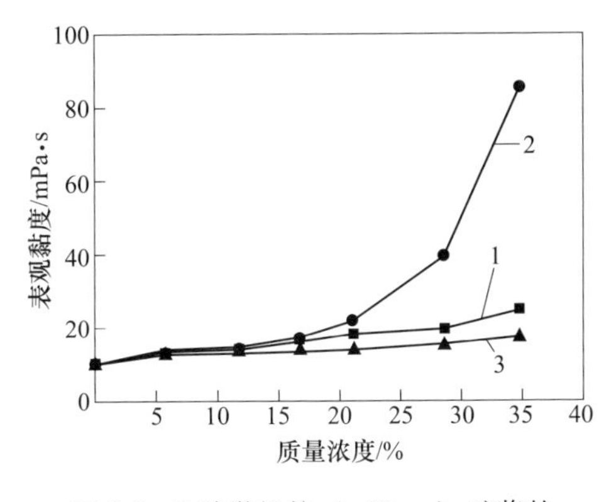

图5-8 3种微细粒（-10μm）矿浆的表观黏度与质量浓度关系
（pH值为8.5~9.0）
1—白钨矿；2—方解石；3—石英

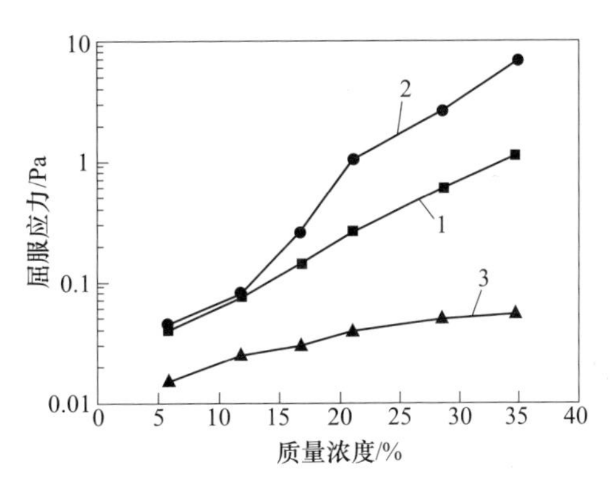

图5-9 3种微细粒（-10μm）矿浆的屈服应力与质量浓度关系
（pH值为8.5~9.0）
1—白钨矿；2—方解石；3—石英

由图5-8和图5-9可看出，对于质量浓度较低的矿浆，其表观黏度与屈服应力均较低，但是随着质量浓度增大，微细粒方解石矿浆的表观黏度与屈服应力急剧增大，远远超过了其余两者。3种单矿浆表观黏度与屈服应力由大到小的顺序为：方解石>白钨矿>石英。表观黏度是矿浆在剪切搅拌场作用下颗粒间的内摩擦程度，表观黏度越大，说明矿浆中矿物颗粒间作用越激烈；屈服应力越大，意味着破坏矿浆原始结构所需要的剪切力越大，说明在矿浆中颗粒之间形成的网络结构的强度也越大。因此，对本书研究的微细粒白钨矿浮选体系下的3种微细粒矿浆，在不加任何浮选药剂以及剪切力场情况下，3 种微细粒矿浆的结构如图 5-10 所示。

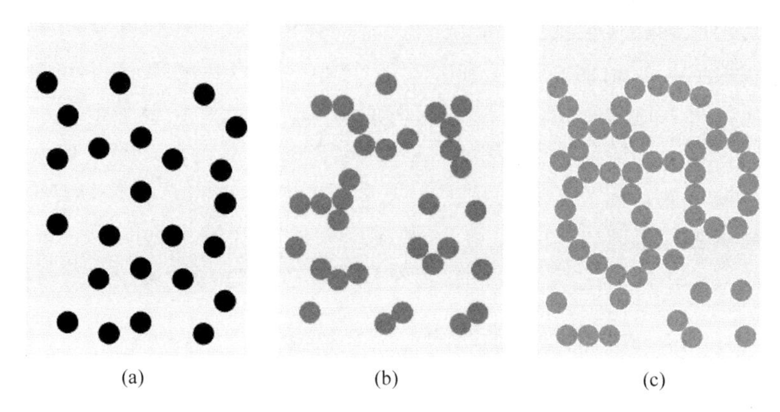

图 5-10 微细粒(-10μm)白钨矿、方解石、石英矿浆结构示意图
（pH 值为 8.5~9.0）
（a）石英矿浆，简单堆砌型矿浆结构；（b）白钨矿矿浆，弱网络状矿浆结构；
（c）方解石矿浆，网络状矿浆结构

以上述 3 种矿浆的流变性检测结果为基础，结合工业流体流变学理论与流体性质，可以认为，表观黏度低且屈服应力基本不存在的微细粒石英矿浆为简单堆砌型流体，流体中颗粒间基本上不存在相互作用，颗粒之间处于良好的分散状态；微细粒方解石矿浆中颗粒之间的相互吸引作用强烈，在矿浆中形成较强的网络状结构，矿浆剪切破坏时表观黏度较大，颗粒间的内摩擦作用强烈；微细粒白钨矿矿浆中也存在网络状结构，但是强度较弱，在剪切破坏时表观黏度较小。在本书后续研究与讨论中，讨论 3 种矿浆在不同条件下发生的结构变化，均以图 5-10 所示的矿浆的结构为基础。

5.2.3 颗粒表面电性对矿浆流变性的影响

矿物颗粒在破碎、磨矿过程中，受到挤压、磨削等作用，晶体内部的化学键受到破坏，暴露出不饱和的悬空键。这些悬空的化学键在水溶液中将与水发生作用，通过优先溶解、吸附、电离等作用，导致颗粒表面负载一定的电荷，影响浮选过程中颗粒间的作用，进而影响这些矿浆形成的结构。本节将仅讨论白钨矿、方解石、石英在纯水中的荷电机理，以及在 pH 值调整剂（HCl 与 NaOH）作用下的表面电位变化情况，进而通过测量不同 pH 值下的 3 种矿物的矿浆的表观黏度与屈服应力，分析讨论矿浆结构随 pH 值的变化情况。

5.2.3.1 白钨矿、方解石、石英颗粒的表面荷电机制分析

矿物颗粒在水溶液中，由于断裂形成的悬空键对应的离子会与水分子发生作

用，引起矿物颗粒表面离子的溶解、吸附、电离等行为。在上述过程中，矿物晶格中原子之间化学键的离子键成分越强，其断裂面活性质点的水合作用越强，矿物的溶解性越大[8]。而且，溶解产生的晶格离子又容易与水分子发生各种水化反应，或者再次沉淀到矿物颗粒的表面，形成新的矿物表面。本书中，白钨矿与方解石属于典型的含钙盐类矿物，溶解性较强，易在水溶液中产生大量的离子组分，因此本书主要考察这两种矿物在水溶液体系中的溶解过程所造成的表面荷电机制。石英属于氧化矿，溶解性较差，本书主要考察石英在水中的电离与吸附行为所造成的表面荷电机制。

在白钨矿水溶液中，存在下列溶解、沉淀平衡反应方程：

$$CaWO_4(s) \rightleftharpoons Ca^{2+} + WO_4^{2-} \qquad K_{sp,1}(s) = 10^{-9.8} \tag{5-1}$$

$$Ca^{2+} + OH^- \rightleftharpoons CaOH^+ \qquad K_1 = 10^{1.40} \tag{5-2}$$

$$Ca^{2+} + 2OH^- \rightleftharpoons Ca(OH)_2(aq) \qquad K_2 = 10^{2.77} \tag{5-3}$$

$$Ca(OH)_2(s) \rightleftharpoons Ca^{2+} + 2OH^- \qquad K_3 = 10^{-5.22} \tag{5-4}$$

$$H^+ + WO_4^{2-} \rightleftharpoons HWO_4^- \qquad K_4 = 10^{8.50} \tag{5-5}$$

$$H^+ + HWO_4^- \rightleftharpoons H_2WO_4(aq) \qquad K_5 = 10^{4.60} \tag{5-6}$$

$$WO_3(s) + H_2O \rightleftharpoons 2H^+ + WO_4^{2-} \qquad K_{sp,2}(s) = 10^{-14.95} \tag{5-7}$$

在方解石水溶液中，存在下列溶解、沉淀平衡反应方程：

$$CaCO_3(s) \rightleftharpoons Ca^{2+} + CO_3^{2-} \qquad K_{sp,3}(s) = 10^{-8.35} \tag{5-8}$$

$$Ca^{2+} + OH^- \rightleftharpoons CaOH^+ \qquad K_1 = 10^{1.40}$$

$$Ca^{2+} + 2OH^- \rightleftharpoons Ca(OH)_2(aq) \qquad K_2 = 10^{2.77}$$

$$Ca(OH)_2(s) \rightleftharpoons Ca^{2+} + 2OH^- \qquad K_3 = 10^{-5.22}$$

$$Ca^{2+} + CO_3^{2-} \rightleftharpoons CaCO_3(aq) \qquad K_6 = 10^{3.22} \tag{5-9}$$

$$Ca^{2+} + HCO_3^- \rightleftharpoons CaHCO_3^+(aq) \qquad K_7 = 10^{1.11} \tag{5-10}$$

$$H^+ + CO_3^{2-} \rightleftharpoons HCO_3^- \qquad K_8 = 10^{10.33} \tag{5-11}$$

$$H^+ + HCO_3^- \rightleftharpoons H_2CO_3 \qquad K_9 = 10^{6.35} \tag{5-12}$$

$$H_2CO_3 \rightleftharpoons H_2O + CO_2 \qquad K_{10} = 10^{-1.47} \tag{5-13}$$

假设白钨矿与方解石在水溶液中达到溶解平衡，取 $p_{CO_2} = 101.3Pa$，$c[H_2CO_3] = p_{CO_2}/K_{10} = 10^{-4.97}$，$\lg c[H_2CO_3] = -4.97$，根据式（5-1）~式（5-13）可以计算白钨矿、方解石水溶液中各种溶解组分的浓度随 pH 值变化情况[9]，结果如图 5-11 和图 5-12 所示，可以看出，不同 pH 值条件下矿物溶解组分的存在形式有显著的区别。对白钨矿与方解石这两种含钙盐类矿物来说，随着矿物溶液中 pH 值的升高，晶格阳离子的溶出减小而阴离子的溶出增大，留在矿物表面的活性质点决定了矿物颗粒的表面电性，进而影响矿浆中颗粒之间的相互作用，决定两种矿物的矿浆的网络结构强度变化。

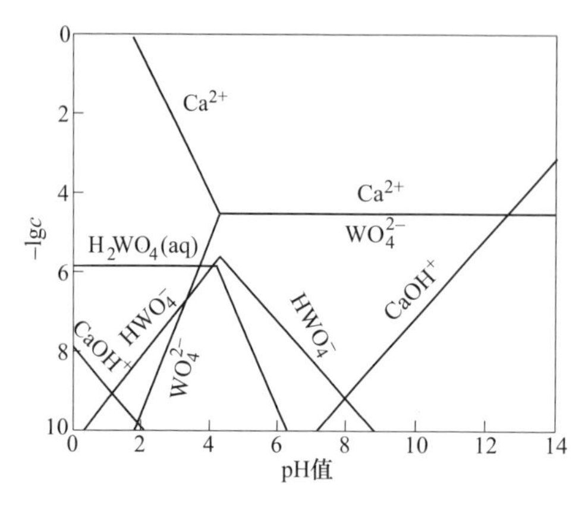

图 5-11 白钨矿溶解组分浓度与 pH 值关系

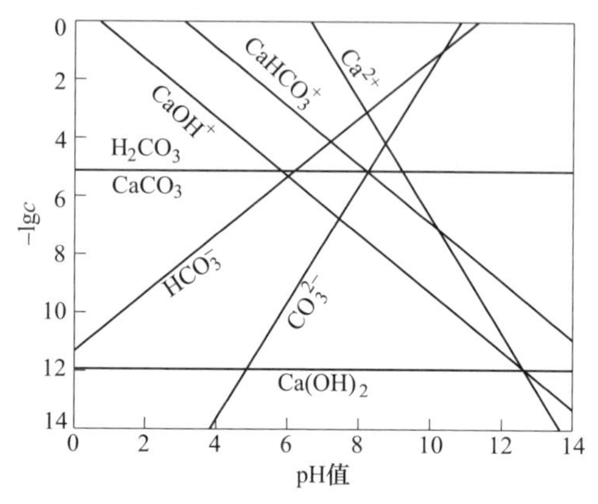

图 5-12 方解石溶解组分与 pH 值关系

对石英来说，由于晶体中硅与氧形成的化学键以共价键成分居多，因而在水溶液中会吸附氢离子或者氢氧根离子而形成酸类化合物，然后通过部分电离从而使表面荷电，或者形成羟基化表面，吸附或者电离氢离子而荷电，具体过程如图 5-13 所示。

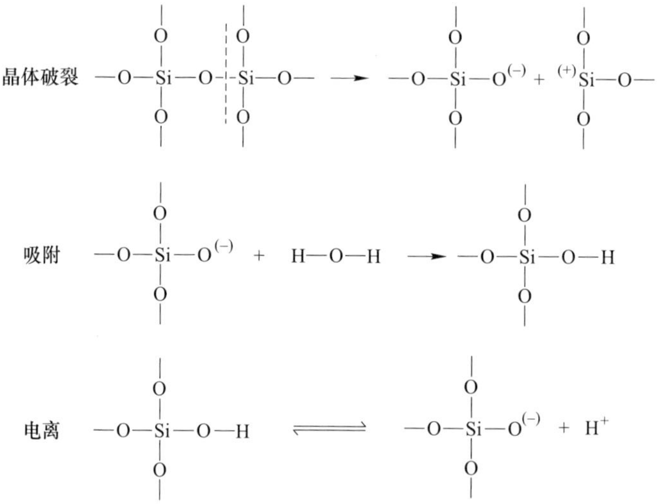

晶体破裂 —O—Si—O—Si—O— ⟶ —O—Si—$O^{(-)}$ + $^{(+)}$Si—O—

吸附 —O—Si—$O^{(-)}$ + H—O—H ⟶ —O—Si—O—H

电离 —O—Si—O—H ⇌ —O—Si—$O^{(-)}$ + H^+

图 5-13 石英在水溶液中的破裂、水化作用以及电离行为

由图 5-13 可知，石英晶体在水溶液中表面组分的吸附、电离也受到溶液 pH 值的影响，因此 pH 值将进一步影响石英的表面电位[10]与石英矿浆中颗粒之间形成的矿浆结构。

5.2.3.2 白钨矿、方解石、石英在不同 pH 值下的表面电位分析

以 HCl 和 NaOH 为 pH 值调整剂，测定了不同 pH 值下白钨矿、方解石、石

英的表面电位，结果如图 5-14 所示。从图 5-14 可知，白钨矿和石英的表面电位在所测量的 pH 值范围内均为负值，且随着 pH 值的升高表面电位均有降低。相比较而言，石英颗粒的表面负电性大于白钨矿表面负电性。方解石在酸性条件下容易分解，因而只能测定在碱性条件下的表面电位。随着溶液 pH 值升高，方解石表面电位由正变负，在 pH 值为 9.1 的时候表面电位为零。结合图 5-11~图 5-13 可知，矿物颗粒在水中的溶解、吸附、电离行为显著影响了矿物的表面的定位离子，进而影响了矿物的表面电位。对石英来说，在测量的 pH 值范围内，石英表面通过吸附与电离行为，发生了大量表面羟基化过程，形成了稳定的带有负电的表面；对白钨矿来说，尽管有钙离子与钨酸根离子的溶出，但是主要以 Ca^{2+} 的溶出为主，矿物表面的 WO_4^{2-}、HWO_4^- 等阴离子占据优势地位，因而白钨矿表面呈现一定的负电性；对方解石来说，在 $pH<9.1$ 时，矿物表面的 Ca^{2+}、$CaHCO_3^+$、$CaOH^+$ 等阳离子占据优势地位，因而呈现正电性，在 $pH>9.1$ 时，矿物表面的 CO_3^{2-}、HCO_3^- 等阴离子占据优势地位，因而呈现负电性。这 3 种矿物颗粒的表面荷电行为造成了 3 种矿物颗粒在水中的相互作用也具有不同的表现。

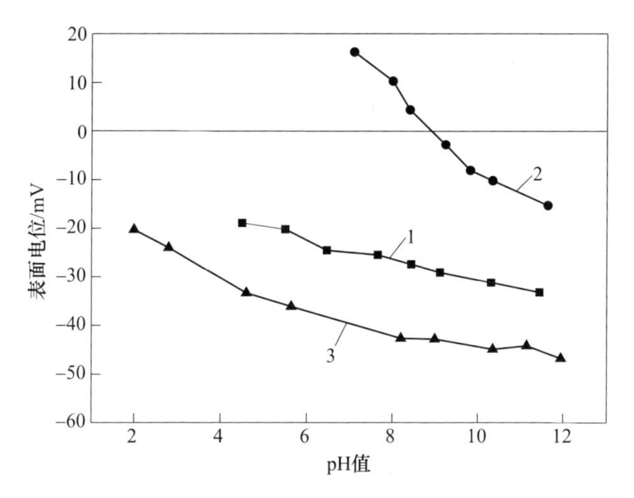

图 5-14 白钨矿、方解石、石英表面电位与 pH 值的关系

1—白钨矿；2—方解石；3—石英

5.2.3.3 矿浆 pH 值对矿浆流变性的影响

白钨矿、方解石、石英在水溶液中的溶解、吸附、电离行为不同因而带有不同的表面电性，将导致矿浆具有不同相互作用，形成不同的稳定的空间结构。以 HCl 和 NaOH 为 pH 值调整剂，测定了微细粒白钨矿、方解石、石英矿浆在质量浓度为 28.57%时不同 pH 值下的表观黏度（剪切速率为 $160s^{-1}$下）与屈服应力，研究了 pH 值对矿浆流变性的影响规律，结果如图 5-15 和图 5-16 所示。

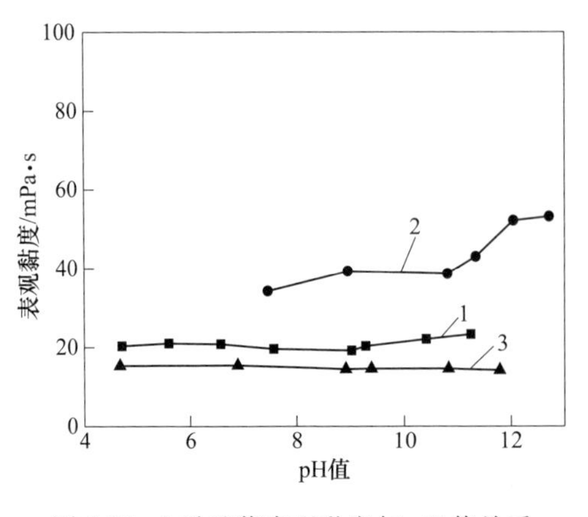

图 5-15　3 种矿浆表观黏度与 pH 值关系
（-10μm，质量浓度为 28.57%）
1—白钨矿；2—方解石；3—石英

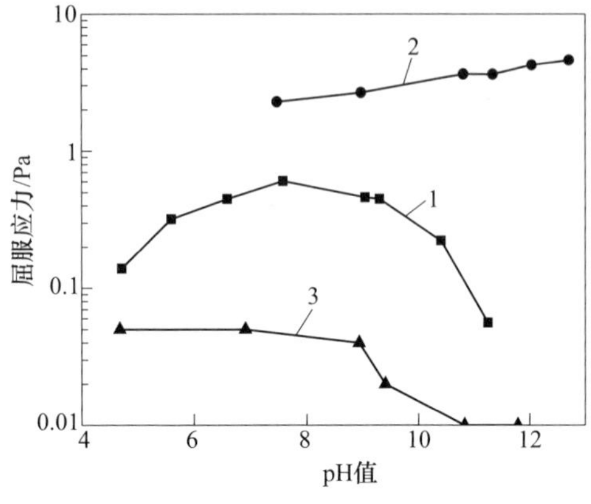

图 5-16　3 种矿浆屈服应力与 pH 值关系
（-10μm，质量浓度为 28.57%）
1—白钨矿；2—方解石；3—石英

图 5-15 和图 5-16 分别显示了微细粒白钨矿、方解石、石英矿浆在常规的浮选浓度下表观黏度与屈服应力随 pH 值的变化趋势。由图 5-15 可知，随着矿浆 pH 值增大，白钨矿矿浆的表观黏度在酸性以及弱碱性条件下基本保持不变，而在强碱性条件下（pH>9.0 时），矿浆的表观黏度略有增大；石英矿浆的表观黏度基本保持不变；方解石矿浆的表观黏度随 pH 值增大而增大。由图 5-16 可知，随着矿浆 pH 值增大，石英矿浆的屈服应力随 pH 值增大而降低；方解石矿浆的屈服应力随 pH 值增大而增大；白钨矿矿浆的屈服应力在其自然 pH 值处取得最大值，而在其他 pH 值处均发生不同程度地降低。

随着矿浆的 pH 值变化，矿浆中矿物颗粒的表面电性发生改变，影响了矿浆的流变性。对石英矿浆来说，由于其在全部的 pH 值范围内均带负电，且基本上不存在表面溶解的情况，因此其表面的负电性越强，颗粒间的静电排斥作用越大，在剪切搅拌过程中颗粒间的内摩擦较低，表现为表面负电性越强，表观黏度较低，屈服应力也较低，矿浆中颗粒之间基本不形成网络状结构，矿浆在剪切过程中为简单堆砌型流体。对方解石矿浆来说，随着 pH 值增大，其表面电性由正变负，理论上应该是在零电点处颗粒间静电排斥作用最小，但是由于存在离子溶出以及表面羟基化行为，导致矿浆中电解质浓度增大，联结颗粒之间的作用成分增多，因而方解石矿浆的表观黏度与屈服应力均随 pH 值增大而增大，矿浆中网络状结构强度也随之增大。对白钨矿矿浆来说，由于其溶解程度较小，因此加入了 pH 值调整剂之后，反而压缩了双电层，导致颗粒间的相互作用降低，矿浆中网络状结构强度降低。

微细粒白钨矿、方解石、石英矿浆中颗粒之间的聚集分散行为决定了矿浆的结构，表现为显著不同的表观黏度、屈服应力等流变性变化趋势。矿物颗粒的表面电性是影响矿浆流变性的一个重要因素。

5.3 浮选药剂对微细粒矿物矿浆流变性的影响

对于浮选技术，浮选药剂是影响浮选指标的重要因素。浮选药剂在矿浆中发生溶解，通过吸附在矿物颗粒表面或者溶解矿物颗粒表面的活性质点进而实现矿物颗粒的选择性疏水化或亲水化。对于微细粒矿物浮选过程，矿物颗粒矿浆的结构不可避免地受到浮选药剂的影响。本小节通过研究捕收剂油酸钠以及抑制剂海藻酸钠在不同的剪切力场下，对3种微细粒矿物表面性质以及聚团粒度的影响规律，认识浮选药剂对3种矿浆结构的影响机制，为后续研究微细粒矿物在浮选矿浆中的浮选微观过程提供指导。

5.3.1 疏水体系中，白钨矿、方解石、石英表面性质分析

油酸钠是白钨矿浮选常用的捕收剂，分子式为 $C_{17}H_{33}COONa$。本小节通过测量白钨矿、方解石、石英在油酸钠作用前后表面电性、表面润湿性的变化，研究在油酸钠体系下，3种矿物的表面性质变化。

5.3.1.1 油酸钠作用下，白钨矿、方解石、石英表面电性

以 NaOH 和 HCl 作为 pH 值调整剂，控制 pH 值为 8.5~9.0，以油酸钠浓度为变量，测定了不同油酸钠浓度下白钨矿、方解石、石英的表面电位，结果如图 5-17 所示。

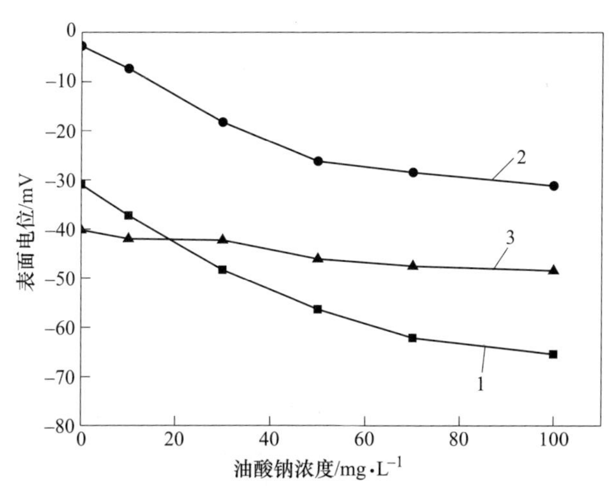

图 5-17 油酸钠浓度对白钨矿、方解石、石英的表面电位的影响

(pH 值为 8.5~9.0)

1—白钨矿；2—方解石；3—石英

由图 5-17 可以看出，随着油酸钠浓度的增大，白钨矿和方解石的表面电位均有明显下降，而石英的表面电位基本保持不变（在±5mV 范围内）。在油酸钠

浓度为零时，白钨矿、方解石、石英的表面电位分别为-30.98mV、-2.77mV、-40.17mV；当油酸钠浓度为50mg/L时，白钨矿、方解石、石英的表面电位分别降低到-56.36mV、-26.25mV、-46.05mV。结果表明，油酸钠与白钨矿、方解石表面发生了强烈的作用，导致两者的表面电位显著变负。为进一步研究油酸钠与这3种矿物相互作用，控制油酸钠浓度为50mg/L，以NaOH和HCl作为pH值调整剂，测量了3种矿物表面电位随pH值变化的情况，结果如图5-18所示。

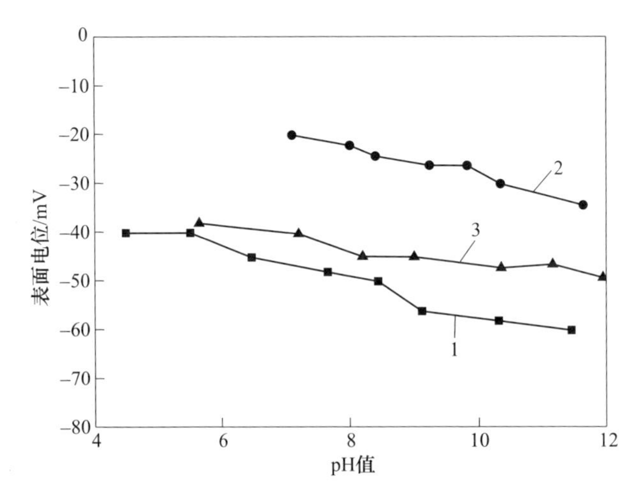

图5-18 pH值对白钨矿、方解石、石英的表面电位的影响

（油酸钠浓度为50mg/L）

1—白钨矿；2—方解石；3—石英

由图5-18可知，当油酸钠浓度为50mg/L时，白钨矿、方解石、石英的表面电位基本上随pH值升高而呈降低趋势。与不加油酸钠（见图5-14）相比较，白钨矿与方解石的表面电位在所测量的pH值范围内均有大幅降低，而石英的表面电位值在所测量的pH值范围内基本上没有明显的变化。此结果说明，在所研究的pH值范围内，油酸钠与白钨矿、方解石的相互作用不受pH值影响，而油酸钠在全部的pH值范围内对石英的表面电性没有影响。

油酸钠对矿物表面电性的影响可能是通过吸附在矿物表面来改变其表面电性，也有可能是促进了矿物表面离子的选择性溶解、电离、吸附过程而改变了颗粒的表面电性。这种作用机理，仅仅通过表面电位的变化趋势是不能判断的，需要首先明确油酸钠在矿物表面的吸附形态。

5.3.1.2 油酸钠在白钨矿、方解石、石英表面的吸附机制

为确定油酸钠在3种矿物表面的吸附机制，对油酸钠、矿物、经过油酸钠处理过的矿物颗粒进行了红外光谱扫描测试。结果如图5-19~图5-21所示。

图5-19是油酸钠的红外光谱图。在油酸钠的红外光谱中，位于2921.6cm^{-1}、

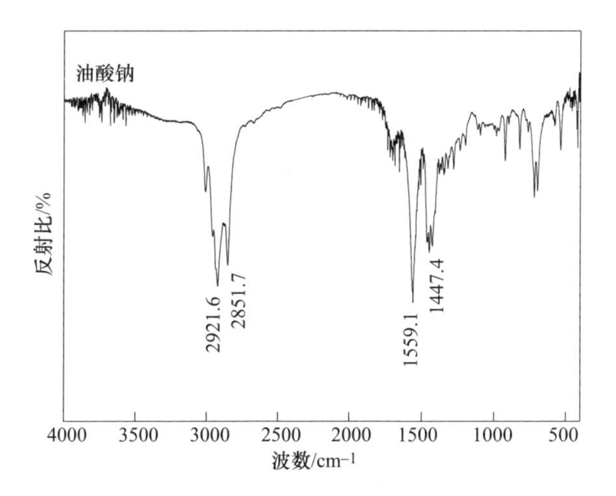

图 5-19 油酸钠红外光谱

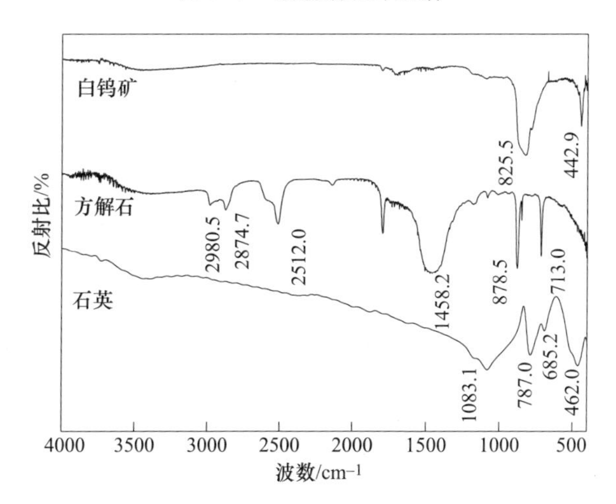

图 5-20 白钨矿、方解石、石英的红外光谱

2851.7cm^{-1}处的吸收峰代表油酸钠中甲基与亚甲基的伸缩振动，而位于1559.1cm^{-1}、1447.4cm^{-1}处的吸收峰代表油酸钠中羧基中 C ═ O 与 C—O 的伸缩振动峰[11]。其中，后两个吸收峰是油酸钠的特征吸收峰。图 5-20 显示了白钨矿、方解石、石英的红外光谱。在白钨矿的红外光谱中，位于 825.5cm^{-1}处的吸收峰代表白钨矿中钨酸根的伸缩振动，是白钨矿的特征峰；在方解石的红外光谱中，位于 1458.2cm^{-1}处的吸收峰代表碳酸根的伸缩振动，位于 878.5cm^{-1}、713.0cm^{-1}处的吸收峰代表碳酸根的变形振动；在石英的红外光谱中，位于 1083.1cm^{-1}处的宽强峰代表石英晶体表面 Si—O 键的非对称伸缩振动，787.0cm^{-1}处吸收峰代表石英表面 Si—H 键弯曲振动，685.2cm^{-1}和 462.0cm^{-1}则分别代表 O—Si—O 和 Si—O 的弯曲振动[12]。

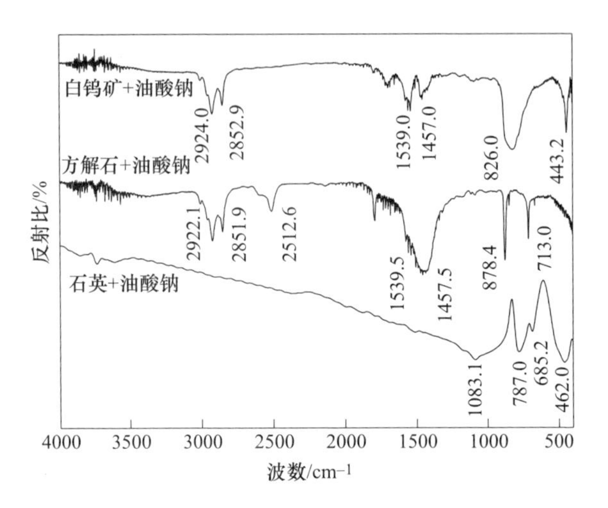

图 5-21 白钨矿、方解石、石英的红外光谱

图 5-21 是 3 种矿物经过油酸钠作用之后的红外光谱。在白钨矿的红外光谱中，在 2924.0cm^{-1}、2852.9cm^{-1}、1539.0cm^{-1}、1457.0cm^{-1}处出现了新的吸收峰。其中，位于 2924.0cm^{-1}、2852.9cm^{-1}处的吸收峰代表油酸钠中甲基与亚甲基的伸缩振动，这个吸收峰的出现表明在经过油酸钠处理过后的白钨矿表面出现了油酸钠。位于 1539.0cm^{-1}、1457.0cm^{-1}处的吸收峰代表了羧酸钙中羧基的伸缩振动。与纯油酸钠相比，这两个峰的位置分别偏移了（原始位置分别为 1559.1cm^{-1}、1447.4cm^{-1}）20.1cm^{-1}与 9.6cm^{-1}，峰的位置偏移说明油酸钠是以化学吸附的形式作用于白钨矿表面[13]。在方解石的红外光谱中，在 2922.1cm^{-1}、2851.9cm^{-1}、1539.5cm^{-1}处出现了新的吸收峰。其中，在 2922.1cm^{-1}、2851.9cm^{-1}处的吸收峰表明在方解石表面也出现了油酸钠。而在 1539.5cm^{-1}处的吸收峰（与纯油酸钠相比，偏移了 19.6cm^{-1}）表明，油酸钠在方解石表面的吸附也是化学吸附[14]。由于生成油酸钙的吸收峰与表面碳酸根的吸收峰发生部分重合，因而另一个羧基的吸收峰被掩盖。在石英的红外光谱中，经油酸钠处理后，未出现新的吸收峰，同时，原有的吸收峰也未发生消亡或者偏移，说明油酸钠没有以物理吸附或者化学吸附的形式吸附在石英表面。

上述红外光谱的分析表明，油酸钠能够通过形成油酸钙，以化学吸附的形式，吸附在白钨矿和方解石表面，而在石英表面没有任何形式的吸附。上述结论与表面电位变化行为是一致的。

5.3.1.3 油酸钠作用下，白钨矿、方解石、石英表面润湿性

在浮选技术中，润湿性是表征矿物可浮性的重要指标。既然油酸钠能够化学吸附在白钨矿、方解石的表面，那么应该会改变两种矿物颗粒表面的润湿性，进而影响可浮性。接触角是度量矿物表面润湿性的重要指标。以 NaOH 和 HCl 作为

pH 值调整剂，测量了 3 种矿物光片在不同 pH 值下（油酸钠作用前后）的接触角。结果如图 5-22 和图 5-23 所示。图 5-22 显示了不同 pH 值下，3 种矿物未经油酸钠处理时，接触角的变化情况，由该图可知，随着 pH 值增大，3 种矿物的接触角均有略微降低，但并未发生大幅度降低。这可能是因为使用氢氧化钠作为 pH 值调整剂可导致矿物表面形成较大程度的羟基化表面，并导致矿物表面的亲水性增强，因而接触角降低。

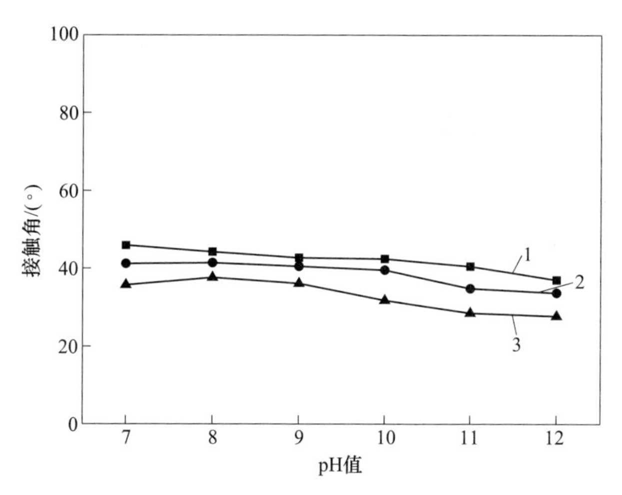

图 5-22　白钨矿、方解石、石英在不同 pH 值下的接触角

1—白钨矿；2—方解石；3—石英

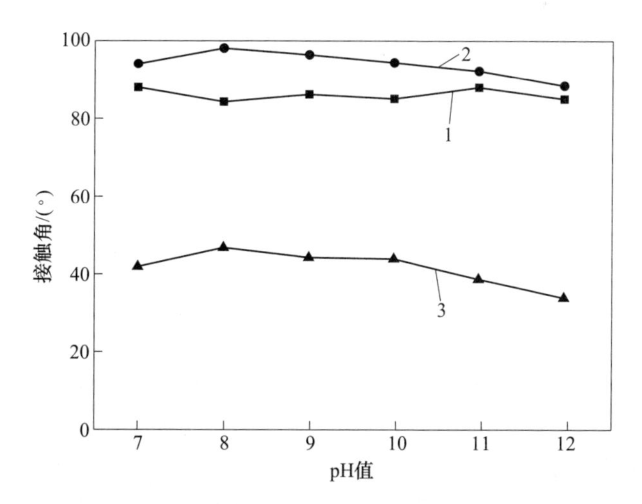

图 5-23　油酸钠作用下，白钨矿、方解石、石英在不同 pH 值下的接触角

（油酸钠浓度为 50mg/L）

1—白钨矿+油酸钠；2—方解石+油酸钠；3—石英+油酸钠

图 5-23 显示了经油酸钠处理之后的 3 种矿物表面接触角随 pH 值改变而发生的变化。由图 5-23 可知，在经过油酸钠处理之后，3 种矿物的接触角值发生了明显变化。其中，在表面有油酸钠化学吸附的白钨矿与方解石，接触角值均有显著增大，从 40°左右增大到 80°以上，而没有与油酸钠发生任何作用的石英，接触角值在所测量的 pH 值范围内基本没有明显变化，说明油酸钠在白钨矿、方解石表面的吸附在所测量的 pH 值范围内基本保持稳定，并在两者矿物表面形成疏水化、负电性的表面。

5.3.2 疏水体系中，微细粒矿物矿浆的流变性分析

5.3.2.1 油酸钠对微细粒白钨矿、方解石、石英矿浆流变性的影响

以 HCl 和 NaOH 为 pH 值调整剂，以溶液浓度、溶液 pH 值为变量，测定了油酸钠溶液的流变性，结果如图 5-24 和图 5-25 所示。

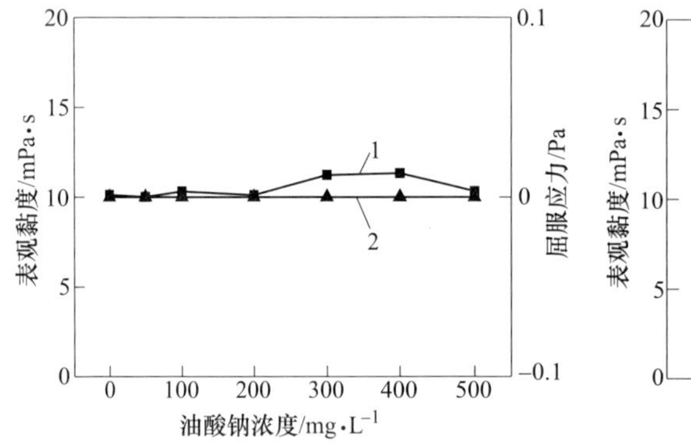

图 5-24 油酸钠溶液在不同浓度下的表观黏度与屈服应力
(pH=8.5~9.0)
1—表观黏度；2—屈服应力

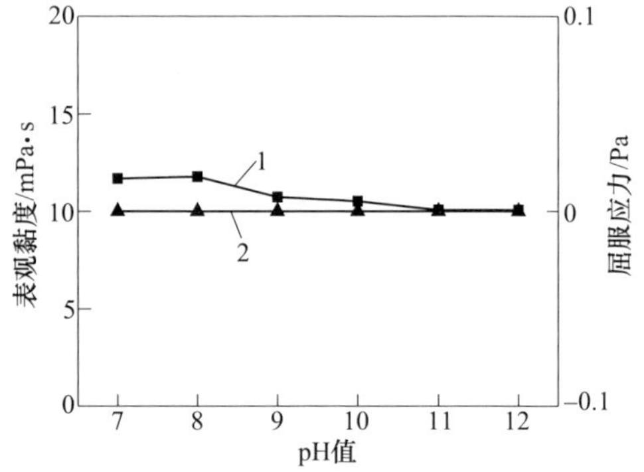

图 5-25 油酸钠溶液在不同 pH 值下的表观黏度与屈服应力
(油酸钠浓度为 150mg/L)
1—表观黏度；2—屈服应力

试验结果表明，对于不同浓度、不同 pH 值下的油酸钠溶液，其表观黏度基本上没有明显的变化，均在 10mPa · s 附近，屈服应力均为零，总体上油酸钠溶液的流变性接近于水的流变性。

以 HCl 和 NaOH 为 pH 值调整剂，控制 pH 值为 8.5~9.0，以油酸钠用量为变量，测定了不同油酸钠用量下 3 种微细粒矿浆的表观黏度与屈服应力，结果如图 5-26 和图 5-27 所示。

由图 5-26 可知，随着油酸钠用量的增大，微细粒白钨矿、方解石、石英矿浆的表观黏度呈现不同的变化趋势。随着油酸钠浓度的增大，微细粒方解石矿浆的表观黏度急剧增大，而微细粒白钨矿矿浆的表观黏度仅稍有增长，而微细粒石英矿浆的表观黏度甚至有所下降。在油酸钠浓度为零时，微细粒白钨矿、方解

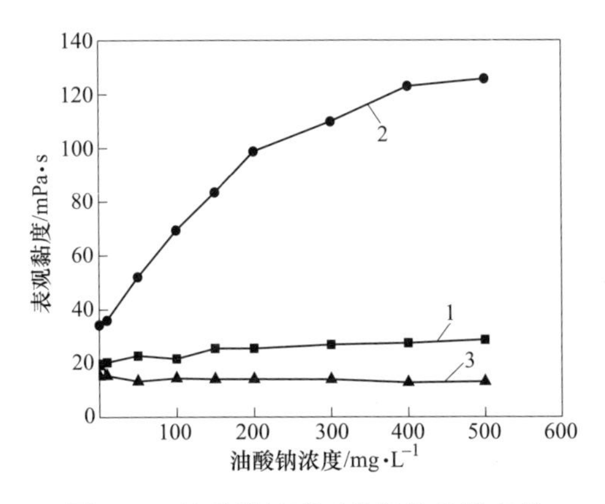

图 5-26 油酸钠浓度对微细粒矿浆表观黏度的影响
（固体质量浓度为 28.57%，pH 值为 8.5~9.0）
1—白钨矿；2—方解石；3—石英

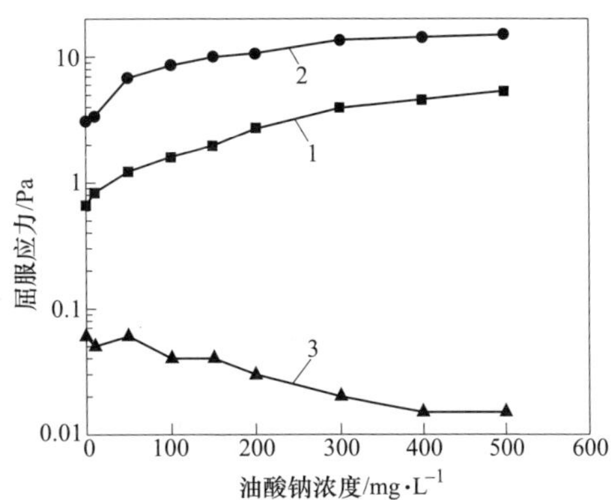

图 5-27 油酸钠浓度对微细粒矿浆屈服应力的影响
（固体质量浓度为 28.57%，pH 值为 8.5~9.0）
1—白钨矿；2—方解石；3—石英

石、石英矿浆的表观黏度分别为 19.58mPa·s、34.33mPa·s、15.44mPa·s；当油酸钠用量为 150mg/L 时，微细粒白钨矿、方解石、石英矿浆的表观黏度分别为 25.42mPa·s、83.45mPa·s、13.98mPa·s。这样的变化趋势和油酸钠与 3 种矿物表面发生吸附作用的规律是一致的。当油酸钠能够在颗粒表面形成化学吸附时，颗粒可以通过疏水缔合作用形成颗粒聚团，增强颗粒间的吸引力，增大矿浆整体的表观黏度。这种规律在微细粒矿浆的屈服应力变化趋势上更为明显，如图 5-27 所示。随着油酸钠用量的增大，微细粒白钨矿、方解石矿浆的屈服应力显著增长，而微细粒石英矿浆的屈服应力基本没变，甚至有所下降。在油酸钠浓度为零时，微细粒白钨矿、方解石、石英矿浆的屈服应力分别为 0.66Pa、3.109Pa、0.06Pa；当油酸钠用量为 150mg/L 时，微细粒白钨矿、方解石、石英矿浆的屈服应力分别为 1.97Pa、9.98Pa、0.04Pa。显著增大的矿浆屈服应力显示了矿物经油酸钠作用后，由于疏水缔合作用而形成的三维网络状矿浆结构的强度变化。

以油酸钠用量为 150mg/L，以 HCl 和 NaOH 为 pH 值调整剂，测定了不同 pH 值下 3 种微细粒矿物颗粒矿浆的表观黏度与屈服应力，结果分别如图 5-28 与图 5-29 所示。由表观黏度变化趋势可知，随着 pH 值的增大，微细粒方解石矿浆的表观黏度增大，微细粒白钨矿的表观黏度基本不变，而石英矿浆的表观黏度降低。同样，微细粒矿浆的屈服应力也显示类似的变化趋势。此结果说明，在油酸钠的作用下形成的含有颗粒聚团的网络状结构，其强度随矿浆 pH 值的变化而变化，并且与矿物种类有关。对于本书研究的目的矿物白钨矿，其颗粒聚团结构基本不受矿浆 pH 值的影响，而主要的含钙脉石矿物方解石，其颗粒聚团强度随着矿浆 pH 值增大而增大。

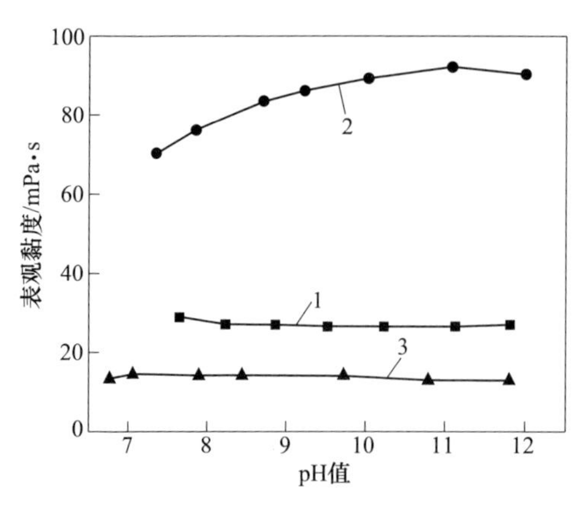

图 5-28　油酸钠存在条件下，pH 值对微细粒矿浆表观黏度的影响
（固体质量浓度为 28.57%，油酸钠浓度为 150mg/L）
1—白钨矿；2—方解石；3—石英

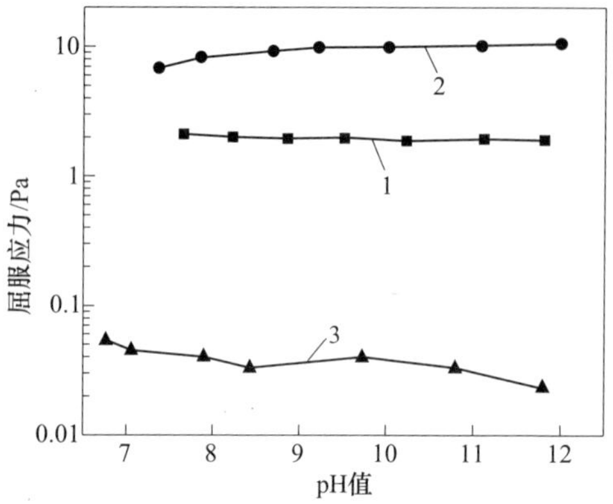

图 5-29　油酸钠存在条件下，pH 值对微细粒矿浆屈服应力的影响
（固体质量浓度为 28.57%，油酸钠浓度为 150mg/L）
1—白钨矿；2—方解石；3—石英

5.3.2.2　油酸钠作用下，调浆过程能量输入对微细粒矿浆流变性的影响

在油酸钠用量为 150mg/L，以 HCl 和 NaOH 为 pH 值调整剂，控制 pH 值为 8.5~9.0 的条件下，测定了搅拌过程能量输入对微细粒矿浆流变性的影响，结果如图 5-30 和图 5-31 所示。

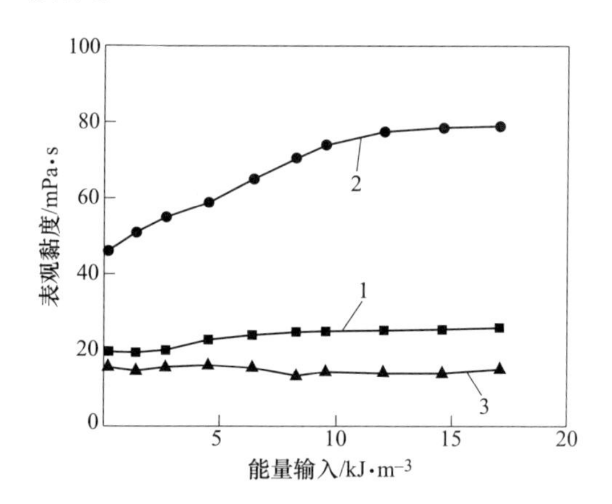

图 5-30　油酸钠存在条件下，搅拌过程能量输入对微细粒矿浆表观黏度的影响
（固体质量浓度为 28.57%，油酸钠浓度为 150mg/L，pH 值为 8.5~9.0）
1—白钨矿；2—方解石；3—石英

由前面粒度分析与表面性质分析可知，油酸钠可以以化学吸附的形式吸附在白钨矿与方解石表面，并增大两者的表面疏水性。随着能量输入的增大，矿浆中的微细粒矿物颗粒可以形成聚团，并呈现出较大的矿浆表观黏度与屈服应力。矿

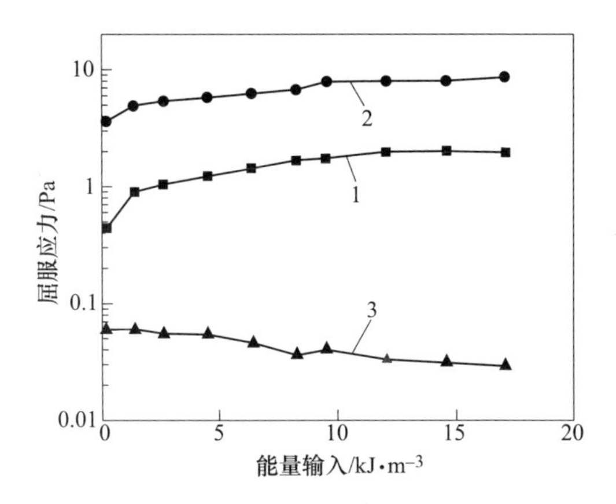

图 5-31　油酸钠存在条件下，搅拌过程能量输入对微细粒矿浆屈服应力的影响

（固体质量浓度为 28.57%，油酸钠浓度为 150mg/L，pH 值为 8.5~9.0）

1—白钨矿；2—方解石；3—石英

浆的表观黏度越大，表明颗粒之间、颗粒聚团之间的疏水缔合作用越强，形成矿浆的三维网络状结构强度越大，表现为由静止到破坏过程中所需要的屈服应力越大[15]。由图 5-30 和图 5-31 可知，随着能量输入的增大，微细粒方解石、白钨矿矿浆的表观黏度与屈服应力均增大，而微细粒石英矿浆的表观黏度与屈服应力均降低。表观黏度与屈服应力的变化趋势表明，随着矿浆中表面疏水化颗粒逐渐形成大量的颗粒聚团，矿浆总体的表观黏度逐渐增大，屈服应力也不断增大。在矿浆中形成了强度较大的网络状空间结构，如图 5-32 所示。

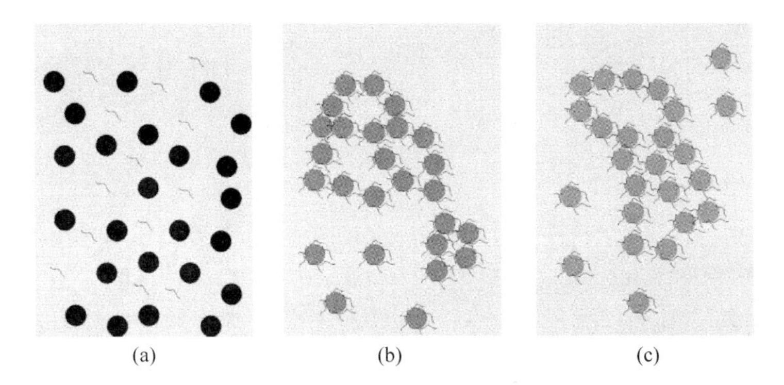

图 5-32　微细粒白钨矿、方解石、石英的聚团度随能量输入的变化

（a）石英矿浆，简单堆砌型，屈服应力为 0.04Pa；（b）白钨矿矿浆，含多颗粒聚团的网络状矿浆，屈服应力为 1.95Pa；（3）方解石矿浆，含多颗粒聚团的网络状矿浆，屈服应力为 8.58Pa

由图 5-32 可知，在油酸钠的作用下，除微细粒石英矿浆的结构未发生变化（主要是由于油酸钠不与石英发生任何形式的作用），白钨矿与方解石均形成了含有颗粒聚团的网络状矿浆结构，且方解石矿浆中网络状结构的强度更大。在

混合矿矿浆中，当方解石含量较大时，方解石矿浆的这种特性将使浮选矿浆形成一种表观黏度高、屈服应力大的背景，严重影响浮选的微观过程。

5.3.3 亲水体系中，白钨矿、方解石、石英的表面性质

在白钨矿浮选中，最常用的抑制剂是水玻璃及其衍生药剂，主要包括各种模数的水玻璃、不同酸化程度的水玻璃、不同金属离子盐化的水玻璃等。因水玻璃及其衍生药剂对水环境有污染，难以去除，因此正在逐步被取代。本书将考查一种新的有机无毒抑制剂——海藻酸钠，对3种矿物表面性质的影响及其在浮选中的应用。

5.3.3.1 海藻酸钠结构与矿物表面电性的关系

海藻酸钠是一种从褐藻或马尾藻中提取碘和甘露醇之后的副产物。无毒，水溶液具有较高的黏度，被用作食品行业中的乳化剂、稳定剂、增稠剂等。其分子式为（$C_6H_7NaO_6)_n$，结构式如图5-33所示。由图5-33可知，海藻酸钠分子中含有大量的—COO—，溶于水之后可表现出聚阴离子的行为，具有一定的黏附性。在酸性条件下，—COO—转变成—COOH，电离度降低，海藻酸钠的亲水性降低，分子链收缩，pH值增大时，—COOH基团不断地解离，海藻酸钠的亲水性增加，分子链得到伸展。因此，海藻酸钠具有明显的pH值敏感性。由于这些特性，海藻酸钠已经在食品工业、医药领域得到了广泛应用[16,17]。

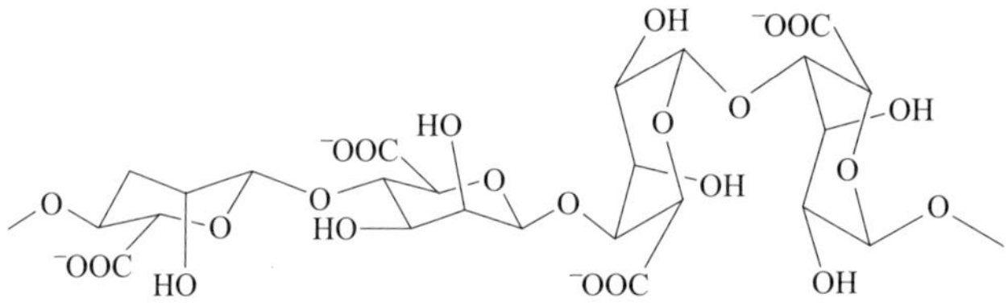

图5-33 海藻酸钠分子结构式

以海藻酸钠浓度为变量，以NaOH和HCl作为pH值调整剂，控制pH值为8.5~9.0，测定了不同海藻酸钠浓度下白钨矿、方解石、石英的表面电位，结果如图5-34所示。由图5-34可以看出，随着海藻酸钠浓度的增大，方解石的表面电位显著下降，而白钨矿、石英的表面电位稍有下降。在海藻酸钠浓度为零时，白钨矿、方解石、石英的表面电位分别为-30.98mV、-4.82mV、-36.14mV；当海藻酸钠浓度为50mg/L时，白钨矿、方解石、石英的表面电位分别降低到为-39.22mV、-38.85mV、-40.42mV。结果表明，海藻酸钠与白钨矿、方解石表面发生了相互作用，且与方解石的作用远远强于其与白钨矿的作用（电位降低幅度更大）。其中，石英的表面电位变化幅度小于5mV，可以认为石英的表面电性未发生显著变化，说明石英与海藻酸钠未发生作用。

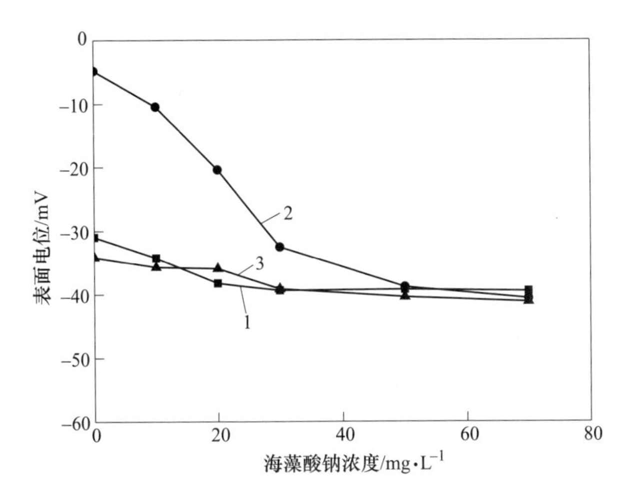

图 5-34 海藻酸钠浓度对白钨矿、方解石、石英的表面电位的影响

(pH 值为 8.5~9.0)

1—白钨矿；2—方解石；3—石英

为进一步研究海藻酸钠与这 3 种矿物的相互作用，控制海藻酸钠浓度为 50mg/L，以 NaOH 和 HCl 作为 pH 值调整剂，测量了 3 种矿物表面电位随 pH 值的变化趋势，结果如图 5-35 所示。

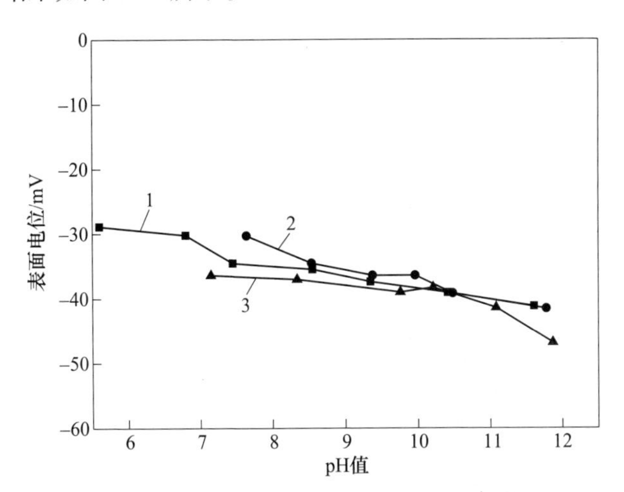

图 5-35 pH 值对白钨矿、方解石、石英的表面电位的影响

(海藻酸钠浓度为 50mg/L)

1—白钨矿；2—方解石；3—石英

由图 5-35 可知，在海藻酸钠浓度为 50mg/L 时，随着 pH 值增大，3 种矿物的表面电位均有不同程度地降低，这与未加海藻酸钠时的变化趋势一致（见图 5-14)，但是方解石的表面电位绝对值发生了显著降低，说明海藻酸钠与方解石

之间的相互作用并不随 pH 值的变化而改变，也就是说，海藻酸钠大幅度降低，方解石的表面电位具有较大的 pH 值作用区间。对白钨矿来说，海藻酸钠的作用使得表面电位有了小幅下降，原因可能是海藻酸钠的物理黏附性能。

海藻酸钠对 3 种矿物表面电性的影响可能是通过物理吸附，也有可能通过化学吸附在颗粒表面，或者是海藻酸钠中大量的—COO—溶解了矿物的表面阳离子导致颗粒表面电位发生改变。通过在海藻酸钠作用下 3 种矿物表面电位的变化仅能看出海藻酸钠与颗粒作用的强弱，难以判断海藻酸钠在矿物颗粒表面的吸附形态。

5.3.3.2 海藻酸钠在白钨矿、方解石、石英表面吸附机制

为明确海藻酸钠在 3 种矿物表面的吸附机理，对海藻酸钠以及经过其处理的 3 种矿物进行了红外光谱扫描测试。图 5-36 为纯海藻酸钠的红外光谱。在此图中，位于 1595.3cm^{-1}、1419.8cm^{-1}处的吸收峰代表海藻酸钠中—COO—的伸缩振动，而位于 1032.3cm^{-1}处的吸收峰代表海藻酸钠中 C—O—C 的伸缩振动峰。其中，前两个吸收峰是海藻酸钠的特征吸收峰[12]。

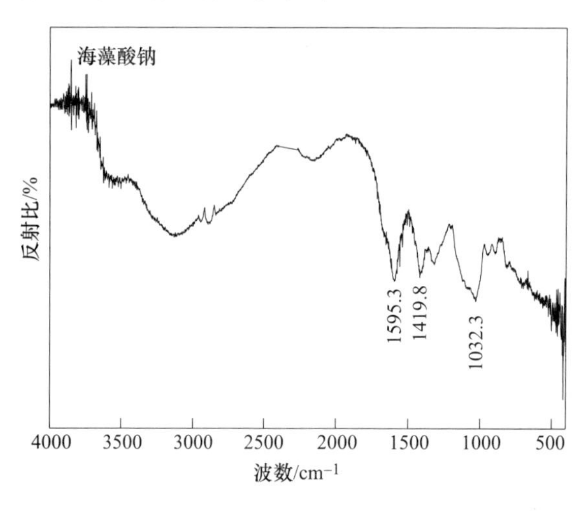

图 5-36 海藻酸钠红外光谱

图 5-37 显示了经海藻酸钠处理之后的白钨矿、方解石、石英的红外光谱扫描结果。与图 5-20 中白钨矿、方解石、石英的红外光谱（未与海藻酸钠作用）相比，在方解石的红外光谱中，出现了位于 1653.1cm^{-1}、1030.5cm^{-1}处的新的吸收峰，而在白钨矿与石英的红外光谱中未出现任何新的吸收峰，表明海藻酸钠仅能在方解石表面发生吸附。与海藻酸钠的红外光谱比较可知，吸收峰位于 1595.3cm^{-1}，即代表海藻酸钠中—COO—的伸缩振动峰位置发生了偏移（从 1595.3cm^{-1}移动到 1653.1cm^{-1}），表明海藻酸钠在方解石表面的吸附属于化学吸附。位于 1419.8cm^{-1}处的—COO—的伸缩振动峰，因与方解石的碳酸根的宽吸收峰重合而被掩盖，故在新的光谱中没有出现。

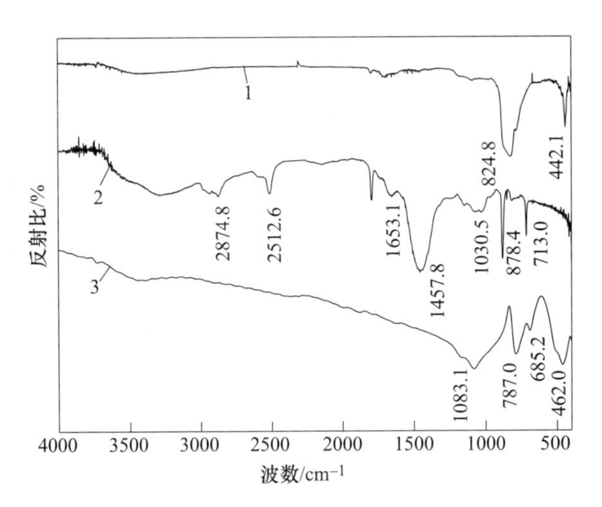

图 5-37 白钨矿、方解石、石英与海藻酸钠作用后的红外光谱

1—白钨矿+海藻酸钠；2—方解石+海藻酸钠；3—石英+海藻酸钠

由上述分析可知，海藻酸钠是通过分子中大量的—COO—与方解石表面发生化学吸附的，在方解石表面形成了类似于海藻酸钙的组分，这种表面吸附作用与表面电位的测定结果基本一致。

5.3.3.3 海藻酸钠作用下，白钨矿、方解石、石英表面润湿性变化

为研究海藻酸钠对 3 种矿物表面润湿性的影响，以 NaOH 和 HCl 作为 pH 值调整剂，测量了 3 种矿物光片在不同 pH 值下（海酸钠作用后）的接触角，结果如图 5-38 所示。在经过海藻酸钠处理之后，白钨矿的接触角未发生显著变化，一直维持在 40°附近，而方解石的接触角下降到 20°附近，石英的接触角基本没有变化。此外，白钨矿、石英的接触角均随 pH 值的升高有小幅降低（与图 5-18 中变化趋势相似），而方解石的接触角基本保持不变，表明海藻酸钠在方解石表面的吸附比较稳定，基本不受 pH 值的影响。

从以上表面测试的分析结果可以看出，海藻酸钠可以选择性的化学吸附在方解石表面，并通过在方解石表面形成类似于海藻酸钙的新物相，降低方解石的表面电位，增大了方解石表面的亲水性，而对白钨矿与石英的表面性质基本没有影响。

5.3.3.4 亲水体系中，微细粒矿浆中颗粒聚团行为

由于海藻酸钠为链状分子，具有增稠效果，且可以在方解石表面发生强烈的化学吸附，因而有必要研究海藻酸钠对微细粒矿物粒度的影响，以确定海藻酸钠是否会造成某些矿物颗粒形成亲水性的颗粒聚团。因此本小节研究了在海藻酸钠作用下，逐渐增大调浆过程能量输入，3 种矿浆的聚团度的变化趋势，结果如图

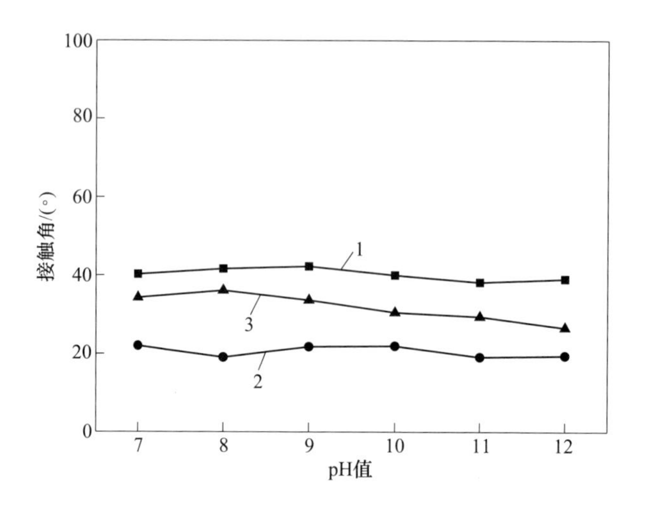

图 5-38　白钨矿、方解石、石英在不同 pH 值下的接触角
（海藻酸钠浓度为 50mg/L）
1—白钨矿；2—方解石；3—石英

5-39 所示。在海藻酸钠用量为 150mg/L 时，随着搅拌调浆过程能量输入增大，3 种矿物的聚团度均接近于零，表明海藻酸钠并不能诱导或促进微细粒矿物形成聚团。

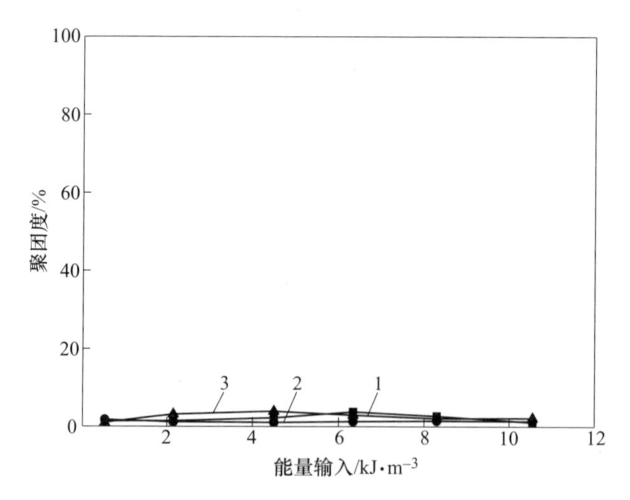

图 5-39　微细粒白钨矿、方解石、石英的聚团度（$-10\mu m$）随能量输入的变化
（海藻酸钠浓度为 150mg/L，pH 值为 8.5~9.0）
1—白钨矿；2—方解石；3—石英

5.3.4 亲水体系中，微细粒矿浆的流变性分析

5.3.4.1 海藻酸钠溶液的流变性研究

以 HCl 和 NaOH 为 pH 值调整剂，以溶液浓度、溶液 pH 值为变量，测定了海藻酸钠溶液的表观黏度与屈服应力，结果如图 5-40 和图 5-41 所示。图 5-40 结果表明，随着海藻酸钠溶液浓度的增大，溶液表观黏度逐渐增大。当海藻酸钠溶液浓度由零增大到 800mg/L 时，溶液的表观黏度从 10mPa · s 增大到 15.75mPa · s，说明对于海藻酸钠溶液来说，浓度增大促进了溶液中分子链的绞缠程度。但是这种绞缠并不稳定，因而没有形成网络状结构，因而图 5-41 中显示溶液的屈服应力为零。随着 pH 值增大，海藻酸钠溶液的表观黏度逐渐降低，这可能是因为在高碱性条件下，海藻酸钠分子中的—COO—主要以离子状态存在，而 pH 值降低之后，会形成一部分—COOH，进而形成了凝胶现象，导致表观黏度增大。对于浓度为 150mg/L 稀海藻酸钠溶液，屈服应力为零，显示在溶液中也未形成任何稳定的网络状结构。

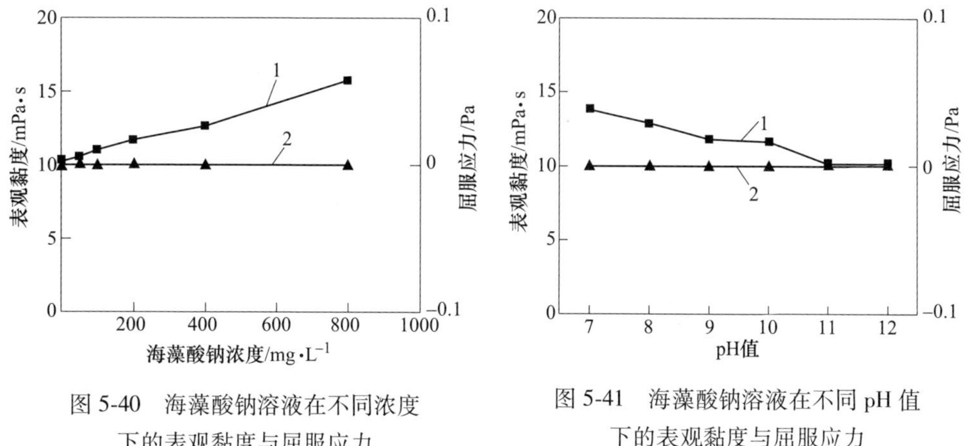

图 5-40 海藻酸钠溶液在不同浓度下的表观黏度与屈服应力

（pH 值为 8.5~9.0）

1—表观黏度；2—屈服应力

图 5-41 海藻酸钠溶液在不同 pH 值下的表观黏度与屈服应力

（油酸钠浓度为 150mg/L）

1—表观黏度；2—屈服应力

5.3.4.2 海藻酸钠对微细粒白钨矿、方解石、石英矿浆流变性的影响

据 5.3.3 节了解到海藻酸钠可以选择性吸附在方解石颗粒表面，引起 3 种矿物表面性质发生变化，加之海藻酸钠溶液本身具有较大的黏度（与水、油酸钠溶液相比），因此有必要研究在只有海藻酸钠作用时，3 种矿浆的流变性变化与矿浆的结构变化。以 HCl 和 NaOH 为 pH 值调整剂，控制 pH 值范围为 8.5~9.0，以海藻酸钠浓度为变量，测定了不同海藻酸钠浓度下 3 种微细粒矿浆的表观黏度与屈服应力，结果如图 5-42 和图 5-43 所示。

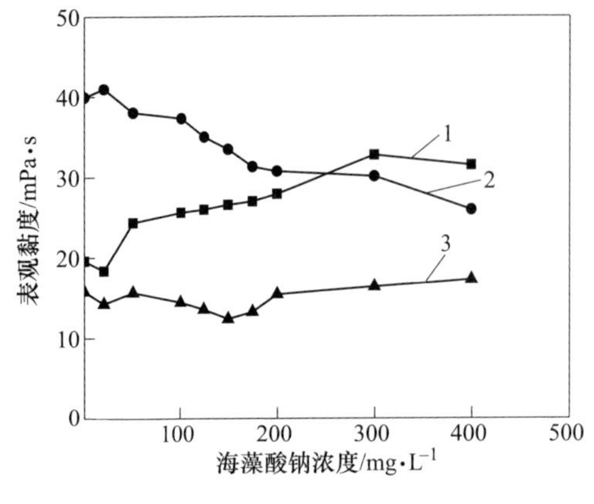

图 5-42 海藻酸钠浓度对微细粒矿浆表观黏度的影响
（固体质量浓度为 28.57%，pH 值为 8.5~9.0）
1—白钨矿；2—方解石；3—石英

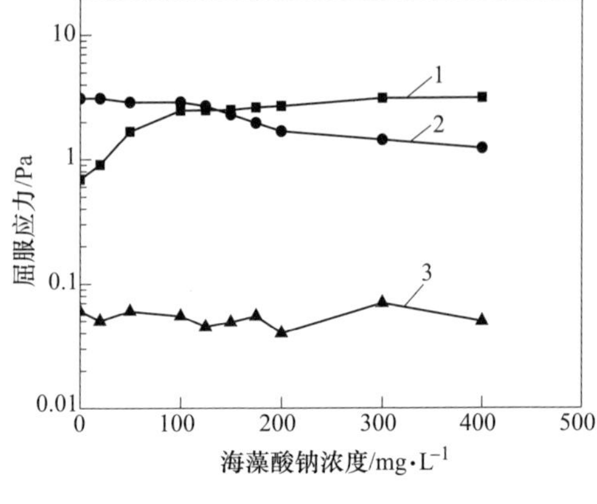

图 5-43 海藻酸钠浓度对微细粒矿浆屈服应力的影响
（固体质量浓度为 28.57%，pH 值为 8.5~9.0）
1—白钨矿；2—方解石；3—石英

由图 5-42 可知，随着海藻酸钠用量的增大，微细粒白钨矿、方解石、石英矿浆的表观黏度呈现不同的变化趋势。随着海藻酸钠浓度的增大，微细粒方解石矿浆的表观黏度降低，而微细粒白钨矿矿浆的表观黏度逐渐增大，而微细粒石英矿浆的表观黏度基本没有变化。在海藻酸钠浓度为零时，微细粒白钨矿、方解石、石英矿浆的表观黏度分别为 19.58mPa·s、34.33mPa·s、15.44mPa·s；当海藻酸钠用量为 200mg/L 时，微细粒白钨矿、方解石、石英矿浆的表观黏度分别为 27.93mPa·s、30.74mPa·s、16.49mPa·s。这样的变化趋势与海藻酸钠和 3 种矿物表面发生作用的机制有关。海藻酸钠可以以化学吸附的形式吸附在方解石表面，大幅降低方解石的表面电位，因而可以降低方解石矿浆的表观黏度。由于海藻酸钠不与白钨矿发生任何吸附作用，且在溶液中两者表面均带有较大的负电，因而当向白钨矿矿浆中加入海藻酸钠时，海藻酸钠表现为增稠剂作用，使得白钨矿矿浆的中固体颗粒的内摩擦作用增大，进而导致表观黏度增大。石英矿浆的表观黏度变化机理与白钨矿类似。这种规律在微细粒矿浆的屈服应力变化趋势上更为明显，如图 5-43 所示。随着海藻酸钠用量的增大，微细粒白钨矿矿浆的屈服应力显著增长，而微细粒方解石矿浆的屈服应力降低。在海藻油酸钠浓度为零时，微细粒白钨矿、方解石、石英矿浆的屈服应力分别为 0.66Pa、3.109Pa、0.06Pa；当油酸钠用量为 200mg/L 时，微细粒白钨矿、方解石、石英矿浆的屈服应力分别为 2.68Pa、1.69Pa、0.04Pa。这种矿浆屈服应力的变化表明，3 种矿浆在海藻酸钠作用下的网络状结构发生了改变，颗粒之间原有的聚集、分散状态发生了变化。

以 HCl 和 NaOH 为 pH 值调整剂，测定了在海藻酸钠用量为 150mg/L 条件下，不同 pH 值下矿浆的表观黏度与屈服应力，结果分别如图 5-44 和图 5-45 所示。在 150mg/L 海藻酸钠的作用下，随着 pH 值增大，微细粒方解石矿浆的表观黏度逐渐降低，微细粒白钨矿矿浆的表观黏度增大，而微细粒石英矿浆的表观黏度基本保持不变。对微细粒矿浆的屈服应力来说，随着 pH 值的增大，微细粒方解石矿浆的屈服应力降低，微细粒白钨矿矿浆的屈服应力增大，而微细粒石英矿浆的屈服应力基本没有变化。表观黏度与屈服应力的变化趋势一致。原因是海藻酸钠对这 3 种矿物的选择性作用。对方解石来说，海藻酸钠可以以化学吸附的方式吸附在矿物表面，使方解石颗粒表面亲水性增强。随着 pH 值增大，海藻酸钠中的—COO—主要以离子状态存在，增大了方解石颗粒之间的静电排斥作用，起到分散剂的作用；对白钨矿来说，海藻酸钠不能在矿物表面形成吸附，仅能与表面带有很强负电性质的白钨矿颗粒以物理混合的方式存在于矿浆中，因而起到简单的增稠剂的作用；对石英来说，其本身的屈服应力就很低，因而加入的海藻酸钠并不能显著改变其流变性。

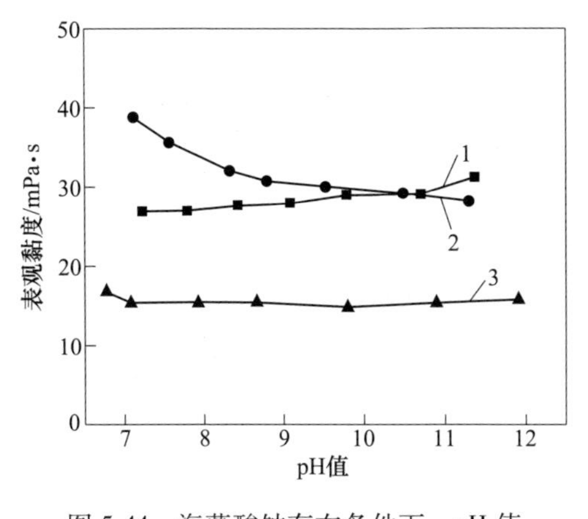

图 5-44 海藻酸钠存在条件下，pH 值对微细粒矿浆表观黏度的影响
（固体质量浓度为 28.57%，海藻酸钠浓度为 150mg/L）
1—白钨矿；2—方解石；3—石英

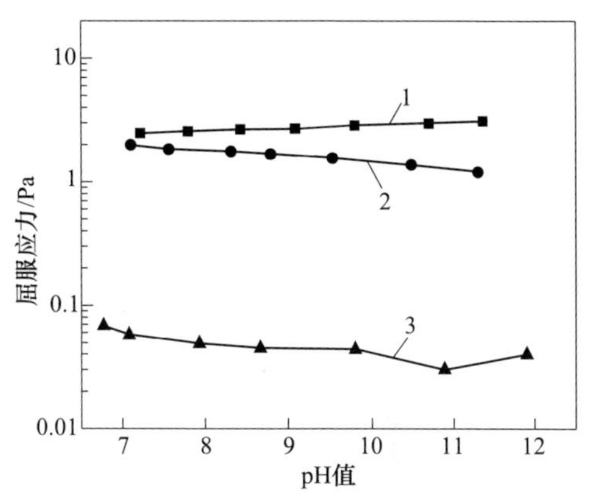

图 5-45 油酸钠存在条件下，pH 值对微细粒矿浆屈服应力的影响
（固体质量浓度为 28.57%，海藻酸钠浓度为 150mg/L）
1—白钨矿；2—方解石；3—石英

5.3.4.3 海藻酸钠作用下，调浆过程能量输入对微细粒矿浆流变性的影响

由前述矿浆中颗粒的聚团度分析可知，在海藻酸钠的作用下，随着搅拌过程能量输入的增大，3 种矿浆中的颗粒并不发生聚团现象。在海藻酸钠存在的条件下，测定了搅拌过程能量输入对微细粒矿浆流变性的影响，结果如图 5-46 和图 5-47 所示。随着能量输入的增大，3 种矿物的表观黏度与屈服应力显现出不同的变化趋势。对白钨矿来说，随着搅拌过程能量输入的增大，微细粒白钨矿矿浆的表观黏度与屈服应力均增大，表明海藻酸钠的增稠剂作用增强；对方解石来说，搅拌过程能量输入的增大使得海藻酸钠分散剂的效果增强，因而矿浆的表观黏度

与屈服应力均降低；对石英来说，由于石英矿浆本身的表观黏度与屈服应力均很低，且海藻酸钠与石英不存在相互作用，因此搅拌调浆过程能量输入增大时，其矿浆的表观黏度与屈服应力均无明显变化。

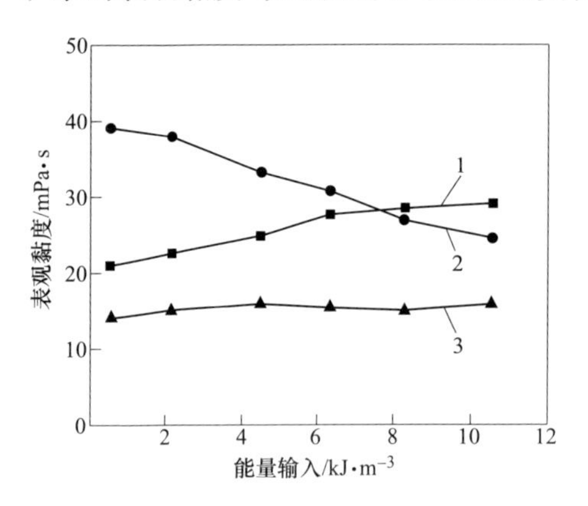

图 5-46 海藻酸钠存在条件下，搅拌过程能量输入对微细粒矿浆表观黏度的影响
（固体质量浓度为 28.57%，海藻酸钠浓度为 150mg/L，pH 值为 8.5~9.0）
1—白钨矿；2—方解石；3—石英

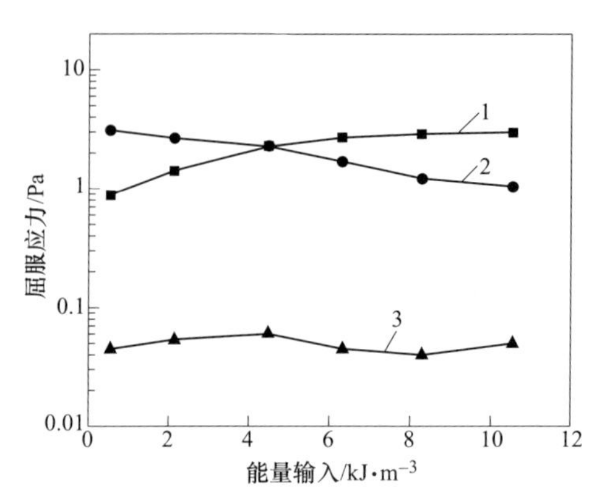

图 5-47 海藻酸钠存在条件下，搅拌过程能量输入对微细粒矿浆屈服应力的影响
（固体质量浓度为 28.57%，海藻酸钠浓度为 150mg/L，pH 值为 8.5~9.0）
1—白钨矿；2—方解石；3—石英

5.3.5 浮选体系中，微细粒矿浆的流变性与结构分析

由前面关于浮选药剂对矿物表面性质、矿浆中固体颗粒聚团行为的影响以及对 3 种微细粒矿浆流变性的影响的结果表明，油酸钠可以选择性的以化学吸附的形式吸附在白钨矿、方解石表面，增大颗粒表面疏水性，在一定的搅拌能量输入下，可以促使微细粒的两种矿物形成疏水性颗粒聚团结构的矿浆；海藻酸钠可以选择性的以化学吸附的形式吸附在方解石表面，增大颗粒表面亲水性，对微细粒方解石起到分散作用，显著减弱微细粒方解石矿浆中的网络结构。本节针对两种药剂共同作用下的矿物颗粒表面性质、粒度以及流变性进行了测量，对浮选体系下单矿浆的矿浆结构进行了分析。

5.3.5.1 海藻酸钠与油酸钠共同作用下，矿物表面性质分析

以 NaOH 和 HCl 作为 pH 值调整剂，控制 pH 值为 8.5~9.0，海藻酸钠浓度为 50mg/L，以油酸钠浓度为变量，测定了海藻酸钠与油酸钠共同作用下白钨矿、方解石、石英的表面电位，结果如图 5-48 所示。

由图 5-48 可知，在经过海藻酸钠预处理之后，随着后续油酸钠用量的增大，白钨矿的表面电位逐渐降低，而方解石与石英的表面电位不再降低。当油酸钠用量为零时（此时海藻酸钠的用量为 50mg/L），白钨矿、方解石、石英的表面电位

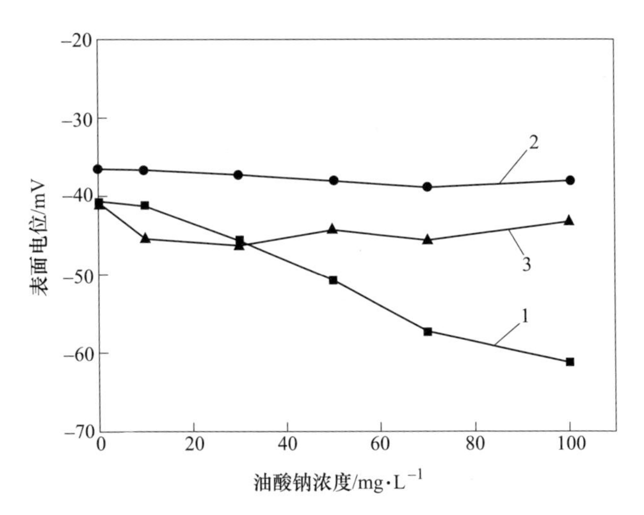

图 5-48 海藻酸钠预先作用下，油酸钠浓度对微细粒白钨矿、方解石、石英表面电位的影响
（海藻酸钠浓度为 50mg/L，pH 值为 8.5~9.0）
1—白钨矿；2—方解石；3—石英

分别为-40.63mV、-36.53mV、-40.82mV；当油酸钠用量为 50mg/L 时，白钨矿、方解石、石英的表面电位分别为-50.70mV、-38.07mV、-44.30mV。结果表明，在海藻酸钠预先作用的情况下，油酸钠不能再与方解石表面发生作用，却仍然可以与白钨矿发生强烈的相互作用。也就是说，海藻酸钠（浓度为 50mg/L 时）并不能阻止油酸钠在白钨矿表面的吸附。对石英来说，由于其不与油酸钠、海藻酸钠作用，因而在两种药剂同时存在的条件下，其表面电位也未发生明显的改变。

为确定 3 种矿物在两种药剂共同作用下表面性质的变化，对经过海藻酸钠与油酸钠共同作用后的矿物颗粒样品进行了红外光谱扫描测试，结果如图 5-49 所示。

在白钨矿的红外光谱图中，经过海藻酸钠+油酸钠处理之后，在 2921.9cm^{-1}、2853.1cm^{-1}、1538.3cm^{-1}、1456.2cm^{-1} 处出现了油酸钠的典型化学吸附吸收峰（与图 5-20 对比可知），而未出现海藻酸钠任何吸附形式的吸收峰；在方解石的红外光谱中，经过海藻酸钠+油酸钠处理之后，并没有出现油酸钠的典型的吸收峰，而是在 1655.1cm^{-1}、1033.5cm^{-1}处出现了海藻酸钠的典型的化学吸附的吸收峰；在石英的红外光谱中，经过海藻酸钠+油酸钠处理之后，与纯石英的红外光谱相比，并未出现新的吸收峰，表明海藻酸钠与油酸钠均未在矿物表面形成吸附。

以 NaOH 和 HCl 作为 pH 值调整剂，控制 pH 值为 8.5~9.0，海藻酸钠浓度为 50mg/L，油酸钠浓度为 50mg/L，测定了海藻酸钠与油酸钠共同作用下白钨矿、方解石、石英矿物光片的接触角，结果如图 5-50 所示。

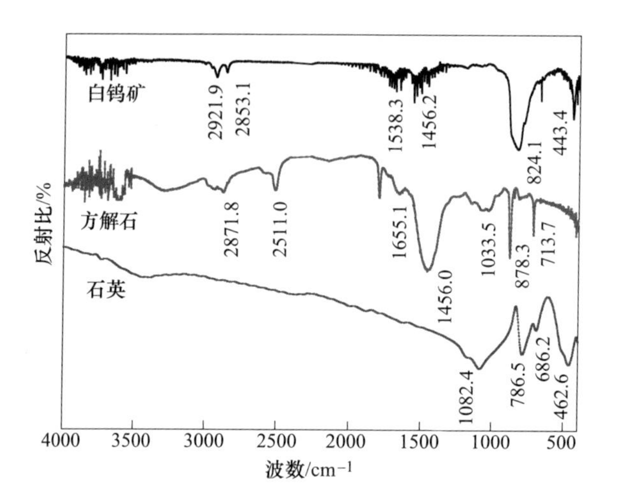

图 5-49　海藻酸钠与油酸钠共同作用下，白钨矿、方解石、石英的红外光谱

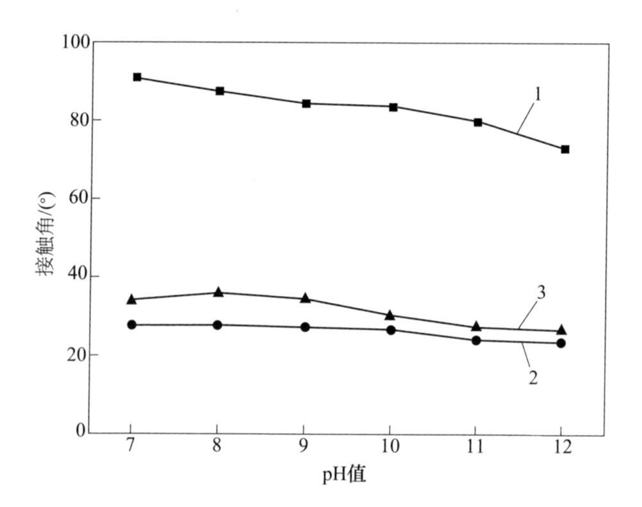

图 5-50　海藻酸钠与油酸钠共同作用下，白钨矿、方解石、石英的接触角

（海藻酸钠浓度为 50mg/L，油酸钠浓度为 50mg/L）

1—白钨矿；2—方解石；3—石英

由图 5-50 可知，在经过海藻酸钠与油酸钠共同作用后，白钨矿的接触角随着 pH 值增大稍有降低，但是基本上保持在 80°附近；方解石的接触角随着 pH 值增大稍有降低，但是总体较低，保持在 30°附近；石英的接触角基本没有显著变化（与图 5-17 相比）。这表明经过海藻酸钠与油酸钠的共同作用后，白钨矿颗粒的表面疏水性增强，方解石颗粒的表面亲水性增强，石英表面润湿性基本没有变化。

5.3.5.2 海藻酸钠与油酸钠共同作用下，矿浆中颗粒聚团行为

控制海藻酸钠浓度为200mg/L，油酸钠浓度为150mg/L，以NaOH和HCl作为pH值调整剂，控制pH值为8.5~9.0，测定了微细粒白钨矿、方解石、石英矿浆中3种矿物颗粒的聚团度随搅拌调浆过程能量输入的变化趋势，结果如图5-51所示。

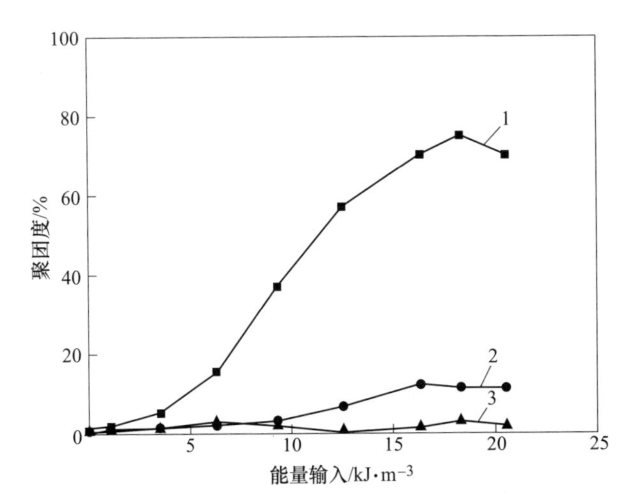

图5-51 微细粒白钨矿、方解石、石英的聚团度（-10μm）随能量输入的变化
（海藻酸钠浓度为200mg/L，油酸钠浓度为150mg/L，pH值为8.5~9.0）
1—白钨矿；2—方解石；3—石英

由图5-51可知，在海藻酸钠与油酸钠的共同作用下，随着搅拌过程能量输入的增大，微细粒白钨矿矿浆颗粒群的聚团度逐渐增大，在较高的能量输入（超过5kJ/m^3）下，聚团度迅速增大；微细粒方解石矿浆颗粒群与微细粒石英矿浆颗粒群的聚团度基本上没有变化，保持在较低水平（不超过10%）。3种微细粒矿浆的聚团度的变化趋势表明，白钨矿颗粒在矿浆中形成了颗粒聚团结构，而方解石与石英颗粒均处于稳定的分散状态。值得注意的是，与不加海藻酸钠相比，微细粒白钨矿矿浆达到相同的聚团度所需要的搅拌调浆过程能量输入加大了，表明海藻酸钠的存在加大了矿浆中白钨矿颗粒通过疏水缔合的方式形成颗粒聚团的难度。另外，对微细粒方解石矿浆颗粒群而言，其聚团度在搅拌调浆过程能量输入超过10kJ/m^3时，也有了小幅增长（由零增大至约10%），表明在较大的搅拌过程能量输入下，海藻酸钠的选择性作用效果下降，显示了微细粒矿物颗粒与浮选药剂作用时，粒度变细带来选择性下降的特点。

5.3.5.3 海藻酸钠与油酸钠共同作用下，矿浆流变性与矿浆结构

由5.3.5.1和5.3.5.2节分析可知，使用海藻酸钠与油酸钠组合可以使微细粒的白钨矿与微细粒的方解石和石英形成较为明显的表面性质差异与聚团行为差

异，因而也将影响到微细粒浮选作业中矿浆的结构。控制海藻酸钠浓度为200mg/L，油酸钠浓度为150mg/L，以 NaOH 和 HCl 作为 pH 值调整剂，控制 pH 值为 8.5~9.0，测定了微细粒白钨矿、方解石、石英矿浆在不同搅拌过程能量输入下的表观黏度与屈服应力，结果如图 5-52 和图 5-53 所示。

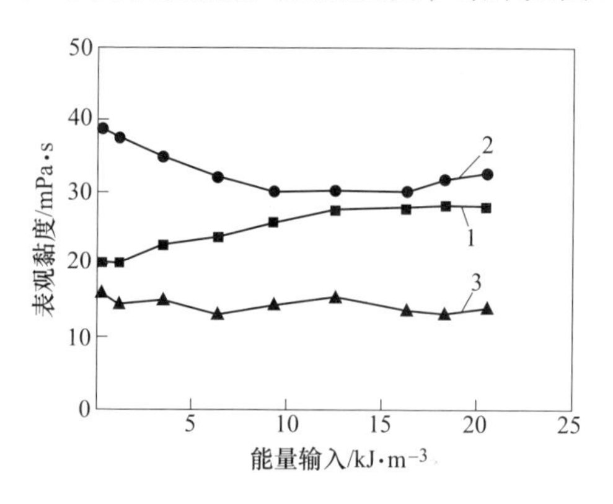

图 5-52　搅拌过程能量输入对微细粒矿浆表观黏度的影响
（固体质量浓度为 28.57%，海藻酸钠浓度为 200mg/L，油酸钠浓度为 150mg/L，pH 值为 8.5~9.0）
1—白钨矿；2—方解石；3—石英

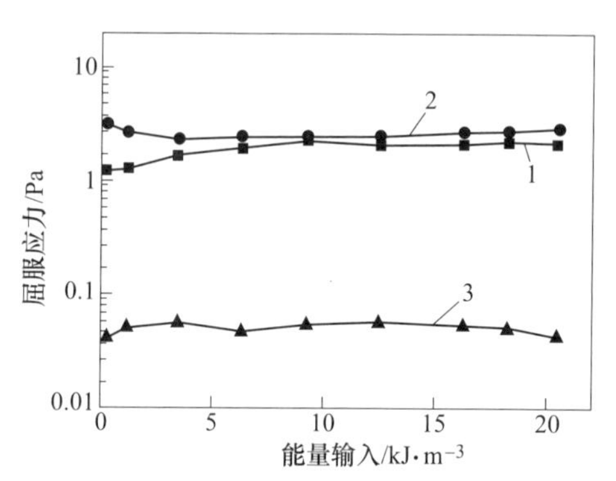

图 5-53　搅拌过程能量输入对微细粒矿浆屈服应力的影响
（固体质量浓度为 28.57%，海藻酸钠浓度为 200mg/L，油酸钠浓度为 150mg/L，pH 值为 8.5~9.0）
1—白钨矿；2—方解石；3—石英

由图 5-52 和图 5-53 可知，在海藻酸钠与油酸钠的共同作用下，随着搅拌调浆过程能量输入的增大，药剂对矿浆流变性的选择性改变作用越明显，但是当搅拌调浆过程能量输入过分增大时，药剂的选择性效果下降。对微细粒白钨矿矿浆来说，随着搅拌调浆过程能量输入增大，矿浆中固体颗粒群的聚团度随之增大，颗粒间的相互作用增强，最终表现为矿浆的表观黏度与屈服应力增大[18]。当能量输入超过 12.55kJ/m^{3}时，矿浆的表观黏度不再继续上升，而是保持在 27.0mPa · s 附近，屈服应力也保持在 2.0Pa 附近，形成了以疏水性白钨矿颗粒聚团结构为主体的、具有网络状结构的矿浆。对微细粒方解石矿浆来说，由于其本身的表观黏度与屈服应力均较高，矿浆中存在较强的网络状结构。随着搅拌调浆过程能量输入的增大，海藻酸钠对微细粒方解石矿浆中方解石颗粒的分散效果增强，并且可以阻止油酸钠在方解石颗粒表面的吸附，进而组织疏水性方解石颗粒聚团的形成，因此其表观黏度与屈服应力均呈下降趋势，形成了以亲水性方解石分散颗粒为主体的、具有一定强度的网络状结构的矿浆。在能量输入过大时，由于药剂作用的选择性变差，因而有部分方解石颗粒与油酸钠发生作用，形成了颗粒聚团，表现为聚团度增大，表观黏度、屈服应力增大，形成以疏水性方解石颗粒聚团为结构的矿浆。而对于微细粒石英矿浆来说，由于其不与海藻酸钠、油酸钠发生作用，因而其矿浆的表观黏度与屈服应力均保持在很低的水平，表明在矿浆中不形成任何形式的颗粒聚团结构，以简单堆砌型结构为主。

由上述浮选体系中 3 种微细粒矿物颗粒矿浆的流变性变化可知，在海藻酸钠与油酸钠的共同作用下，调节搅拌调浆过程能量输入范围，可以促进实现油酸钠与海藻酸钠在 3 种矿物颗粒表面的选择性吸附，进而改变矿物颗粒的表面性质与颗粒聚团结构，实现 3 种微细粒矿浆结构的调节，使微细粒白钨矿颗粒群形成屈服应力较大的颗粒聚团结构，使微细粒方解石、石英颗粒群形成屈服应力低的、分散程度较好的矿浆结构，为混合矿浮选分离过程中目的矿物与脉石矿物的高效分离提供较好的分离环境。

本章采用溶液化学计算、Zeta 电位测量、红外光谱分析、接触角测量、流变性检测等手段，研究了白钨矿、方解石、石英颗粒在水相中的固液界面性质及其对矿物颗粒矿浆表观黏度与屈服应力的影响规律，可知：

（1）矿物粒度与质量浓度显著影响矿浆的流变性。矿浆中固体颗粒粒度越细，质量浓度越大，矿浆的表观黏度与屈服应力越大，越容易形成具有三维网络状结构的矿浆；在相同的粒度与质量浓度下，微细粒方解石矿浆的表观黏度与屈服应力最大，白钨矿次之，石英最小。

（2）颗粒表面电性影响微细粒矿浆的流变性。在白钨矿浮选常用的弱碱性 pH 值区间，白钨矿与石英表面强烈荷负电，方解石表面荷微弱负电，在颗粒间静电力的影响下，3 种矿浆的表观黏度与屈服应力不同，形成的矿浆结构也不同。

（3）颗粒表面疏水性增大，可以在矿浆中形成颗粒聚团，增大矿浆的表观黏度与屈服应力。

（4）颗粒表面亲水性增大，会降低矿浆的表观黏度与屈服应力。海藻酸钠可以选择性地吸附在方解石表面，增大方解石表面的亲水性；调节搅拌调浆过程的能量输入，可以促进海藻酸钠对高黏度高屈服应力方解石矿浆的分散作用，消除微细粒方解石矿浆中的聚团行为，形成有效分散的微细粒矿浆结构；海藻酸钠对微细粒白钨矿、石英矿浆的流变性基本没有影响。

（5）使用海藻酸钠作为微细粒脉石矿物的分散剂，油酸钠作为微细粒白钨矿的捕收剂，可以实现白钨矿的选择性疏水化，并在适宜的搅拌调浆能量输入下产生微细粒白钨矿的颗粒聚团，形成适于聚团浮选的矿浆。

参 考 文 献

[1] 卢寿慈. 工业悬浮液的特征［M］. 北京：化学工业出版社，1986.

[2] 卢寿慈．工业悬浮液分散的调控［M］. 北京：化学工业出版社，1985.

[3] Klimpel R R，孟广涛．矿浆流变学对矿石（或煤）在磨矿回路中性能的影响（一）［J］. 湿法冶金，1982，3（7）：44-48.

[4] Klimpel R R，孟广涛．矿浆流变学对矿石（或煤）在磨矿回路中性能的影响（二）［J］. 湿法冶金，1984，4：36-42.

[5] Fallis A．微粒流体——现代矿物加工中的一个重要概念［J］. 国外金属矿选矿，1994，53（9）：1689-1699.

[6] Papo A，Piani L. Rheological behavior of calcite slurries：Effect of deflocculant addition［J］. Particulate Science and Technology，2005，23（1）：85-91.

[7] Cavalier K，Larché F. Effects of water on the rheological properties of calcite suspensions in dioctylphthalate［J］. Colloids and Surfaces A：Physicochemical and Engineering Aspects，2002，197（1-3）：173-181.

[8] 胡岳华，印万忠，张凌燕，等．矿物浮选［M］. 长沙：中南大学出版社，2010.

[9] 王淀佐，胡岳华．浮选溶液化学［M］. 长沙：湖南科学技术出版社，1988.

[10] 王淀佐，邱冠周，胡岳华．资源加工学［M］. 北京：科学出版社，2005.

[11] Young C A，Miller J D. Effect of temperature on oleate adsorption at a calcite surface：An FT-NIR/IRS study and review［J］. International Journal of Mineral Processing，2000，58（1-4）：331-350.

[12] Simons S W. The Sadtler handbook of infrared spectra［C］//Bio-Rad Laboratories，Inc.，Informatics Division. 1978：130-132.

[13] Roonasi P，Yang X，Holmgren A. Competition between sodium oleate and sodium silicate for a silicate/oleate modified magnetite surface studied by in situ ATR-FTIR spectroscopy［J］. Journal of colloid and interface science，Elsevier Inc.，2010，343（2）：546-552.

[14] Hanumantha Rao K，Forssberg K S E. Mechanism of fatty acid adsorption in salt-type mineral flotation［J］. Minerals Engineering，1991，4（7-11）：879-890.

[15] Scales P J，Johnson S B，Healy T W，et al. Shear yield stress of partially flocculated colloidal suspensions［J］. AIChE Journal，1998，44（3）：538-544.

[16] Treenate P，Monvisade P. In vitro drug release profiles of pH-sensitive hydroxyethylacryl chitosan/sodium alginate hydrogels using paracetamol as a soluble model drug［J］. International Journal of Biological Macromolecules，Elsevier B. V.，2017，99：71-78.

[17] Pawar S N，Edgar K J. Alginate derivatization：A review of chemistry，properties and applications［J］. Biomaterials，Elsevier Ltd，2012，33（11）：3279-3305.

[18] Tadros T. Interparticle interactions in concentrated suspensions and their bulk（Rheological）properties［J］. Advances in Colloid and Interface Science，Elsevier B. V.，2011，168（1-2）：263-277.

6 矽卡岩型白钨矿体系中矿物的可浮性

微细粒级（-10μm）颗粒含量大、矿物之间表面性质相似是导致微细粒白钨矿浮选体系的矿浆具有较为复杂流变性的主要原因，同时也是微细粒白钨矿浮选回收过程中的重要难点[1]。

本章以油酸钠为白钨矿捕收剂，以海藻酸钠为方解石、石英的抑制剂，研究矿浆流变性对微细粒白钨矿与微细粒方解石、石英浮选分离的影响；针对微细粒矿物矿浆的流变性与其浮选行为之间的关联性，提出通过调节微细粒矿物矿浆的流变性改变微细粒矿物矿浆的结构，形成微细粒白钨矿颗粒聚团的润湿性调控方案，为解决微细粒白钨矿与微细粒含钙脉石矿物的高效分选提供理论依据。

6.1 矿物的基本可浮性

本节考查油酸钠（捕收剂）对不同粒级的白钨矿、方解石、石英浮选行为的影响；重点研究在不同搅拌过程的能量输入下，矿浆屈服应力、浮选速率之间的关系，明确微细粒矿物矿浆中颗粒群的结构对浮选过程的影响机制。

6.1.1 不同粒级白钨矿、方解石、石英的基本可浮性

矿物粒度是影响其浮选行为的重要因素。在矿浆中，表面实现疏水化的矿物颗粒与矿浆中气泡的黏附进而上浮是浮选过程的基本行为。由第 5 章内容可知，对白钨矿、方解石、石英 3 种矿物，油酸钠可以选择性地吸附在白钨矿、方解石颗粒表面，从而选择性地增大两种矿物的疏水性，进而在浮选过程中捕收两种矿物。本小节通过浮选实验考查不同粒级白钨矿、方解石、石英在油酸钠作用下的基本浮选行为。

以油酸钠为捕收剂，NaOH 和 HCl 作为 pH 值调整剂，控制 pH 值为 8.5~9.0，考查了不同粒级白钨矿、方解石、石英单矿物的可浮性，试验结果如图 6-1~图 6-3 所示。由图 6-1~图 6-3 可知，随着油酸钠用量的增大，白钨矿、方解石的浮选回收率均逐渐增大，而石英的回收率一直很低，说明在油酸钠作用下，白钨矿、方解石的可浮性较好而石英的可浮性较差。同时，图 6-1~图 6-3 也显示出矿物颗粒粒级对矿物可浮性的影响。对白钨矿来说，当油酸钠用量为 150mg/L 时，粗粒级与中等粒级（粒级分别为-106+74μm 和-74+38μm）的回收率已达 90%以上，细粒级（-38+10μm）的回收率为 76.03%，而微细粒级（-10μm）的回收

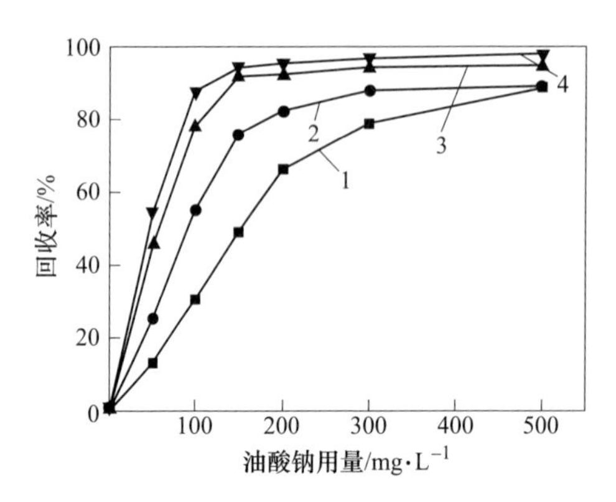

图 6-1　油酸钠用量对不同粒级白钨矿可浮性的影响

（固体质量浓度为 28.57%，pH 值为 8.5~9.0）

1— −10μm；2— −38+10μm；3— −74+38μm；4— −106+74μm

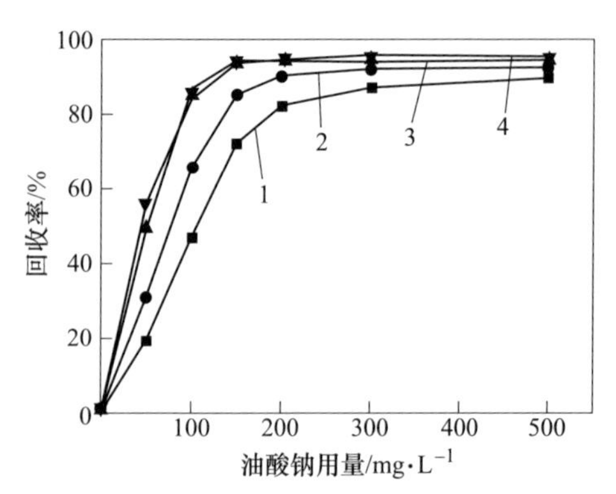

图 6-2　油酸钠用量对不同粒级方解石可浮性的影响

（固体质量浓度为 28.57%，pH 值为 8.5~9.0）

1— −10μm；2— −38+10μm；3— −74+38μm；4— −106+74μm

率仅为 49.09%，说明随着颗粒粒度的减小，白钨矿的可浮性显著降低，尤其是微细粒级，其可浮性显著变差。由图 6-1 可知，要想使微细粒级白钨矿（−10μm）的回收率达到 80% 以上，需要油酸钠用量达到 500mg/L，是粗粒级（150mg/L）的 3 倍多。同样，不同粒级的方解石在油酸钠的作用下也显示出与白钨矿相似的变化趋势，即随着颗粒粒度的变细，可浮性逐渐下降；当油酸钠用量为 150mg/L 时，粗粒级与中等粒级（粒级分别为 −106+74μm 和 −74+38μm）的回收率已达 90% 以上，细粒级（−38+10μm）的回收率为 85.23%，而微细粒级（−10μm）的回收率为 72.24%。在油酸钠用量与粒级均相同时，方解石的可浮性要略好于白钨矿。石英的可浮性很差，即使在油酸钠用量很高的情况下，其可浮性仍然较差；随着颗粒粒径的减小，其浮选回收率有所提高，很大程度上是通过泡沫夹杂上浮。由此可以看出，在油酸钠作用下，白钨矿具有较好的可浮性，但是随着粒径的减小，其可浮性显著下降；方解石可浮性与白钨矿相似；石英可浮性差，但是在粒度变细时，会通过夹杂而上浮。

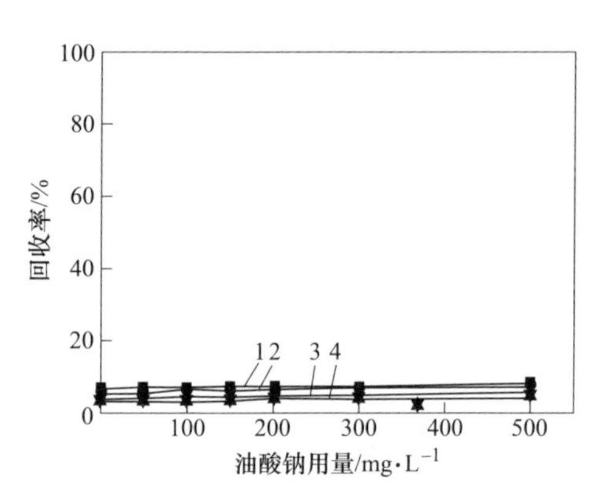

图 6-3　油酸钠用量对不同粒级石英可浮性的影响

（固体质量浓度为 28.57%，pH 值为 8.5~9.0）

1— −10μm；2— −38+10μm；3— −74+38μm；4— −106+74μm

以油酸钠为捕收剂，以中等粒级（−74+38μm）与微细粒级（−10μm）矿物为研究对象，NaOH 和 HCl 作为 pH 值调整剂，考查了 pH 值对两种粒级的白钨矿、方解石、石英单矿物可浮性的影响，试验结果如图 6-4 所示。由图 6-4 可知，在测试的 pH 值范围内，粗粒级的白钨矿与方解石具有相似的、较好的可浮性，而石英的可浮性较差。由图 6-4 还可以看出，pH 值对微细粒级的白钨矿的可浮性基本上没有影响，通过调节矿浆 pH 值实现微细粒级矿物浮选回收率的提升是很困难的。

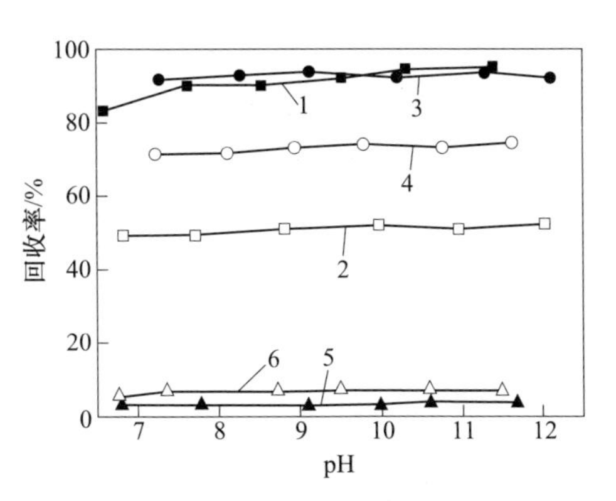

图 6-4 pH 值对不同粒级白钨矿、方解石、石英可浮性的影响

（固体质量浓度为 28.57%，油酸钠浓度为 150mg/L）

1—白钨矿−74+38μm；2—白钨矿−10μm；
3—方解石−74+38μm；4—方解石−10μm；
5—石英−74+38μm；6—石英−10μm

总体而言，在使用油酸钠作为捕收剂时，粗粒级的白钨矿、方解石（−106+10μm）可浮性较好，微细粒级（−10μm）的可浮性较差；所有粒级的石英的可浮性均较差。

6.1.2 微细粒白钨矿颗粒聚团屈服应力与可浮性

在油酸钠存在条件下，微细粒白钨矿在剪切流场的作用下可以通过疏水缔合作用形成多颗粒聚团。在此过程中，剪切搅拌过程中的能量输入对形成颗粒聚团的粒度分布、形态形貌、强度有较大的影响。本小节通过搅拌桶调浆搅拌+传统浮选机浮选，对不同性质的多颗粒聚团（通过调节搅拌调浆过程中的能量输入得到）矿浆的可浮性进行了测试与分析。

以油酸钠为捕收剂，控制浓度为 150mg/L，NaOH 和 HCl 作为 pH 值调整剂，控制 pH 值为 8.5~9.0，改变搅拌调浆过程中的能量输入，通过分批刮泡的方式，得到了在不同能量输入下，微细粒白钨矿累积浮选时间−累积浮选回收率曲线，结果如图 6-5 和图 6-6 所示。随着搅拌调浆过程能量输入的增大，微细粒白钨矿颗粒由于疏水缔合作用，逐渐形成粒度较大的颗粒聚团（见图 4-11 ~ 图 4-15），浮选回收率增大；当调浆过程能量输入过大时，颗粒聚团发生剪切破坏，回收率下降。当累积浮选时间为 6min，调浆搅拌过程能量输入为 0.19kJ/m^3时，微细粒白钨矿的回收率为 54.28%；当调浆搅拌过程能量输入增大到 12.06kJ/m^3时，微细粒白钨矿的回收率增大到 86.50%；当调浆搅拌过程能量输入增大到 17.096kJ/m^3时，微细粒白钨矿的回收率下降到 77.09%。上述结果说明在适宜的搅拌调浆能量输入下，微细粒白钨矿的浮选回收率是可以实现提升的。

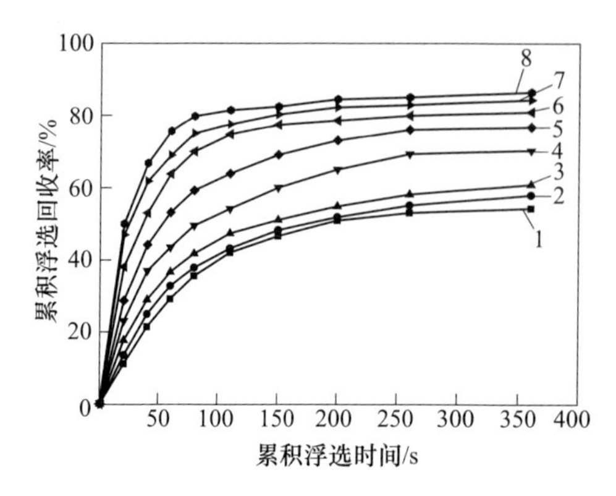

图 6-5　不同能量输入条件下，微细粒白钨矿累积浮选时间-回收率曲线

（固体质量浓度为 28.57%，油酸钠浓度为 150mg/L，pH 值为 8.5~9.0）

1—0.19kJ/m³；2—1.38kJ/m³；3—2.64kJ/m³；4—4.52kJ/m³；5—6.41kJ/m³；6—8.29kJ/m³；7—9.55kJ/m³；8—12.06kJ/m³

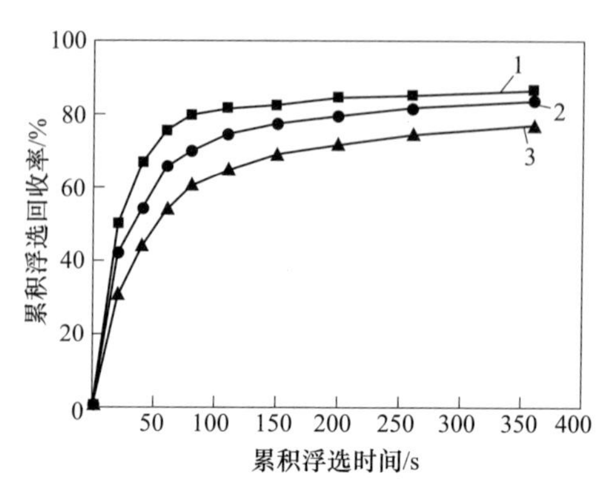

图 6-6　不同能量输入条件下，微细粒白钨矿累积浮选时间-回收率曲线

（固体质量浓度为 28.57%，油酸钠浓度为 150mg/L，pH 值为 8.5~9.0）

1—12.06kJ/m³；2—14.57kJ/m³；3—17.09kJ/m³

对上述累积浮选时间-累积浮选回收率曲线用经典一级模型进行拟合，得到微细粒白钨矿在本研究体系下的理论最大浮选回收率以及浮选速率常数（见表 6-1），结合第 4 章中不同能量输入条件下矿浆的屈服应力值，结果如图 6-7 和图 6-8 所示。由表 6-1 可知，采用经典一级模型进行拟合，拟合优度（校正决定系数）均接近于 1，说明拟合效果是可信的；而残差平方和均在 10 以下，说明对每种浮选条件下的拟合误差是可接受的[2~4]。

表 6-1　不同能量输入条件下浮选速率拟合结果

能量输入 /kJ·m⁻³	R （t=6min）	拟合结果			
		R_{max}/%	k/s⁻¹	校正决定系数	残差平方和
0.19	54.28	55.29	0.0128	0.9984	1.0923
1.38	57.93	56.69	0.0137	0.9971	1.0358
2.64	60.84	58.54	0.0160	0.9937	2.3680
4.52	70.33	67.98	0.0171	0.9864	6.8030
6.41	76.83	74.44	0.0210	0.9916	4.9988
8.29	81.01	79.12	0.0287	0.9958	2.7884
9.55	84.38	81.24	0.0369	0.9896	7.0390
12.06	86.5	83.86	0.0418	0.9859	7.9069
14.57	83.63	78.60	0.0399	0.9872	8.0506
17.09	77.09	71.95	0.0348	0.9720	14.8158

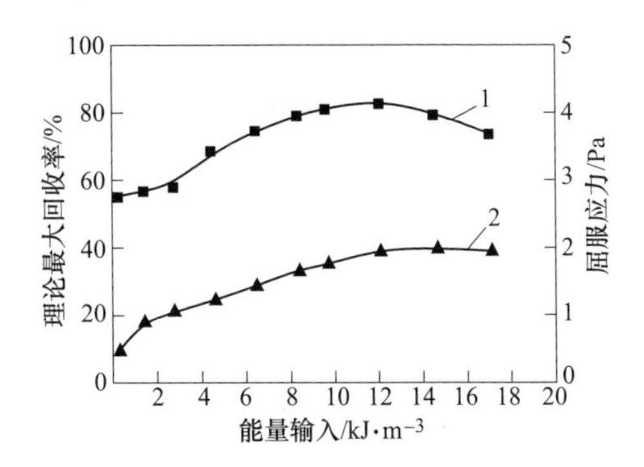

图 6-7 搅拌调浆能量输入变化情况下，微细粒白钨矿的理论最大回收率与屈服应力的关联关系

（矿浆质量浓度为 28.57%，油酸钠浓度为 150mg/L，pH 值为 8.5~9.0）

1—理论最大回收率；2—屈服应力

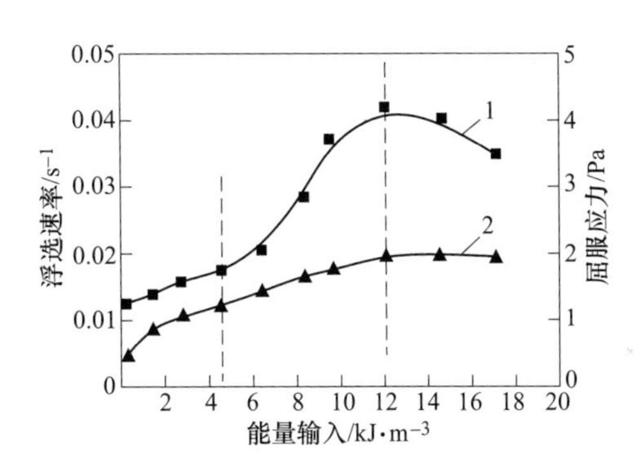

图 6-8 搅拌调浆能量输入变化情况下，微细粒白钨矿的浮选速率与屈服应力的关联关系

（矿浆质量浓度为 28.57%，油酸钠浓度为 150mg/L，pH 值为 8.5~9.0）

1—浮选速率；2—屈服应力

以能量输入为变量，对比理论最大回收率与矿浆屈服应力的变化趋势（见图 6-7）可知，矿浆表现出的屈服应力与理论最大回收率具有相关性。随着矿浆中由于微细粒白钨矿形成的多颗粒疏水性聚团的屈服应力增大，微细粒白钨矿颗粒形成网络状结构强度增大，微细粒白钨矿颗粒的聚团度增大，在浮选过程中微细粒白钨矿以大颗粒聚团的形式上浮，因而理论最大浮选回收率也增大；但是在能量输入过大时，矿浆中微细粒矿物颗粒的聚团度降低，屈服应力降低，大颗粒聚团发生严重的剪切破坏，因此理论最大浮选回收率也降低。在表 6-1 中，可以看到，理论最大浮选回收率略小于浮选时间为 6min 时的浮选回收率，这是因为形成的颗粒聚团网络结构在矿浆中容易夹带微细粒矿物颗粒进而促进整体浮选回收率的上升，在这种情况下，体系中存在真浮选与夹带两种过程，而经典的一级模

型仅仅针对真浮选过程有效，因此可以看到在颗粒聚团比较严重的能量输入条件下，拟合的误差逐渐增大[5]。在不考虑夹带因素的情况下，矿浆的屈服应力作为表征矿浆中颗粒之间团聚程度，是可以用来预测浮选过程中的回收率的。

以搅拌过程能量输入为变量，对比浮选速率与矿浆屈服应力的变化趋势（见图 6-8）可知，随着搅拌过程能量输入的增大，微细粒白钨矿的浮选速率呈三段变化。在能量输入段 0. 19~4. 52kJ/m^{3}范围内，浮选速率基本上呈线性缓慢增长；在能量输入段 4. 52~12. 06kJ/m^{3}范围内，浮选速率呈指数型快速增长；在能量输入高于 12. 06kJ/m^{3}的范围内，浮选速率略有下降。这种变化趋势与屈服应力的变化趋势类似，表明矿浆中颗粒聚团结构的强度与浮选过程中颗粒与气泡接触、黏附、上浮的微观过程密切相关。在油酸钠的作用下，调节搅拌过程的能量输入，适当强化疏水化的多颗粒聚团结构的屈服应力，有助于微细粒白钨矿的浮选速率的提升。

以油酸钠为捕收剂，浓度为 150mg/L，NaOH 和 HCl 作为 pH 值调整剂，pH 值为 8. 5~9. 0，改变搅拌调浆过程的能量输入，研究了微细粒白钨矿、方解石、石英的浮选行为，结果如图 6-9 所示。

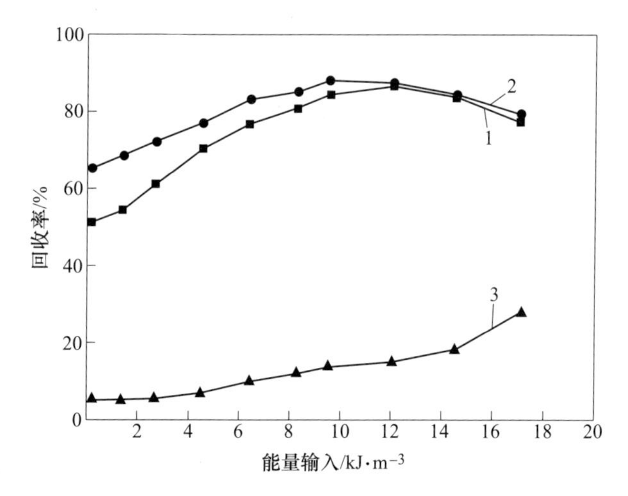

图 6-9　微细粒白钨矿、方解石、石英在不同搅拌调浆过程能量输入下的浮选行为
（固体质量浓度为 28. 57%，油酸钠浓度为 150mg/L，pH 值为 8. 5~9. 0）
1—白钨矿；2—方解石；3—石英

由图 6-9 可知，通过增大搅拌调浆过程的能量输入，微细粒白钨矿的可浮性得到了明显改善。当搅拌调浆过程能量输入从 0. 19kJ/m^3 增大到 12. 06kJ/m^3 时，微细粒白钨矿的回收率从 51. 28%增大到 86. 50%。但与此同时，微细粒方解石与石英的回收率也从 65. 34%、5. 14%分别增大到了 87. 41%、14. 01%，说明脉石矿物方解石与石英的可浮性同样得到了提升。对微细粒方解石来说，其具有与白

钨矿相似的可浮性以及颗粒聚团变化（见图 4-18），在矿浆中会形成类似的颗粒聚团结构，因此呈现出与白钨矿相似的变化趋势。对微细粒石英来说，在较高的能量输入下，由于油酸钠溶液形成了丰富的泡沫，导致大量的微细粒石英通过夹带而进入精矿泡沫；在搅拌过程能量输入继续增大的时候，微细粒石英的回收率进一步增大。因此，通过调节搅拌过程能量输入，可以实现微细粒白钨矿可浮性的改善。

6.2 微细粒白钨矿与脉石矿物可浮性差异分析

本小节考查海藻酸钠对微细粒白钨矿、方解石、石英浮选行为的影响；重点研究矿物溶解组分对海藻酸钠抑制效果的影响。

6.2.1 海藻酸钠作用下，微细粒白钨矿、方解石、石英的浮选行为

以油酸钠为捕收剂（用量为 150mg/L），NaOH 和 HCl 作为 pH 值调整剂，pH 值为 8.5~9.0，搅拌调浆过程能量输入为 12.06kJ/m^3，海藻酸钠用量对微细粒白钨矿、方解石、石英的浮选行为的影响如图 6-10 所示。

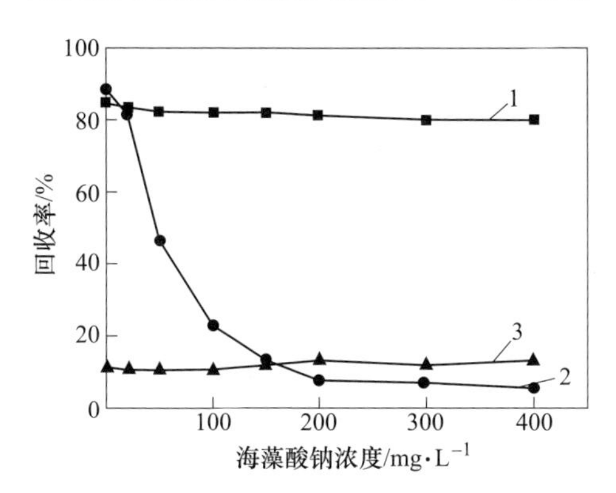

图 6-10 海藻酸钠用量对微细粒白钨矿、方解石、石英浮选行为的影响
（固体质量浓度为 28.57%，油酸钠浓度为 150mg/L，pH 值为 8.5~9.0）
1—白钨矿；2—方解石；3—石英

对比 3 种矿物在海藻酸钠存在下的浮选回收率变化趋势，可以看出，随着海藻酸钠用量的增大，方解石与石英的浮选受到明显抑制，而白钨矿的浮选基本没有受到影响。在海藻酸钠用量为零时，白钨矿、方解石、石英的回收率分别是 84.57%、88.45%、12.31%；海藻酸钠用量为 200mg/L 时，白钨矿的回收率基本保持不变，为 81.25%，而方解石与石英的回收率分别为 7.67%与 13.28%。由此说明，海藻酸钠的加入可以在使用油酸钠作为捕收剂的浮选体系中引起白钨矿、方解石、石英之间的可浮性差异。在微细粒白钨矿浮选体系中加入海藻酸钠，一方面选择性阻止了油酸钠在脉石矿物表面的吸附，导致脉石矿物表面亲水性增

强，降低了脉石矿物的可浮性（对比图 5-37 与图 5-38）；另一方面，海藻酸钠在脉石矿物体系中作为分散剂，有效降低了脉石矿物（主要是方解石）颗粒之间的团聚，降低了脉石矿物体系的表观黏度，使颗粒更加分散，有效减少了微细粒矿物的夹杂上浮（见图 5-42 与图 5-43）。试验结果也表明，加入海藻酸钠作为微细粒白钨矿浮选过程中的抑制剂，可以有效解决脉石矿物表面疏水性调控与矿浆流变性调控的问题，实现浮选过程选择性的提升。

以海藻酸钠为抑制剂（用量为 150mg/L）、油酸钠为捕收剂（用量为 150mg/L），搅拌调浆过程能量输入为 12. 06kJ/m^3，NaOH 和 HCl 作为 pH 值调整剂，pH 值对微细粒白钨矿、方解石、石英的浮选行为的影响如图 6-11 所示。对比不同 pH 值下 3 种矿物的浮选回收率，可以看到，在所测试的 pH 值范围内，通过调浆搅拌，微细粒白钨矿的浮选回收率基本保持在 80%以上，而方解石与石英的回收率均较低。其中，方解石的回收率在 pH 值为 10 附近有较大的升高，为 21. 55%，这可能是由于在此 pH 值附近，方解石表面由于离子组分的溶解存在较为严重的表面羟基化过程（见图 5-12），影响了海藻酸钠的抑制、分散效果。因此在后续的浮选实验中，选取 8. 5~9. 0 作为分离几种矿物的 pH 值范围。

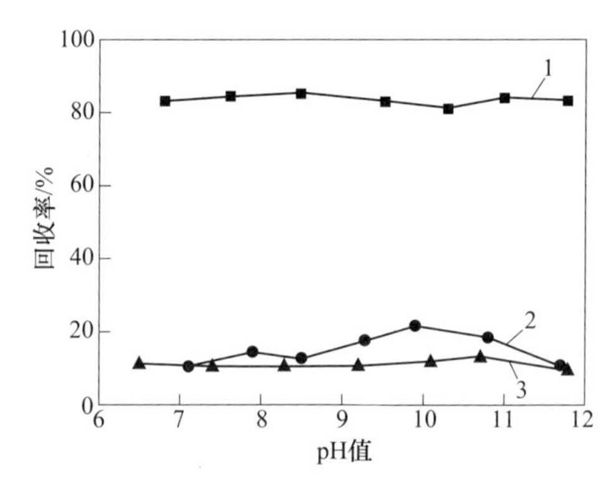

图 6-11 pH 值对海藻酸钠选择性抑制效果的影响
（固体质量浓度为 28. 57%，海藻酸钠浓度为 150mg/L，油酸钠浓度为 150mg/L）
1—白钨矿；2—方解石；3—石英

6. 2. 2 矿物溶解组分对微细粒白钨矿、方解石、石英浮选行为的影响

在实际矿石的浮选中，矿浆中存在大量的溶解组分，对矿物的浮选具有显著的影响。从第 5 章中溶液组分计算（见图 5-11 与图 5-12）可知，pH 值是影响矿浆中溶液组分的关键，本小节中，通过将搅拌调浆与浮选的介质更换为矿物颗粒达到溶解、吸附平衡的上清液，研究不同 pH 值下矿物的溶解组分对微细粒白钨矿、方解石、石英可浮性的影响规律。

以海藻酸钠为抑制剂（用量为 150mg/L）、油酸钠为捕收剂（用量为 150mg/L），搅拌调浆过程能量输入为12.06kJ/m^3，NaOH和HCl作为pH值调整剂，以3种矿物在pH值为8.5~9.0时达到溶解平衡的矿浆上清液为介质，比较了不同pH值下矿浆溶解组分对微细粒白钨矿、方解石、石英的影响，结果分别如图6-12~图6-14所示。

从图6-12中可以看出，对微细粒白钨矿来说，使用去离子水作为搅拌调浆以及浮选过程的浮选介质，在浮选试验的pH值范围内，均能够达到较高的浮选回收率（80%以上）。使用方解石矿浆的上清液作为浮选介质，白钨矿的浮选明显受到抑制，回收率从80%以上降低到50%左右。这种方解石矿浆上清液对白钨矿浮选的抑制作用可能是方解石溶解产生的大量的Ca^{2+}、$CaOH^+$、$CaHCO_3^+$以及CO_3^{2-}（参考图5-11和图5-12），在调浆搅拌的过程中，在白钨矿表面形成类似于方解石的迁移组分，进而与抑制剂海藻酸钠发生了化学吸附所致。而使用石英上清液作为浮选介质时，由于石英矿浆中的溶解离子组分较少（参考图5-13），主要以吸附水的羟基与电离形成H^+，因而对白钨矿的浮选影响较小。

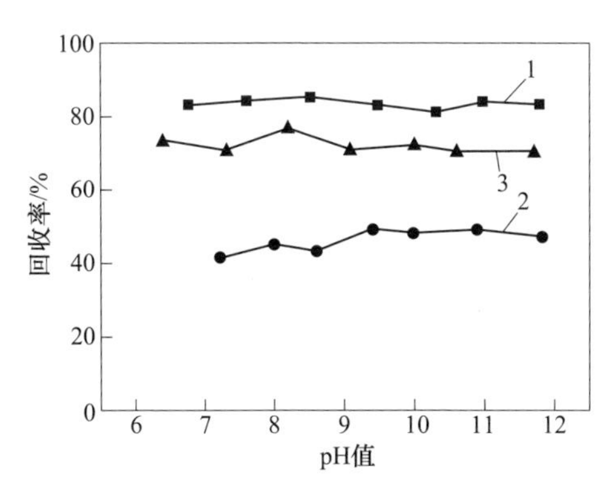

图6-12　不同pH值下，矿物溶解组分对微细粒白钨矿浮选行为的影响

（固体质量浓度为28.57%，海藻酸钠浓度为150mg/L，油酸钠浓度为150mg/L，pH值为8.5~9.0）

1—白钨矿+去离子水；2—白钨矿+方解石上清液；3—白钨矿+石英上清液

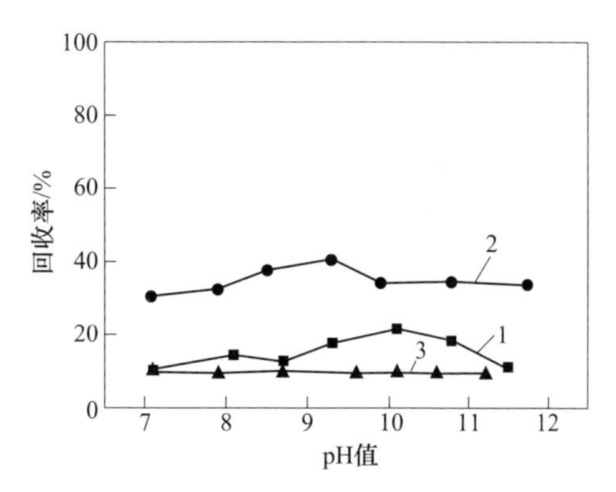

图6-13　不同pH值下，矿物溶解组分对微细粒方解石浮选行为的影响

（固体质量浓度为28.57%，海藻酸钠浓度为150mg/L，油酸钠浓度为150mg/L，pH值为8.5~9.0）

1—方解石+去离子水；2—方解石+白钨矿上清液；3—方解石+石英上清液

对微细粒方解石来说（见图6-13），使用去离子水作为浮选介质，在所研究的pH值范围内，其浮选均受到很好的抑制，浮选回收率保持在20%以下。使用白钨矿矿浆的上清液作为浮选介质，海藻酸钠对方解石的抑制效果被削弱，回收率从20%附近增长到40%左右，方解石的可浮性增强。结合图6-14可知，在白钨矿矿浆的上清液中可能存在大量的Ca^{2+}、WO_4^{2-}、HWO_4^-等，在调浆搅拌的过程中，容易在方解石表面形成类似于白钨矿的物相，一方面阻止了海藻酸钠在方解石颗粒表面的吸附，另一方面促进了油酸钠在方解石颗粒表面的吸附，导致海

藻酸钠的抑制效果被削弱。在使用石英上清液作为浮选介质时，由于石英矿浆中的溶解离子组分较少（见图 5-13），主要以吸附水的羟基与电离形成 H^+，并不与海藻酸钠发生任何形式的作用，对海藻酸钠的抑制效果基本没有影响。

对微细粒石英来说（见图 6-14），使用去离子水作为浮选介质，在 pH 值为 6~12 范围内，可浮性均保持在较低水平（10%左右）。而使用白钨矿与方解石矿浆的上清液作为浮选介质时，在 pH 值大于 9. 5 的范围内，石英的可浮性逐渐变好。在 pH 值为 9. 0 时，3 种情况下石英的回收率均分别为 10. 69%（使用去离子水）、13. 57%（使用白钨矿上清液）、16. 57%（使用方解石上清液），在 pH 值为 12. 0 时，3 种情况下石英的回收率均分别为 9. 34%（去离子水）、45. 56%（白钨矿上清液）、50. 57%（方解石上清液）。由此可以看出，白钨矿上清液和方解石上清液对石英在高 pH 值下具有显著的活化作用。这是因为一方面在这两种矿物的上清液中存在大量的 Ca^{2+}，很容易吸附在负电性的石英表面（见图 5-13），进而导致油酸钠容易与石英表面钙离子发生化学吸附，另一方面是溶液中的钙离子与油酸钠作用形成油酸钙胶体颗粒，进而吸附到了石英表面，提高了石英颗粒的表面疏水性从而增大了石英颗粒的可浮性。

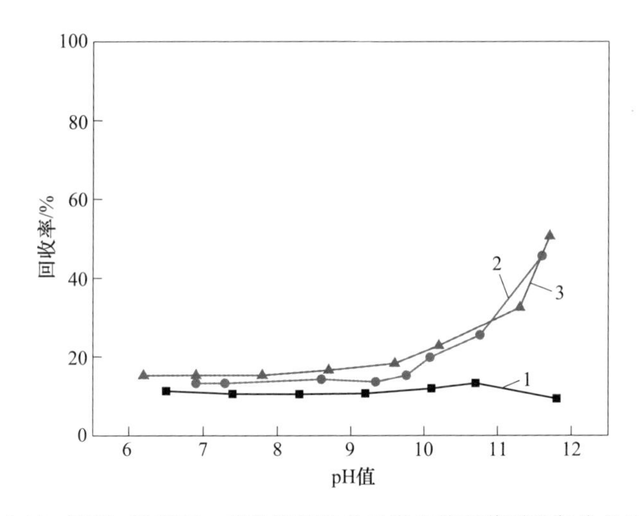

图 6-14　不同 pH 值下，矿物溶解组分对微细粒石英浮选行为的影响
（固体质量浓度为 28. 57%，海藻酸钠浓度为 150mg/L，
油酸钠浓度为 150mg/L，pH 值为 8. 5~9. 0）
1—石英+去离子水；2—石英+白钨矿上清液；3—石英+方解石上清液

在实际矿石浮选体系中，目的矿物与脉石矿物的溶解、电离、吸附行为是同时进行的。因此，每种矿物在矿浆中产生的迁移组分对其他矿物的表面性质均会有不同程度的影响[5]。在微细粒白钨矿浮选体系中，由于颗粒粒度非常细（均小于 10μm），导致矿物在水溶液中的溶解、电离、吸附行为比常规粒级更加强烈，

矿物溶解组分对各种矿物在浮选条件下的表面性质以及可浮性均有较强的影响[6]。在本研究体系中，主要脉石矿物方解石在水溶液中的溶解组分对白钨矿的浮选有抑制作用，而目的矿物白钨矿在水溶液中的溶解组分对脉石矿物方解石、石英的浮选有活化作用，对海藻酸钠的选择性抑制作用有较大的削弱。因此，明确矿物溶解组分在矿浆中其他矿物表面的迁移、沉淀、吸附，对明确实际矿石浮选体系中分离效率变化，具有重要的意义。

本章通过浮选实验，并通过调节搅拌调浆过程能量输入以及添加搅拌介质等技术手段，研究了微细粒白钨矿、方解石、石英 3 种单矿物在海藻酸钠-油酸钠体系下的基本可浮性，以及不同聚团程度下微细粒白钨矿的浮选速率；研究了矿物溶解组分对浮选行为的影响，可知：（1）使用油酸钠作为捕收剂，白钨矿与方解石具有良好的可浮性，石英可浮性差，使用海藻酸钠作为抑制剂，白钨矿的可浮性不受影响，方解石与石英的可浮性明显降低；（2）微细粒白钨矿的颗粒聚团屈服应力显著影响微细粒白钨矿的浮选速率，在调浆搅拌作业中形成的颗粒聚团粒径越大，屈服应力越大，浮选速率越大，越有利于微细颗粒的回收；（3）矿物溶解组分显著影响混合矿中矿物的可浮性。在海藻酸钠+油酸钠体系下，方解石、石英颗粒在矿浆中的溶解组分对白钨矿的浮选有抑制作用，而白钨矿颗粒在矿浆中的组分对方解石、石英的浮选有活化作用，是造成混合矿体系中分离效率下降的重要原因。

参 考 文 献

[1] Miettinen T, Ralston J, Fornasiero D. The limits of fine particle flotation [J]. Minerals Engineering, Elsevier Ltd, 2010, 23 (5): 420-437.

[2] Yuan X M, Palsson B I, Forssberg K S E. Statistical interpretation of flotation kinetics for a complex sulphide ore [J]. Minerals Engineering, 1996, 9 (4): 429-442.

[3] Mao L, Yoon R H. Predicting flotation rates using a rate equation derived from first principles [J]. International Journal of Mineral Processing, 1997, 51: 171-181.

[4] Duan J, Fornasiero D, Ralston J. Calculation of the flotation rate constant of chalcopyrite particles in an ore [J]. International Journal of Mineral ProcessingMineral Processing, 2003, 72: 227-237.

[5] Yekeler M, Sönmez I. Effect of the hydrophobic fraction and particle size in the collectorless column flotation kinetics [J]. Colloids and Surfaces A: Physicochemical and Engineering Aspects, 1997, 121 (1): 9-13.

[6] 王淀佐，胡岳华. 浮选溶液化学 [M]. 长沙：湖南科学技术出版社，1988.

7　矿浆流变性对微细粒白钨矿与脉石浮选分离的影响

7.1　矿浆屈服应力对微细粒白钨矿与微细粒脉石矿物分离的影响

第6章通过对微细粒白钨矿、方解石、石英的可浮性与颗粒聚团行为的研究，明确了以海藻酸钠为抑制剂、油酸钠为捕收剂，通过调节搅拌调浆过程能量输入调控矿浆的屈服应力的方案，实现了微细粒白钨矿可浮性的提升以及其与微细粒脉石矿物之间的可浮性差异的扩大。在研究了矿浆溶解组分对矿物浮选行为的影响之后，需要进一步研究在混合矿体系中矿浆屈服应力变化对几种矿物浮选分离的影响。本节在第5章中关于矿浆物理及化学性质对矿浆流变性影响的基础上，通过对混合矿的流变性分析，结合第6章浮选实验结果，揭示矿浆流变性对几种微细粒矿物分离的影响规律，为人工混合矿、实际矿石实验中调控矿浆流变性提升浮选指标奠定基础。

7.1.1　矿浆屈服应力对白钨矿-石英混合矿浮选分离的影响

以海藻酸钠为抑制剂（用量为150mg/L）、油酸钠为捕收剂（用量为150mg/L），搅拌调浆过程能量输入为11.47kJ/m^3，NaOH 和 HCl 作为 pH 值调整剂，控制矿浆 pH 值为8.5~9.0，石英含量对微细粒白钨矿-石英混合矿经浮选药剂作用前后的矿浆屈服应力结果如图7-1所示。

由图7-1可知，随着微细粒白钨矿-石英二元混合矿（图中标示为原矿）中微细粒石英含量的增大，原矿的屈服应力逐渐降低。由第5章几种矿物矿浆的基本流变性可知，单一微细粒白钨矿的屈服应力为0.66Pa（石英含量为零）而单一微细粒石英的屈服应力为0.06Pa（白钨含量为零）。在两种矿物混合的情况下，由于在此pH值范围内，两种矿物表明均带较强烈的负电，存在明显的静电排斥作用，因此混合矿原矿的屈服应力介于两者之间，基本上呈现直线下降趋势。在存在浮选药剂作用的条件下，混合矿中石英含量越大，油酸钠对微细粒白钨矿颗粒聚团形成效果越差，在石英含量超过50%的情况下，混合矿矿浆的屈服应力接近于纯石英矿浆的屈服应力值。由此可知，尽管石英不与油酸钠作用，但是由于混合矿中溶解组分的影响，石英仍然能够显著影响矿浆中油酸钠与微细粒白钨矿的作用。针对图7-1中具有不同屈服应力值的微细粒白钨-石英混合矿矿浆，进行了混合矿的浮选分离试验，浮选结果如图7-2所示。

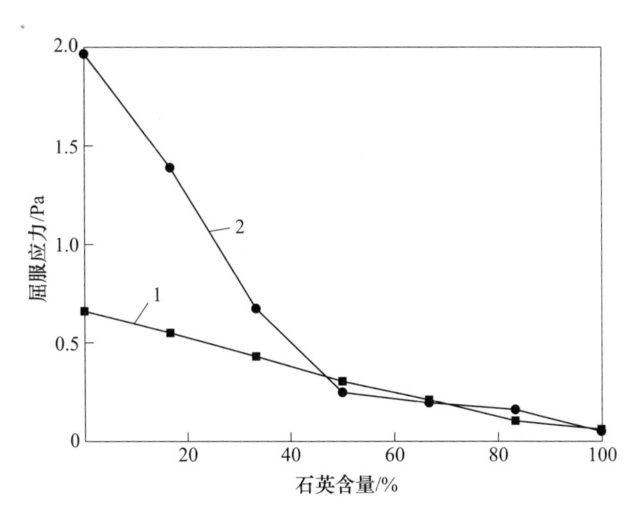

图 7-1 微细粒石英含量对微细粒白钨矿-石英混合矿浮选药剂作用前后矿浆屈服应力的影响

（固体粒径为-10μm，固体质量浓度为 28.57%，海藻酸钠浓度为 150mg/L，
油酸钠浓度为 150mg/L，pH 值为 8.5~9.0）

1—原矿；2—原矿+海藻酸钠+油酸钠

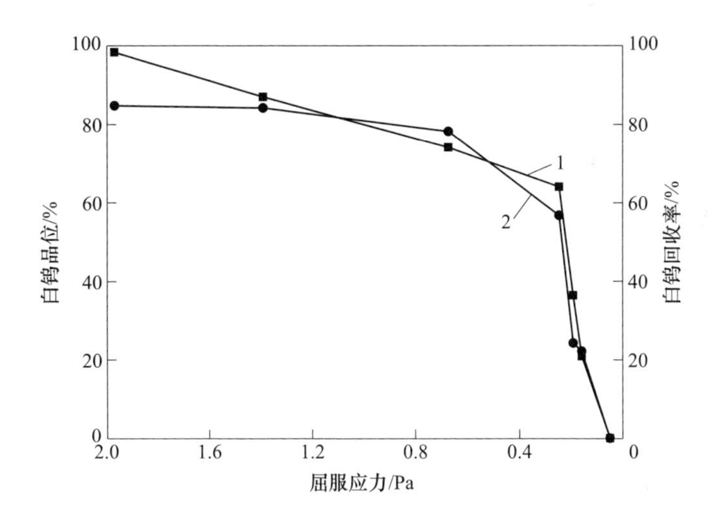

图 7-2 不同屈服应力下微细粒白钨矿-石英混合矿的浮选品位与回收率

（固体粒径为-10μm，固体质量浓度为 28.57%，海藻酸钠浓度为 150mg/L，
油酸钠浓度为 150mg/L，pH 值为 8.5~9.0）

1—白钨品位；2—白钨回收率

由图 7-2 可知，对微细粒白钨矿-石英混合矿体系，浮选矿浆（经浮选药剂作用后）的屈服应力越低，微细粒白钨矿颗粒聚团结构强度越低，造成微细粒白钨矿浮选效率越低，表现为品位与回收率的双重下降。在海藻酸钠与油酸钠作用

下，当屈服应力降低到 0.4Pa 以下时，混合矿的浮选受到明显抑制。这可能是矿物颗粒的溶解组分相互影响所致。白钨矿在矿浆中的溶解组分（以 Ca^{2+} 为主）吸附在了石英颗粒表面，在海藻酸钠的作用下，又吸附在了白钨矿表面，影响了油酸钠在白钨矿表面的吸附，造成了微细粒白钨矿的颗粒聚团极容易受到浮选过程中的剪切破坏，导致浮选受到了明显抑制。

7.1.2 矿浆屈服应力对白钨矿-方解石混合矿浮选分离的影响

以海藻酸钠为抑制剂（用量为 150mg/L），油酸钠为捕收剂（用量为 150mg/L），搅拌调浆过程能量输入为 11.47kJ/m^3，NaOH 和 HCl 作为 pH 值调整剂，控制矿浆 pH 值为 8.5~9.0，探讨微细粒方解石含量对微细粒白钨矿-方解石混合矿经浮选药剂作用前后的矿浆屈服应力的影响，其结果如图 7-3 所示。

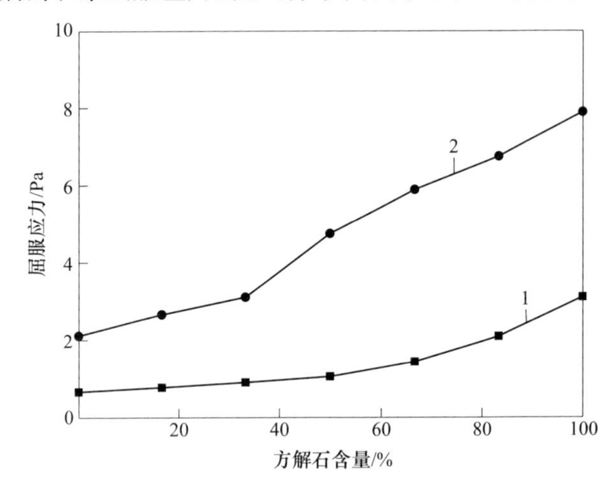

图 7-3 微细粒方解石含量对微细粒白钨矿-石英混合矿浮选药剂作用前后矿浆屈服应力的影响

（固体粒径为-10μm，固体质量浓度为 28.57%，海藻酸钠浓度为 150mg/L，油酸钠浓度为 150mg/L，pH 值为 8.5~9.0）

1—原矿；2—原矿+海藻酸钠+油酸钠

由图 7-3 可知，随着微细粒白钨矿-方解石二元混合矿（原矿）中微细粒方解石含量的增大，原矿的屈服应力逐渐增大。由第 5 章几种矿物矿浆的基本流变性可知，单一微细粒白钨矿的屈服应力为 0.66Pa（方解石含量为零）而单一微细粒方解石的屈服应力为 3.11Pa（白钨含量为零）。在两种矿物混合的情况下，由于在此 pH 值范围内，白钨矿表面电位约在-30mV 附近，而方解石表面电位约在 0mV 附近，两种矿物基本上不存在明显的吸引或者排斥作用。因而混合矿原矿的屈服应力介于两者之间，方解石含量越大，屈服应力越大。当加入抑制剂海藻酸钠、捕收剂油酸钠时，在此体系中存在多种矿物溶解组分与药剂的作用。两种矿物均可以与两种药剂发生作用，且两种矿物的溶解组分钙离子也可以与两种药剂作用。在微细粒矿浆中，上述所有作用的综合结果表现为随着方解石含量的增大，矿浆的屈服应力增大。与纯方解石在同等条件下的屈服应力（2.43Pa）相比，混合矿的屈服应力明显较大，表明在两种含钙矿物的混合矿矿浆中，海藻酸钠对方解石矿浆的分散效果已经明显受到削弱。

对上述不同方解石含量的矿浆进行了浮选分离实验，浮选结果如图 7-4 所示。对微细粒白钨矿-方解石混合矿体系，随着方解石含量的增大，浮选矿浆（经浮选药剂作用后）的屈服应力越高，抑制剂海藻酸钠对方解石的抑制作用效果越差，精矿品位与回收率均有明显下降。在这种混合矿的矿浆中，浮选矿浆整体偏向方解石矿浆的性质。随着屈服应力的增大，微细粒方解石在矿浆中的网络状结构强度增大，导致微细粒白钨矿与油酸钠作用的空间受到限制，而同时浮选药剂在这种具有较大屈服应力的网络状结构中选择性受到影响，导致分离效率降低[1]。

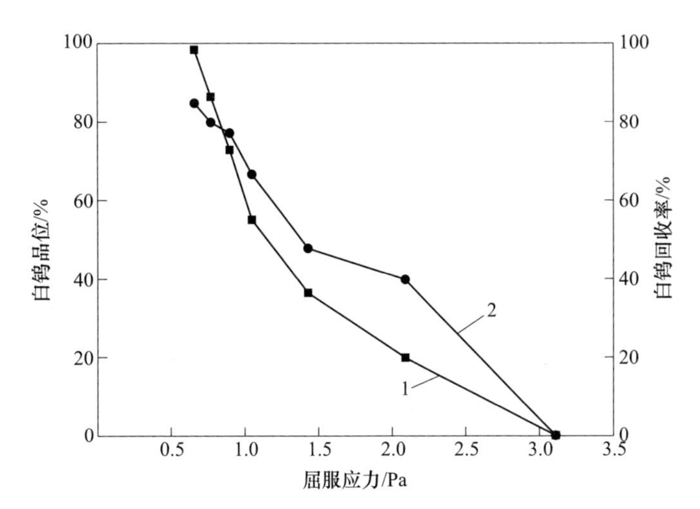

图 7-4 微细粒白钨矿、方解石、石英在不同搅拌调浆过程能量输入下的浮选行为

（固体粒径为-10μm，固体质量浓度为 28.57%，海藻酸钠浓度为 150mg/L，油酸钠浓度为 150mg/L，pH 值为 8.5~9.0）

1—白钨品位；2—白钨回收率

在上述两种二元混合矿体系中，可以看到，脉石矿物的种类和性质对混合矿矿浆流变性的影响并不是一成不变的，而是与各种脉石矿物本身的流变性质紧密相关。石英作为典型的不含钙脉石矿物，其矿浆本身的分散性较好，属于简单堆砌型流体。当微细粒白钨矿矿浆中微细粒石英的含量增大时，混合矿矿浆整体的屈服应力下降，其原因在于石英在矿浆中的迁移组分对微细粒白钨矿颗粒聚团形成了较大的干扰。方解石作为典型的含钙脉石矿物，其在矿浆中形成了屈服应力

较大的网络状结构。当微细粒白钨矿矿浆中微细粒方解石的含量增大时，由方解石的流变特性形成的网络状结构将严重限制、阻碍浮选药剂的选择性作用，造成分离效率的下降，这种行为与一些富含黏土类矿物的浮选行为类似[2]。因此，在三元混合矿白钨-方解石-石英中，必须考虑矿浆的强化分散，既要促进微细粒白钨矿形成颗粒聚团，又要促进抑制剂海藻酸钠在脉石矿物表面的选择性吸附。

7.1.3　矿浆屈服应力对白钨矿-方解石-石英混合矿浮选分离的影响

以白钨矿：方解石：石英=4：3：3 为三元混合矿原矿，以海藻酸钠为抑制剂（用量为 150mg/L）、油酸钠为捕收剂（用量为 150mg/L），NaOH 和 HCl 作为 pH 值调整剂，控制矿浆 pH 值为 8.5~9.0，搅拌调浆过程能量输入为变量，微细粒白钨矿-方解石-石英混合矿经浮选药剂作用前后的矿浆屈服应力结果分别如图 7-5 所示。由图 7-5 可知，对混合矿原矿而言，随着调浆能量输入的增大，混合矿的屈服应力逐渐降低，但是总体保持在较低水平，表明搅拌调浆可以破坏矿浆中的网络状结构，促进矿浆中各种矿物颗粒的分散。

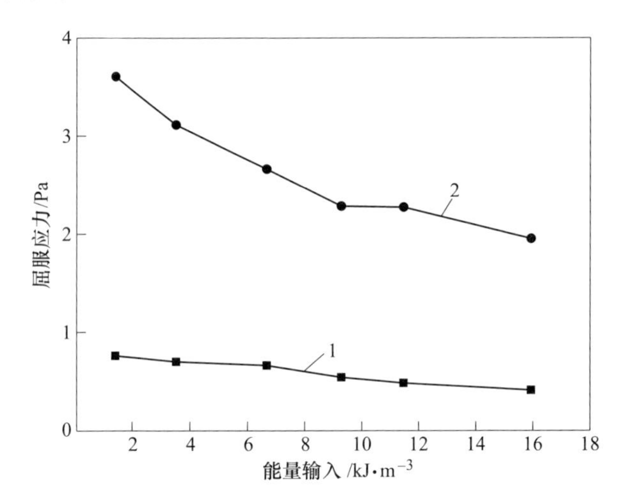

图 7-5　调浆过程能量输入对白钨-方解石-石英混合矿矿浆屈服应力的影响

（固体粒径为-10μm，固体质量浓度为 28.57%，海藻酸钠浓度为 150mg/L，油酸钠浓度为 150mg/L，pH 值为 8.5~9.0）

1—原矿；2—原矿+海藻酸钠+油酸钠

在浮选药剂组合（海藻酸钠+油酸钠）的作用下，与原矿相比，矿浆的屈服应力显著增大。随着搅拌能量输入的增大，混合矿矿浆屈服应力先迅速降低，后基本保持平稳。在搅拌过程能量输入较小时，矿浆未能有效分散，屈服应力较大；随着搅拌过程能量输入的增大，矿浆中浮选药剂的作用更加充分，由方解石形成的网络状结构被持续不断地剪切破坏，最终形成了接近于微细粒白钨矿颗粒聚团结构的屈服应力的矿浆结构。

针对不同搅拌调浆下的三元混合矿，进行了后续的浮选分离试验。浮选试验结果如图 7-6 所示。随着搅拌过程能量输入的增大，浮选精矿中白钨矿的回收率逐渐增大，表明增大调浆强度，可以增大捕收剂与微细粒白钨矿的有效吸附；而精矿的品位下降，一方面是在较大的湍流过程中，方解石与油酸钠也发生了无选择性吸附行为，另一方面是在过分剧烈的颗粒紊流中，由于搅拌而形成大量的空化气泡，造成了脉石矿物的大量夹杂[3,4]。

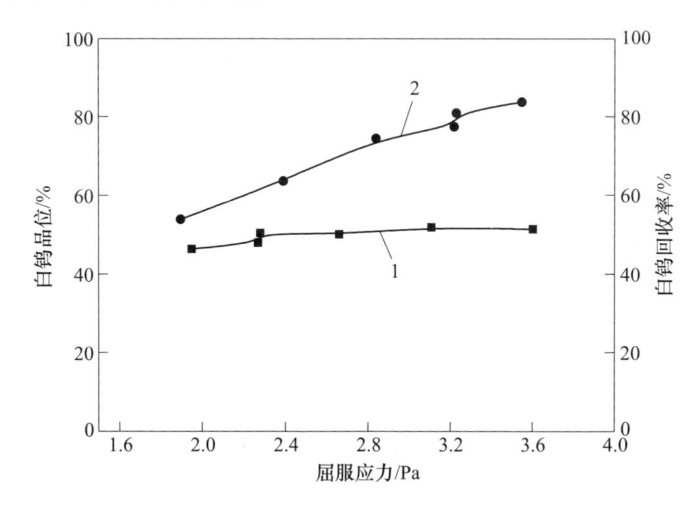

图 7-6 微细粒白钨-方解石-石英混合矿浮选行为与矿浆屈服应力关系
（固体粒径为-10μm，固体质量浓度为 28.57%，海藻酸钠浓度为 150mg/L，
油酸钠浓度为 150mg/L，pH 值为 8.5~9.0）
1—白钨品位；2—白钨回收率

通过上述搅拌过程能量输入与矿浆屈服应力、浮选指标之间的关系可知，通过调节搅拌过程能量输入，调节微细粒白钨矿颗粒聚团结构矿浆的屈服应力，可以实现浮选作业指标的优化。

7.2 矿浆表观黏度对白钨矿-方解石-石英混合矿浮选分离的影响

通过调节搅拌过程搅拌叶轮对矿浆的搅拌能量输入，可以实现微细粒白钨矿浮选回收率的增长，但是随着搅拌过程能量输入的过分增大，精矿品位下降明显。在本小节中，考虑不改变调浆过程中流场剪切速率的大小，而是通过向搅拌桶中添加搅拌介质实现矿浆中颗粒聚团纯度的提升。本小节以白钨矿：方解石：石英=4：3：3 三元混合矿为研究对象，通过在调浆过程中添加以石榴石为主的搅拌介质，测量搅拌介质作用之后矿浆整体表观黏度的变化，分析搅拌介质在调浆搅拌过程中的作用，为实际矿石浮选试验中通过添加搅拌介质调控矿浆流变性奠定理论基础。

7.2.1　搅拌介质的基本可浮性

向混合矿添加石榴石搅拌介质，为保证最终浮选精矿的品质，首先需要考虑的是搅拌介质的可浮性：若搅拌介质可浮性较好，需要考虑对搅拌介质的抑制问题，防止其进入浮选精矿；若搅拌介质可浮性差，则不需要考虑其对浮选精矿的影响。

以油酸钠为捕收剂，NaOH 和 HCl 作为 pH 值调整剂，研究了-106+38μm 粒级搅拌介质在不同油酸钠用量下以及不同 pH 值下的可浮性，结果如图 7-7 和图 7-8 所示。由油酸钠用量对搅拌介质可浮性的影响与 pH 值对搅拌介质可浮性的影响可知，搅拌介质在油酸钠体系下，在所测量的 pH 值范围内，回收率均低于 10%，可浮性很差。因此在后续的搅拌调浆试验中，不需要考虑搅拌介质的可浮性对微细粒白钨矿、方解石、石英浮选分离的影响。

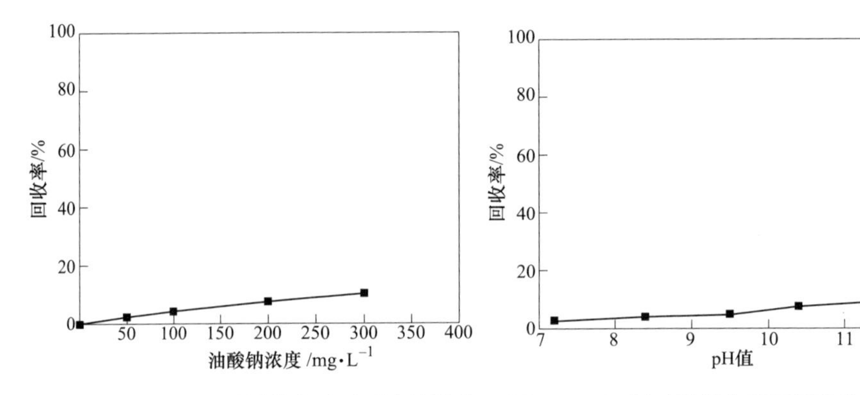

图 7-7　油酸钠用量对搅拌介质可浮性的影响
（固体粒径为 38~106μm，固体质量浓度为 28.57%，pH 值为 8.5~9.0）

图 7-8　pH 值对搅拌介质可浮性的影响
（固体粒径为 38~106μm，固体质量浓度为 28.57%，油酸钠浓度为 150mg/L）

7.2.2　搅拌介质浆体的流变性

由第 4 章中微细粒白钨矿在油酸钠作用下形成颗粒聚团的粒度变化过程可以看出，在本书研究的搅拌调浆系统下，-10μm 粒级的白钨矿可以形成粒度在 10~80μm 范围内的颗粒聚团。为选取可以和颗粒聚团发生有效碰撞的合适粒级的搅拌介质，以 NaOH 和 HCl 作为 pH 值调整剂，控制矿浆 pH 值为 8.5~9.0，测量了不同粒级搅拌介质矿浆在不同质量浓度下的表观黏度与屈服应力，结果如图 7-9 与图 7-10 所示。

由图 7-9 和图 7-10 可以看出，随着搅拌介质粒度变细、质量浓度增大，其表

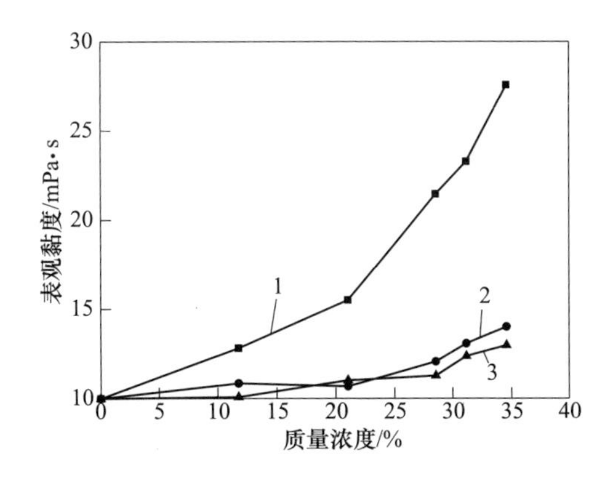

图 7-9 不同质量浓度下搅拌介质矿浆的表观黏度

（固体质量浓度为 28.57%，pH 值为 8.5~9.0）

1— -10μm；2— -38+10μm；3— -106+38μm

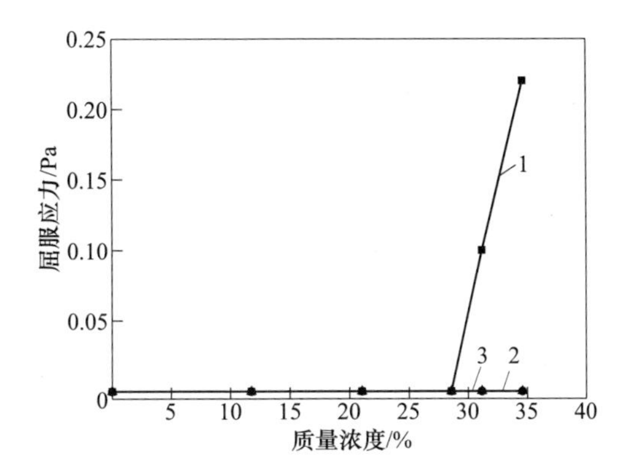

图 7-10 不同质量浓度下搅拌介质矿浆的屈服应力

（固体质量浓度为 28.57%，pH 值为 8.5~9.0）

1— -10μm；2— -38+10μm；3— -106+38μm

观黏度呈增大趋势。其中，-10μm 粒级的搅拌介质矿浆的表观黏度显著大于粗粒级（-106+38μm 粒级与-38+10μm 粒级）的表观黏度。石榴石是属于含钙的岛状硅酸盐矿物，与白钨矿、方解石两种含钙矿浆相比，在相同粒度以及质量浓度含量下，其矿浆的表观黏度明显较低，表明搅拌介质矿浆中基本不存在团聚行为。在 3 种粒级搅拌介质的矿浆中，只有微细粒级搅拌介质（-10μm）矿浆在质量浓度较高的情况下存在一定的屈服应力，但是仍然非常微弱（低于 0.25Pa）。通过搅拌介质矿浆流变性的分析结果表明，搅拌介质颗粒矿浆中不存在网络状结构，矿浆呈现非常好的分散状态。这种良好的分散状态将对微细粒白钨矿体系中脉石矿物颗粒形成的网络状结构有削弱、破坏作用。

7.2.3 搅拌介质对微细粒白钨矿-方解石-石英混合矿矿浆黏度的影响

为选取合适的石榴石搅拌介质作为实现搅拌调浆作业中颗粒聚团结构的纯化效果，以海藻酸钠为抑制剂（用量为 150mg/L）、油酸钠为捕收剂（用量为 150mg/L），NaOH 和 HCl 作为 pH 值调整剂，控制矿浆 pH 值为 8.5~9.0，搅拌介质含量控制为 25%，研究了搅拌介质粒度对微细粒白钨-方解石-石英混合矿（3 种矿物质量比为 4∶3∶3）浮选药剂作用前后的矿浆流变性的影响，结果如图 7-11 所示。

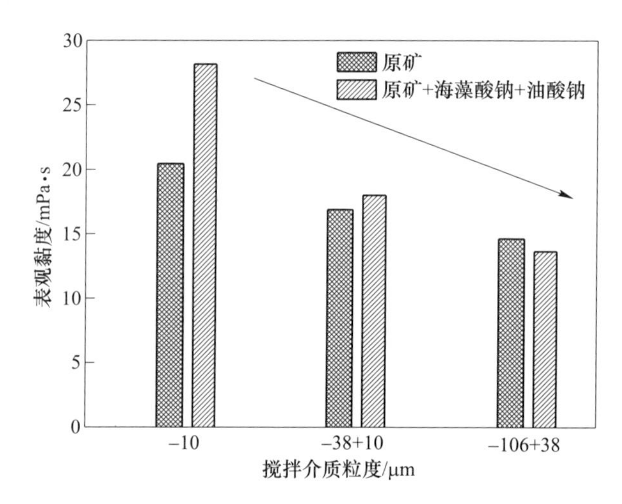

图 7-11 不同粒级石榴石搅拌介质对微细粒白钨矿-方解石-石英混合矿矿浆表观黏度的影响
（固体质量浓度为 28.57%，海藻酸钠浓度为 150mg/L，
油酸钠浓度为 150mg/L，pH 值为 8.5~9.0）

由图 7-11 可知，不同粒级的石榴石搅拌介质对矿浆表观黏度的影响明显不同。掺入的搅拌介质粒度越小，对混合矿浮选药剂作用前后的表观黏度降低越明显。当掺入的搅拌介质粒度为−10μm 时，混合矿的表观黏度为 20.45mPa · s，经过浮选药剂以及调浆搅拌作用，表观黏度为 28.15；当掺入的搅拌介质粒度为−38+10μm 时，混合矿的表观黏度为 16.87mPa · s，经过浮选药剂以及调浆搅拌作用，表观黏度为 18.00mPa · s；当掺入的搅拌介质粒度为−106+38μm 时，混合矿的表观黏度为 14.62mPa · s，经过浮选药剂以及调浆搅拌作用，表观黏度为 13.64mPa · s。混合矿矿浆在 3 种搅拌介质作用下的表观黏度变化趋势说明，使用粗粒（−106+38μm）的搅拌介质，对原矿来说，可以破坏矿浆中微细粒方解石的自聚团行为，有助于脉石矿物的分散；对经过浮选药剂作用的矿浆而言，有助于打散已经形成的颗粒聚团结构，促进抑制剂在矿浆中的选择性作用。

从常规浮选来说，由于微细颗粒在调浆作业中粒度、动量均较小，很难击破较大的颗粒聚团，而且容易在后续的浮选作业中被气泡烘托、夹杂上浮，影响精矿的品位。从这一点考虑，应当选取粒度较大的颗粒作为搅拌介质。本研究的出发点在于通过在搅拌调浆作业中添加搅拌介质促进微细粒矿物颗粒聚团的“纯化”，需要具备两个功能：（1）搅拌介质不与捕收剂油酸钠发生作用；（2）搅拌介质在运动中的动量需要大于已经形成的颗粒聚团结构。因此，在后续研究中选取粗粒级-106+38μm 作为搅拌介质，研究搅拌介质对微细粒白钨矿-方解石-石英混合矿浮选矿浆中颗粒聚团纯度的影响。

以海藻酸钠为抑制剂（用量为 150mg/L）、油酸钠为捕收剂（用量为 150mg/L），NaOH 和 HCl 作为 pH 值调整剂，控制矿浆 pH 值为 8.5~9.0，搅拌介质（-106+38μm）含量控制为 25%，研究了调浆搅拌过程能量输入对微细粒白钨-方解石-石英混合矿（3 种矿物质量比例为 4：3：3）浮选药剂作用后的矿浆表观黏度的影响，结果如图 7-12 所示。

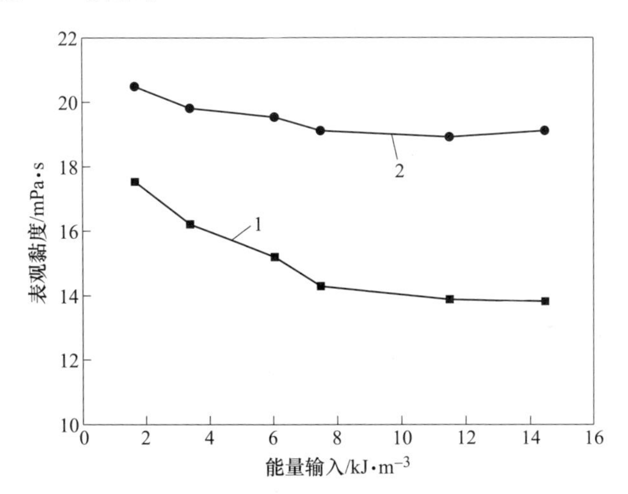

图 7-12 搅拌介质存在条件下，不同搅拌过程能量输入条件下微细粒白钨-方解石-石英混合矿矿浆的表观黏度变化

（固体质量浓度为 28.57%，海藻酸钠浓度为 150mg/L，油酸钠浓度为 150mg/L，pH 值为 8.5~9.0）

1—原矿+搅拌介质+海藻酸钠+油酸钠；2—原矿+海藻酸钠+油酸钠

由图 7-12 可知，随着搅拌过程能量输入增大，不论是否在混合矿矿浆中添加搅拌介质，矿浆的表观黏度均下降，表明随着搅拌调浆强度的增大，在搅拌介质的作用下，矿浆中颗粒的分散性得到增强[5]。随着搅拌过程能量输入从 1.66kJ/m^{3}增大到 14.48kJ/m^3，混合矿矿浆的表观黏度由 20.482mPa · s 降低到 19.121mPa · s，而添加了搅拌介质之后，混合矿矿浆的表观黏度由 17.528mPa · s 降低到 13.817mPa · s，降幅更大。对比两种条件下矿浆表观黏度的变化可知，在有搅拌介质存在的条件下，搅拌调浆作业对混合矿中脉石矿物的团聚起到了明

显的破坏作用，促进了浮选药剂的充分作用，其搅拌效率得到了提升。

7.2.4　矿浆表观黏度对微细粒白钨矿-方解石-石英混合矿浮选的影响

以海藻酸钠为抑制剂（用量为 150mg/L）、油酸钠为捕收剂（用量为 150mg/L），NaOH 和 HCl 作为 pH 值调整剂，控制矿浆 pH 值为 8.5~9.0，石榴石搅拌介质（-106+38μm）含量控制为 25%，以矿浆表观黏度为变量，研究了在搅拌介质存在体系下，矿浆表观黏度变化对混合矿浮选指标的影响，试验结果如图 7-13 所示。

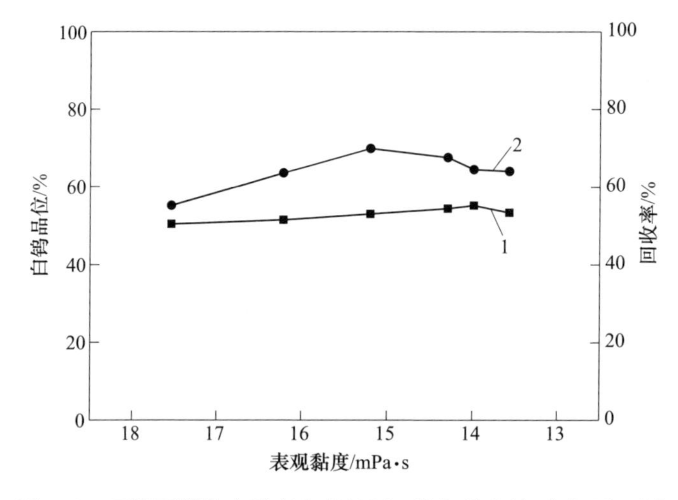

图 7-13　石榴石搅拌介质存在条件下，微细粒白钨-方解石-石英混合矿浮选行为与矿浆表观黏度关系

（固体质量浓度为 28.57%，海藻酸钠浓度为 150mg/L，油酸钠浓度为 150mg/L，pH 值为 8.5~9.0）

1—白钨品位；2—回收率

由矿浆表观黏度对微细粒白钨矿浮选指标的影响可看出，随着搅拌介质作用程度的增强，浮选矿浆的表观黏度下降。当矿浆表观黏度由 17.528mPa·s 降低到 15.195mPa·s 时，浮选精矿的品位由 50.40%上升至 53.03%，而同时精矿回收率从 55.21%上升至 69.90%，表明随着石榴石搅拌介质作用逐渐强烈，分离效率得到较大提升；当矿浆表观黏度由 15.195mPa·s 继续降低到 13.567mPa·s 时，浮选精矿的品位由 53.03%继续上升至 54.38%后又稍微降低至 53.34%，而同时精矿回收率从 69.90%下降至 64.08%，表明在过大的搅拌能量输入下，搅拌介质虽然有助于颗粒聚团“纯度”的提升，但同时具有破坏颗粒聚团的效果，导致回收率下降。

本章通过浮选实验、矿浆屈服应力测量、表观黏度测量、浮选过程矿浆显微观测等研究方法，并通过调节搅拌调浆过程能量输入以及添加搅拌介质等技术手段，研究了微细粒白钨矿、方解石、石英3种单矿物在海藻酸钠-油酸钠体系下的基本可浮性，以及不同聚团程度下微细粒白钨矿的浮选速率；研究了矿物溶解组分对浮选行为的影响；研究了矿浆屈服应力对混合矿中微细粒白钨矿浮选行为的影响；研究了添加搅拌介质条件下，矿浆表观黏度变化及其对混合矿中微细粒白钨矿浮选行为的影响。可知：（1）脉石矿物的种类、含量对微细粒白钨矿矿浆流变性影响显著。微细粒白钨矿人工混合矿中，石英含量增大，矿浆中白钨矿与油酸钠的作用减弱，颗粒聚团的屈服应力减小；微细粒白钨矿人工混合矿中，方解石含量增大，矿浆中油酸钠的选择性作用减弱，矿浆表观黏度增大；（2）在混合矿体系中，通过调节调浆强度改变矿浆的屈服应力，可以促进微细粒白钨矿形成疏水性颗粒聚团，同时增强抑制剂海藻酸钠的选择性作用，提升分离过程富集比；（3）在混合矿体系中，初步证实了在调浆搅拌作业中通过添加-106+38μm粒级可浮性差的搅拌介质，有助于降低微细粒白钨矿-方解石-石英混合矿矿浆的表观黏度，提升浮选过程的选择性。

参 考 文 献

[1] Forbes E, Davey K J, Smith L. Decoupling rehology and slime coatings effect on the natural flotability of chalcopyrite in a clay-rich flotation pulp [J]. Minerals Engineering, 2014, 56: 136-144.

[2] Chen X, Hadde E, Liu S, et al, The effect of amorphous silica on pulp rheology and copper flotation [J]. Minerals Engineering, 2017, 113: 41-46.

[3] Brabcov Á Z, Karapantsios T, Kostoglou M, et al. Bubble-particle collision interaction in flotation systems [J]. Colloids and Surfaces A: Physicochemical and Engineering Aspects, 2015, 473: 95-103.

[4] Filippov L O, Javor Z, Piriou P, et al. Salt effect on gas dispersion in flotation column - Bubble size as a function of turbulent intensity [J]. Minerals Engineering, Elsevier, 2018, 127: 6-14.

[5] 曹亦俊，闫小康，王利军，等．微细粒浮选的微观湍流强化［J］．矿产保护与利用，2017（2）：113-118.

8 颗粒对疏水聚团的擦洗效应与矿浆流变学

8.1 人工混合矿体系中颗粒与聚团之间的擦洗效应

8.1.1 搅拌调浆作用下的矿浆表观黏度变化

在使用石榴石作为搅拌介质的混合矿研究中，可观察到在强化调浆-浮选作业中，粗粒石榴石的存在能够改变浮选矿浆的表观黏度；从微观上看，有可能是粗粒石榴石的存在对矿浆中的颗粒聚团形貌、相互作用有了较大影响。为明确搅拌介质在微细粒白钨矿聚团浮选中的作用，选取了同样具有表面惰性的玻璃微珠，与石榴石对矿浆表观黏度的作用效果进行对比，以揭示在强化调浆体系中颗粒与聚团之间的擦洗效应。

在实验上，以海藻酸钠为抑制剂（用量为 200mg/L），油酸钠为捕收剂（用量为 150mg/L），NaOH 和 HCl 作为 pH 值调整剂，控制矿浆 pH 值为 8.5~9.0，搅拌介质（包括石榴石与玻璃微珠，粒度均为 $-106+38\mu m$）含量控制为 25%，在不同强度下对微细粒白钨矿-方解石-石英混合矿（3 种矿物质量比为 4∶3∶3）浮选药剂作用前后矿浆流变性的影响进行了测量，结果如图 8-1 所示。

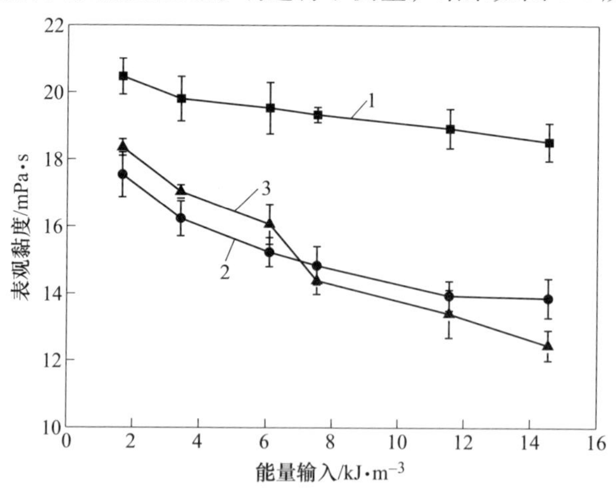

图 8-1 不同搅拌调浆过程能量输入下，人工混合矿矿浆的表观黏度变化

（pH=8.5~9.0，c(NaAl)=200mg/L，c(NaOL)=200mg/L）

1—人工混合矿+药剂；2—人工混合矿+药剂+石榴石；3—人工混合矿+药剂+玻璃微珠

由图 8-1 可知，在仅有浮选药剂的作用下，随着调浆过程能量输入增大，浮选矿浆的表观黏度稍有下降，表明微细矿物颗粒形成的网络结构在强化剪切的作用下受到了一定程度的破坏。在加入石榴石与玻璃微珠作为搅拌介质的情况下，随着调浆强度增大，浮选矿浆的表观黏度均表现出大幅度的下降。当调浆能量输入为 11.57kJ/m^{3}时，浮选矿浆、浮选矿浆+石榴石、浮选矿浆+玻璃微珠的表观黏度分别为 18.923mPa·s、13.886mPa·s、13.346mPa·s。这说明在搅拌介质的作用下，由微细粒方解石之间相互作用形成的集合体网络结构得到了更大程度的削弱，这与学者们在实际矿石浮选体系中研究得到的结果极为相似。通过 3 条表观黏度曲线的对比还可以看到，在剪切流场中，石榴石与玻璃微珠在降低微细粒矿物浮选矿浆表观黏度方面的功能是一致的，甚至更强。

8.1.2 擦洗效应与人工混合矿的浮选分离

在明确了使用石榴石或者玻璃微珠能够有效地降低微细粒白钨矿、方解石、石英混合矿浮选矿浆的表观黏度的情况下，以海藻酸钠为抑制剂（用量为 150mg/L），油酸钠为捕收剂（用量为 150mg/L），NaOH 和 HCl 作为 pH 值调整剂，控制矿浆 pH 值为 8.5~9.0，对相应的搅拌调浆产品进行了浮选试验，实验结果如图 8-2 所示。

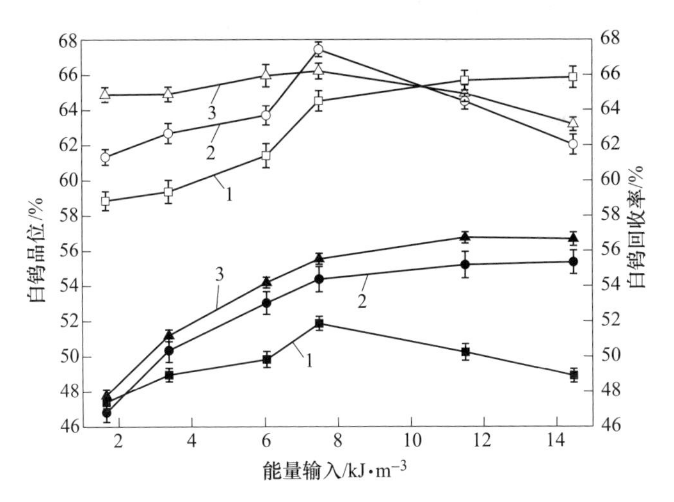

图 8-2 不同搅拌调浆过程能量输入下，人工混合矿浮选分离结果

（浅色线为精矿品位，深色线为精矿回收率；pH=8.5~9.0，c(NaAl)=200mg/L，c(NaOL)=200mg/L）

1—人工混合矿；2—人工混合矿+石榴石；3—人工混合矿+玻璃微珠

由图 8-2 可知，搅拌调浆过程能量输入对不同的微细粒人工混合矿的影响是不同的。浮选精矿的品位与回收率均随着调浆过程能量的变化而改变。对于人工混合矿，在调浆能量输入从 1.66kJ/m^{3}增大至 7.49kJ/m^{3}的范围内，精矿品位从

47.4%增大到51.87%，精矿回收率从58.86%增大到64.51%。精矿品位和回收率的双增长说明强化调浆对改善微细粒白钨矿的浮选确实有较强的促进作用。然而，在搅拌调浆过程能量输入从7.49kJ/m³继续增大时，虽然精矿品位继续增长（由64.51%增大到65.86%），但是精矿白钨矿品位从51.87%降低至48.89%，表明过高的搅拌调浆过程给浮选选择性造成了削弱。结合前述关于微细粒矿物絮团形貌的观测与研究可知，在过高的调浆能量输入条件下，浮选选择性的降低可能是形成的疏水聚团在高速剪切搅拌过程中大量夹杂了微细粒的脉石矿物颗粒，从而造成了浮选选择性的下降，但是回收率基本没发生变化。实际上，在微细粒矿物浮选领域，回收率因素导致的品位低一直都是严重的问题[1]。

对于掺入了石榴石搅拌介质的微细粒混合矿矿浆，其能量输入-品位曲线在全部测试范围内均位于混合矿品位曲线上方，说明掺加了石榴石搅拌介质的微细粒白钨矿浮选选择性有了提升。在调浆能量输入从1.66kJ/m³增大至14.48kJ/m³，浮选精矿的品位从46.82%一直增长到55.34%，说明石榴石搅拌介质的存在有利于微细粒级的白钨矿与微细粒级的方解石、石英的浮选分离。在搅拌调浆过程能量输入增大过程中，微细粒白钨矿的回收率先上升后下降，在能量输入为7.49kJ/m³时取得最大值67.44%，在能量输入从7.49kJ/m³增大至14.48kJ/m³的过程中，精矿白钨矿的回收率从67.44%降低到62.02%。结合品位和回收率的变化可知，在有石榴石作为搅拌介质的情况下，强化调浆（在适宜的搅拌调浆能量输入下）对微细粒白钨矿浮选回收的改善效果仍然存在，且浮选过程的选择性更高。在过高的剪切搅拌下，这些粗粒的石榴石会打破已经形成的微细粒白钨矿的疏水聚团，使得已经聚集的多颗粒白钨矿聚团再次分散，因而造成了回收率的降低。

对于掺入了玻璃微珠的微细粒混合矿矿浆，其调浆过程能量输入-品位-回收率曲线与掺入石榴石的混合矿矿浆浮选结果比较相似。不同的是，该条件下浮选结果曲线与掺入石榴石相比，略有提升。在调浆过程能量输入为7.49kJ/m³时，精矿回收率峰值为66.21%，对应精矿品位为55.53%。与上述两种结果对比可知，表面惰性的玻璃微珠在搅拌调浆过程中所起的作用与石榴石是极为类似的，而且，使用玻璃微珠得到的最佳浮选指标比不加搅拌介质而加石榴石的更好，也说明表面化学惰性的玻璃微珠是一种更好的搅拌调浆介质。这有可能是因为玻璃微珠具有更为尖锐的棱角，在适宜的搅拌强度下，能够更有效率的在疏水聚团的形成过程中，实现对聚团的破碎-重组动态过程，实现微细粒白钨矿疏水聚团的"纯化"，并使得最终的浮选选择性大幅提升。

上述人工混合矿的浮选结果验证了使用搅拌介质能够提升微细粒白钨矿浮选选择性的结论，但是在搅拌介质的作用下，强化调浆过程如何影响浮选矿浆中发生的微观过程并进一步改善浮选的机制，并不清楚。为明确在人工混合矿分离中，搅拌介质对浮选微观过程的影响机制，在上述3种人工混合矿浮选过程中，对浮选过程的分离效率进行了计算，结合8.1.1节不同搅拌调浆体系下的浮选矿浆表观黏度，绘制了以矿浆表观黏度为横坐标，以分离效率为纵坐标的分离效率曲线，如图8-3所示。

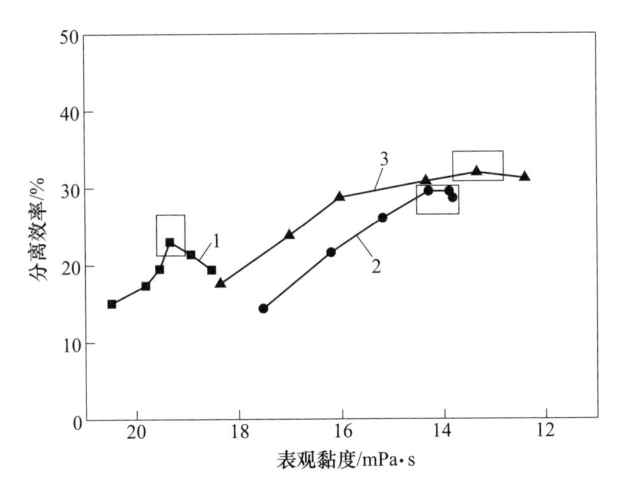

图8-3 不同人工混合矿表观黏度下，人工混合矿的浮选分离效率

(pH=8.5~9.0，c(NaAl)=200mg/L，c(NaOL)=200mg/L)

1—人工混合矿；2—人工混合矿+石榴石；3—人工混合矿+玻璃微珠

如图8-3可知，在3种微细粒矿物浮选体系下，分离效率并不算高，一直在15%~35%范围内，表明对于微细粒白钨矿、方解石、石英的浮选分离难度仍然比较大。对于不同的浮选体系，矿浆表观黏度对分离效率所施加影响是不同的。总体而言，基本上呈现出浮选矿浆表观黏度降低，浮选过程分离效率提高的趋势，且在有搅拌介质的体系中，浮选分离效率更高。但是对每一种浮选体系而言，均存在一个适宜的矿浆表观黏度，使得该体系的分离效率达到最大值。对人工混合矿而言，浮选分离效率随表观黏度降低表现出先增大后降低的趋势，并在19.334mPa·s处取得最大值23.00%；对掺加石榴石的人工混合矿而言，浮选分离效率在14.293mPa·s处取得最大值29.54%；对于掺加惰性玻璃微珠的人工混合矿而言，浮选分离效率在13.346mPa·s取得最大值31.96%。上述结果证实，在每种浮选体系中，虽然矿浆表观黏度是由调浆搅拌过程影响和控制的，但是仍然可以作为浮选操作的一个指标，进而通过对矿浆表观黏度的观测与控制，实现浮选微观过程的预测与控制。

8.1.3 泡沫性质与矿浆流变性

为了明确矿浆流变性与浮选微观过程之间的关联，在上述3种人工混合矿的浮选体系下，分别测量了在不同搅拌调浆体系下浮选泡沫水回收率与浮选泡沫层厚度，并将这两个参数与矿浆表观黏度、矿浆屈服应力建立曲线，以明确在微细粒白钨矿、方解石、石英的人工混合矿体系下，浮选泡沫性质与矿浆流变性的关联机制。

在图 8-4 所示的表观黏度-泡沫水回收率曲线中，可以看到，3 种矿物浮选体系，虽然矿浆表观黏度范围不同，但是随着浮选矿浆表观黏度降低，泡沫水回收率均随之降低。结合 3 种浮选体系中表观黏度与泡沫水回收率的数据，可以看出，当矿浆表观黏度为 20. 482mPa · s 时，浮选的泡沫水回收率为 24. 33%，当矿浆表观黏度降低至 12. 398mPa · s 时，浮选的泡沫水回收率也降低到 6. 37%。浮选泡沫的水回收率与浮选过程中的脉石夹杂行为密切相关。一般而言，随着泡沫水回收率的降低，亲水性脉石矿物的夹杂行为也会降低[2]。因此，表观黏度降低导致微细粒白钨混合矿浮选改善的一个重要原因极有可能是浮选泡沫水回收率降低。而且，在人工混合矿掺加石榴石或惰性玻璃微珠等搅拌介质后，浮选泡沫的水回收率大幅度下降，表明由搅拌介质引起的矿浆表观黏度变化能够直接影响微细粒白钨矿的浮选泡沫性质，包括搅拌介质擦洗效应在固液气三相界面带来的颗粒-气泡的碰撞、黏附以及气泡排液过程等性质。这极有可能是在浮选的动力学环境中，搅拌介质的存在加剧了浮选泡沫的兼并过程，导致负载了疏水聚团的泡沫层发生了比较明显的“二次富集作用”[3,4]。

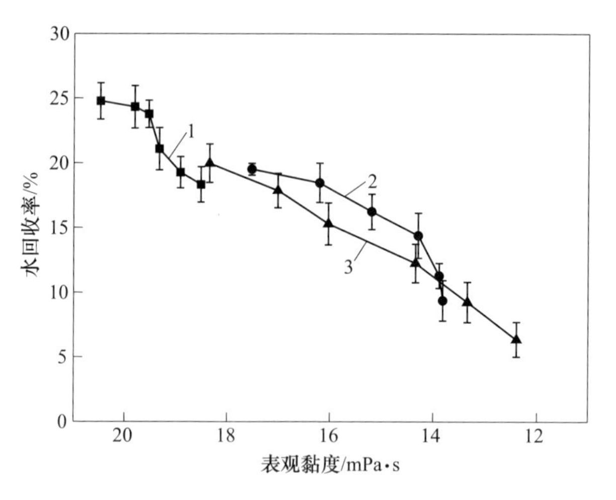

图 8-4 不同人工混合矿表观黏度下，人工混合矿的浮选泡沫水回收率

（pH = 8. 5 ~ 9. 0，c(NaAl) = 200mg/L，c(NaOL) = 200mg/L)

1—人工混合矿；2—人工混合矿+石榴石；3—石榴石+玻璃微珠

为证实上述假设与分析，在本人工混合矿浮选体系中，测量了矿浆的屈服应力与浮选开始阶段的泡沫层厚度，绘制了矿浆屈服应力-浮选泡沫层厚度曲线，

结果如图 8-5 所示。随着矿浆屈服应力降低，浮选泡沫层厚度也降低。当矿浆屈服应力为 5.12Pa（此时矿浆表观黏度为 20.482mPa·s）时，浮选泡沫层厚度为 69.6mm；当矿浆屈服应力降低至 2.97Pa（此时矿浆表观黏度为 12.398mPa·s）时，浮选泡沫层厚度仅为 8.7mm。此外，对比 3 种浮选体系的泡沫层厚度数据可以看到，人工混合矿浮选泡沫层厚度是最大的，掺加了搅拌介质的混合矿浮选矿浆的泡沫层厚度大为降低。随着颗粒团聚程度的降低，浮选泡沫层的稳定性、流动性都发生了变化，最终表现为浮选泡沫层厚度的降低。结合矿浆表观黏度与屈服应力变化条件下浮选泡沫的性质变化可以看到，搅拌介质对微细粒白钨矿人工混合矿浮选具有改善作用的深层次原因在于反复的擦洗作用改变了多颗粒疏水聚团的性质，并且降低了亲水性脉石矿物的夹杂程度[5,6]。

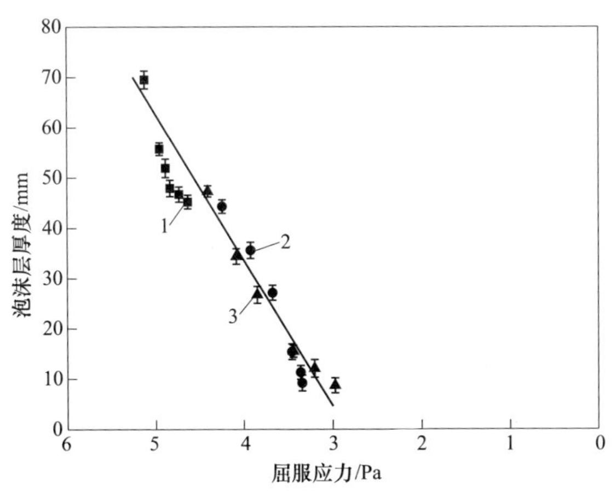

图 8-5 不同人工混合矿矿浆 Herschel Buckley 屈服应力下，人工混合矿的浮选泡沫层厚度
（pH=8.5~9.0，c(NaAl)= 200mg/L，c(NaOL)= 200mg/L）
1—人工混合矿；2—人工混合矿+石榴石；3—人工混合矿+玻璃微珠

总体而言，目前还很难将矿浆流变性与微细粒白钨矿浮选的所有微观过程，如颗粒间相互作用、泡沫相形成与破坏等建立密切的联系。但是，矿浆流变性对浮选指标，如精矿品位、精矿回收率、水回收率等的影响已经得到初步证实，而这些影响对于矿物的浮选富集过程至关重要。本章通过研究几种不同人工混合矿浮选过程中矿浆流变学与浮选指标、泡沫性质等过程变量的关联机制，基本上明确了搅拌介质的擦洗作用实质上是通过调节矿浆流变性改变了矿浆在动态剪切过程中的结构性质而产生促进浮选效果。

8.2 实际矿石体系中微细粒白钨矿浮选行为

在人工混合矿浮选试验的基础上，本章通过在实际矿石浮选体系中调节矿浆流变性，研究了搅拌介质对实际矿石体系中微细粒白钨矿浮选动力学和泡沫性质的影响。选取湖南某单一矽卡岩型白钨矿精选过程作为研究对象，通过向精选过程掺加不同粒级和量比的石榴石（因该矽卡岩型矿石中本身即含有大量的石榴石），测定其浮选矿浆的流变曲线，结合分批刮泡数据计算浮选速率，配合使用矿浆微观结构观测技术和浮选泡沫层观察手段，进一步验证矿浆流变性与浮选微观过程在实际矿石浮选过程中的适用性。

8.2.1　擦洗效应中微细粒白钨矿浮选速率变化

以碳酸钠为调整剂（用量 1000g/t）、水玻璃为抑制剂（用量 5000g/t）、油酸钠为捕收剂（用量 200g/t），控制矿浆 pH 值为 8.5～9.0，在搅拌桶进行强化调浆作业，转入浮选槽对浮选原矿进行粗选，得到粗精矿以后在进行精选作业，精选作业中添加不同粒级或者用量的搅拌介质，药剂用量为水玻璃 2000g/t，采用分批刮泡方式，用 matlab 程序拟合计算出该实际矿石中各种白钨矿粒级组分的浮选速率。

在上述试验条件下，测定了在掺加不同粒度搅拌介质条件下的分批刮泡浮选结果，即回收率-品位曲线，如图 8-6 所示。由图 8-6 可知，对空白对照试验来说，即不掺加石榴石搅拌介质的浮选而言，呈现出典型的累积回收率增大，累积品位下降的趋势。在加入石榴石搅拌介质以后，累积回收率-累积品位曲线均发生了不同程度的变化。在加入-38μm 粒级的石榴石搅拌介质后，累积回收率-品位曲线向下移动，表明分选效果反而变差了；对于加入的+38μm 各个粒级的浮

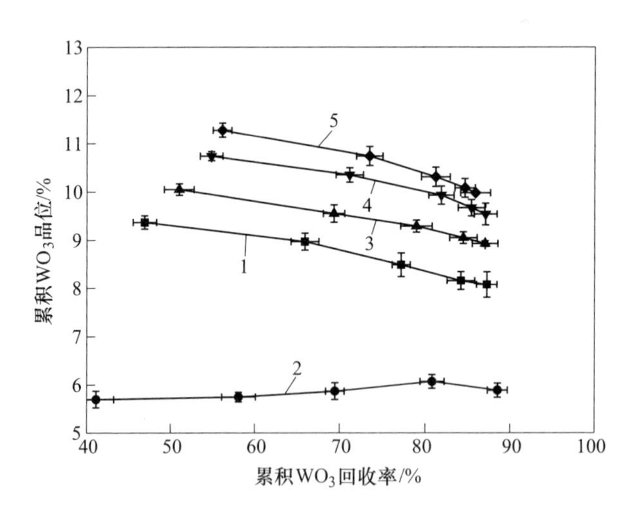

图 8-6　不同粒度搅拌介质掺入条件下，实际矿石精选段累积浮选回收率-累积精矿品位曲线

（pH=8.5～9.0，碳酸钠 1000g/t，水玻璃 5000+2000g/t，油酸钠 200g/t，搅拌介质质量浓度为 5%）

1—未添加；2—-38μm；3—-74+38μm；4—-106+74μm；5—-106+147μm（石榴石粒度）

选而言，累积回收率-品位曲线向上移动；搅拌介质粒度越粗，品位曲线越向上移动。当加入的搅拌介质石榴石的粒级为-106+74μm时，精矿品位达到9.98%（此时空白对照组的品位为8.08%），但同时累积回收率稍有降低（从空白对照组的87.23%降低至85.90%），上述结果证实，在实际矿石浮选体系中，加入粗粒级的石榴石颗粒（+38μm）有助于白钨矿精选作业的富集比提升。

利用经典的一级动力学模型对实际矿石浮选的精选段数据进行了拟合计算，得到了该实际矿石体系中快浮颗粒和慢浮颗粒的组分和浮选速率，结果见表8-1。由表8-1可知，在几种不同的强化调浆-浮选体系中，微细粒白钨矿实际矿石中快浮、慢浮组分及其浮选速率发生了较为明显的变化。随着粗粒石榴石搅拌介质的加入，快浮白钨矿组分（φ）增加，同时慢浮组分（$1-\varphi$）相应的降低；快浮组分的浮选速率在搅拌介质加入前后基本上保持不变，在0.42min^{-1}附近稍有波动，表明搅拌介质对快浮组分的浮选速率并没有明显的影响；但是对于慢浮组分来说，加入粗粒搅拌介质后，慢浮组分的浮选速率有了大幅增长，从0.24min^{-1}增大到0.40min^{-1}。这说明，搅拌介质的擦洗作用能够显著增大矿浆中慢浮白钨矿组分的浮选速率，且浮选品位-回收率与浮选速率常数分析数据均表明，-106+74μm粒级的搅拌介质对改善该微细粒白钨矿浮选的效果是最好的。

表8-1 不同粒度搅拌介质掺入条件下，实际矿石精选过程浮选速率分析结果

石榴石粒级/μm	上浮组分/%		浮选速率常数/min^{-1}	
	Fast(φ)	Slow($1-\varphi$)	Fast(k_f)	Slow(k_s)
未添加	77.21	22.79	0.43	0.24
-38	69.46	30.54	0.34	0.22
-74+38	78.98	21.02	0.42	0.30
-106+74	81.88	18.12	0.46	0.34
-147+106	81.23	18.77	0.43	0.40

在明确了该体系中对浮选效果起促进作用最佳粒级后，本研究继续对最佳粒级的使用量进行探讨，并继续研究在搅拌介质使用量逐渐增加的过程中浮选矿浆中白钨矿浮选速率的变化趋势，结果如图8-7与表8-2所示。

随着搅拌介质石榴石用量的增大，浮选的累积回收率-品位曲线逐步向上移动。当搅拌调浆过程中浮选矿浆内搅拌介质含量（质量分数）从0增大至7%过程中，最终的精选累积品位从8.11%增长到9.94%（与空白对照组即20/0组对比），说明在擦洗作用逐渐增强时，浮选的选择性也能够得到提高。此外，从曲线的起点不同可以看出，在搅拌介质用量较大时，浮选泡沫产品的品位和回收率均较高，而后逐步降低，也同样说明这种粗粒的搅拌介质对浮选的促进效果随着浮选时间的推后而逐步降低。

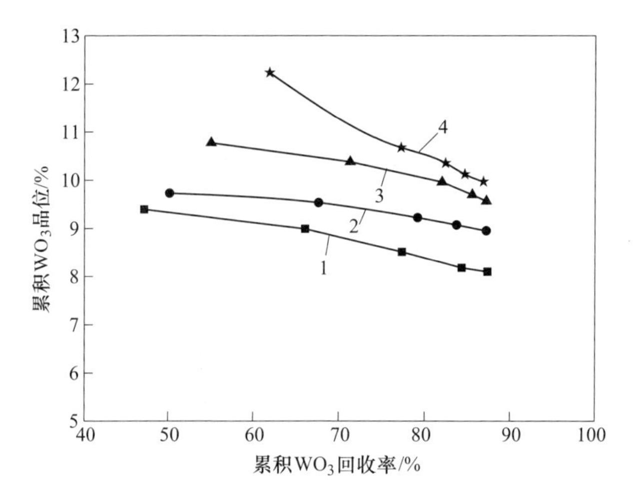

图 8-7 不同含量搅拌介质掺入条件下，实际矿石精选段累积浮选回收率-累积精矿品位曲线
（pH=8.5~9.0（粗选），pH=10.5（精选），碳酸钠 1000g/t，水玻璃 5000+2000g/t，
油酸钠 200g/t，搅拌介质粒度-106+74μm）
1—20/0；2—20/3；3—20/5；4—20/7（石榴石（-106+74μm）用量，矿石与石榴石质量比）

表 8-2 不同含量搅拌介质掺入条件下，实际矿石精选过程浮选速率分析结果

石榴石搅拌介质含量（质量分数）/%	上浮组分/%		浮选速率常数/min^{-1}	
	Fast（φ）	Slow（$1-\varphi$）	Fast（k_f）	Slow（k_s）
0	77.34	22.66	0.43	0.24
3	79.02	20.98	0.43	0.27
5	81.88	18.12	0.46	0.34
7	82.29	17.71	0.41	0.63

利用图 8-7 中的累积回收率-品位曲线，对浮选过程中白钨矿的浮选速率进行计算，得到表 8-2 中结果：随着搅拌介质石榴石含量（质量分数）从 0 增加到 7%，矿浆中慢浮白钨矿颗粒含量下降，同时慢浮组分的浮选速率从 0.24min^{-1}大幅增长到 0.63min^{-1}；快浮白钨矿组分的含量基本没有发生变化（从 77.34%到 82.29%），且快浮组分的浮选速率基本上保持在 0.43min^{-1}附近。这个结果从用量上进一步证实了搅拌介质擦洗效应对微细粒白钨矿精选过程浮选速率的增强效果，而这种效果的来源可能是以下两个原因：

（1）降低脉石矿物的夹杂程度。在微细粒矿物浮选中，夹杂是影响浮选，尤其是精选过程浮选分离效率的重要因素[7]。在菱镁矿与石英浮选分离中，有研究证实微细粒脉石石英（-10μm）通过夹杂大量进入菱镁矿精矿，但是若矿浆中石英的粒径在-50+10μm 范围内，微细粒（-10μm）菱镁矿的浮选回收率就与常规粒级-50+10μm 的差别不大，这是因为粗粒脉石石英颗粒在浮选矿浆中的擦洗效应，造成矿浆中微细粒菱镁矿颗粒聚团的纯化效果[8]。类似地，在微细粒白钨矿的浮选中，微细粒含钙盐类矿物，如方解石、萤石等，很容易由于细粒效应被夹带进微细粒白钨矿形成的多颗粒聚团三维结构，继而进入浮选泡沫层。当在搅拌调浆过程中加入搅拌介质以后，药剂-颗粒、气泡-颗粒之间的碰撞被显著强化，使得亲水性脉石矿物颗粒从疏水聚团中脱落并进入分散体系的概率增大，最终使得浮选的选择性提高。同理，在加入细粒级的搅拌介质（-38μm）以后，由于引入的颗粒动量较小，并不能有效地使颗粒聚团的破碎重组，反而有可能使得搅拌介质通过夹杂进入了泡沫层，造成浮选的显著恶化。

（2）矿浆中原有脉石矿物与加入搅拌介质之间形成了大量的异相凝聚。在加入了搅拌介质的浮选矿浆体系中，有可能存在搅拌介质粗粒石榴石与微细粒脉石矿物颗粒的凝聚现象（主要是微细粒脉石颗粒吸附在粗粒石榴石表面，形成罩盖），并最终导致浮选的选择性提高，可以称之为“载体抑制”现象（与“载体浮选”概念对应）[9,10]。这种异相凝聚现象导致的“载体抑制”行为极有可能发生在表面荷异种电荷的颗粒之间（静电引力起主导作用），或者起码是颗粒间范德华引力作用能够抵消静电斥力作用的情况下。但是在本浮选体系中，由于加入了大量的水玻璃，大部分的颗粒，如石榴石、方解石、萤石、石英等颗粒表面均为表面负电性，颗粒之间都体现为强烈的分散作用，因此，这种可能性并不大。

8.2.2 擦洗效应中浮选矿浆流变性分析

为明确在实际矿石浮选体系中，加入搅拌介质后浮选矿浆流变性变化情况，测量了上述对应体系下浮选矿浆的流变曲线，并用 Herschel Buckley 模型进行拟合，得到矿浆的屈服应力、流动系数等流变性系数，与浮选过程矿浆结构等建立联系。

在实际矿石浮选体系中，掺入不同粒度搅拌介质的浮选矿浆流变曲线如图 8-8 所示。对于不掺加搅拌介质的浮选矿浆而言，其流变曲线表现出典型的非牛顿性质，并在剪切应力坐标轴上可以推测出明显的截距，即屈服应力，表明在浮选矿浆中存在大量比较稳定的空间网络结构。在加入细粒级搅拌介质（-38μm）后，浮选矿浆表观黏度增大（剪切速率为 160s^{-1}下，从 7.25mPa · s 增大到 8.20mPa · s），其流变曲线与空白对照组相比，向上移动，表明在这种细粒级搅拌介质作用下矿浆中的无选择性团聚现象更加恶化；在加入+38μm 各个粒级的搅拌介质后，所有的流变曲线均向下移动，表明矿浆在粗粒搅拌介质的作用下变得更“稀”了，浮选体系中的团聚现象得到了有效消除，体现为表观黏度降低。另外从流变曲线的散点图还可以看到，随着加入的搅拌介质粒度逐渐变粗，浮选矿浆的流变曲线逐渐变成线性，表明矿浆流体逐步趋向于宾汉流体的流动行为。总之，与不加搅拌介质或者掺加细粒搅拌介质相比，掺加粗粒搅拌介质使得浮选矿浆表现为更好的分散性，将决定浮选指标的疏水聚团与其他颗粒之间的相互作用降低到了最低限度。

对上述流变曲线散点图的 Herschel Buckley 模型进行拟合的结果见表 8-3。首

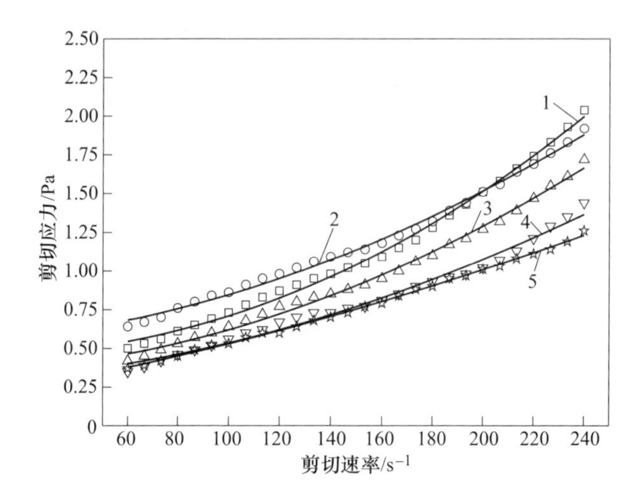

图 8-8　不同粒度搅拌介质条件下，浮选矿浆剪切速率-剪切应力散点图与应用 Herschel Buckley 模型得到的拟合曲线

（pH=10.5（精选），碳酸钠 1000g/t，水玻璃 5000+2000g/t，油酸钠 200g/t，搅拌介质质量浓度 5%）

1—未添加；2—-38μm；3—-74+38μm；4—-106+74μm；5—-147+106μm（石榴石粒度）

先可以看到使用 Herschel Buckley 模型拟合得到的拟合精度值均在 0.98 以上，说明用该模型能够很好地解释本浮选体系下的矿浆流变性质。在加入粗粒搅拌介质（-147+106μm）的情况下，矿浆的屈服应力值从 0.46Pa 降低至 0.25Pa，表明粗粒搅拌介质在搅拌调浆的过程中很好地对微细粒矿物浮选体系中的网络团聚结构实现了削弱与破坏。在这种情况下，矿浆流体的流动系数已经从 2.01 不断减小至接近于 1，或者可以认为已经从 Herschel Buckley 流体变换到了 Bingham 流体。该拟合结果与同样条件下得到的浮选结果互相对应，说明浮选矿浆的流变学性质与浮选行为密切相关，也进一步揭示了在实际矿石浮选体系中，粗粒搅拌介质所起擦洗作用的实质是改变了矿浆的流体类型，即将 Herschel Buckley 流体改变为 Bingham 流体。

表 8-3　不同粒度搅拌介质条件下，浮选矿浆剪切速率-剪切应力曲线 Herschel Buckley 模型拟合结果

石榴石搅拌介质粒级/μm	未添加	-38	-74+38	-106+74	-147+106
屈服应力 τ_{HB}/Pa	0.46	0.57	0.37	0.31	0.25
流体指数 p	2.07	1.79	1.87	1.77	1.38
Adj. R-square	1.00	1.00	0.99	0.98	1.00

注：pH=10.5（精选），碳酸钠 1000g/t，水玻璃 5000+2000g/t，油酸钠 200g/t，搅拌介质质量浓度 5%。

类似地，在使用粗粒搅拌介质的搅拌调浆-浮选体系中，对不同掺加量搅拌调浆的浮选矿浆进行了流变学测量，得到的流变学曲线如图 8-9 所示。随着粗粒搅拌介质掺加量的增加，流变曲线向下移动，表明浮选矿浆的表观黏度也在降低。当粗粒搅拌介质含量（质量分数）从零增大至 7%过程中，经搅拌调浆后的矿浆表观黏度从 7.25mPa · s 降低至 3.80mPa · s（剪切速率为 $160s^{-1}$情况下），同样，曲线在剪切应力坐标轴上的截距也逐步减小，表明矿浆中总的团聚现象也在搅拌调浆过程中逐步被削弱。另外，浮选矿浆的流变曲线在粗粒搅拌介质含量（质量分数）为 7%时候几乎接近于直线（流动指数从 2.07 到接近于 1），说明在该情况下浮选矿浆已经彻底从 Herschel Buckley 流体改变为 Bingham 流体。在 Bingham 流体中，微粒流体单元之间的相互作用已经与剪切条件无关，即不呈现出“剪切增稠”“剪切变稀”等复杂行为。在这种情况下，浮选矿浆称为比较理想的既有表面疏水的多颗粒聚团，也有极为分散的亲水性脉石颗粒，因而精选过程的富集比得到提高。

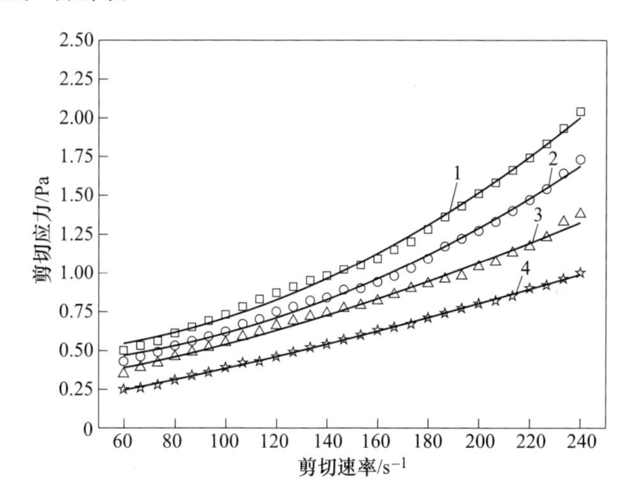

图 8-9 不同用量搅拌介质条件下，浮选矿浆剪切速率-剪切应力散点图与应用 Herschel Buckley 模型得到的拟合曲线

（pH=10.5（精选），碳酸钠 1000g/t，水玻璃 5000+2000g/t，油酸钠 200g/t，搅拌介质石榴石粒度：-74+106μm）

1—20/0 模型；2—20/3 模型；3—20/5 模型；4—20/7 模型（矿石/石榴石，质量比）

采用 Herschel Buckley 模型对图 8-9 进行拟合的结果见表 8-4。在粗粒搅拌介质含量（质量分数）从零增大至 7%的过程中，矿浆的 Herschel Buckley 屈服应力从 0.46Pa 降低至 0.10Pa，说明搅拌调浆过程中的疏水聚团颗粒与亲水性脉石颗粒的相互作用已经受到了极大的削弱。对于流动指数而言，在该变化过程中（从 2.06 到 1.29），也证实了矿浆的流体类型已经实质上成为了 Bingham 流体。

表 8-4 不同用量搅拌介质条件下，浮选矿浆剪切速率-剪切应力曲线 Herschel Buckley 模型拟合结果

矿石与石榴石搅拌介质（-106+74μm）质量比	20/0	20/3	20/5	20/7
屈服应力 τ_{HB}/Pa	0.46	0.39	0.32	0.10
流体指数 p	2.06	2.01	1.84	1.29
Adj. R-square	1.00	1.00	0.98	1.00

注：pH=10.5(精选)，碳酸钠 1000g/t，水玻璃 5000+2000g/t，油酸钠 200g/t，搅拌介质粒度：-74+106μm。

对于微细粒矿物的浮选而言，在搅拌调浆过程中矿浆的流变性难点主要在两个方面：(1) 搅拌槽中，在搅拌叶轮处的矿浆表现出较低的表观黏度，但是在距离搅拌叶轮较远处表现出很高的黏度，导致分散困难，非选择性聚团严重；(2) 浮选槽中，在转子附近的激烈紊流区域显示出较低的表观黏度，但是却在矿浆输运区域、泡沫层富集等稳定的层流区域显示出很高的表观黏度或屈服应力，严重影响富集过程。通过上述流变学测量结果可以看到，通过加入粗粒搅拌介质，降低浮选矿浆的表观黏度、屈服应力，改变浮选矿浆的流体性质，使其由复杂的受剪切速率分布影响或者是剪切场影响的流体向不受剪切影响的 Bingham 流体转变，能够提升浮选过程的选择性。

8.2.3 微细粒白钨矿浮选矿浆流变性与浮选速率

为明确在实际矿石浮选体系中依靠矿浆流变性变化提升浮选指标的内在因素，进一步揭示搅拌介质擦洗效应作用的微观机制，本小节在搅拌介质粒度试验、用量实验的基础上，建立了该实际矿石体系中慢浮组分浮选速率 k_s 与矿浆流变性参数包括矿浆屈服应力、矿浆流动指数之间的关联曲线，结果如图 8-10 和图 8-11 所示。

在图 8-10 中，随着矿浆 Herschel Buckley 屈服应力逐渐降低，在搅拌介质和介质用量两种因素影响下的慢浮组分浮选速率常数 k_s 均逐渐增大。当矿浆 Herschel Buckley 屈服应力高于 0.4Pa 时，矿石中慢浮组分的浮选速率 k_s 在 0.3min^{-1}以下，当矿浆 Herschel Buckley 屈服应力降低至 0.2Pa 以下时，矿石中慢浮组分的浮选速率 k_s 已经超过了 0.4min^{-1}。这种浮选速率的变化与浮选的微观过程是紧密相连的，即当含有微细粒白钨矿的疏水聚团受到矿浆中其他脉石颗粒的影响越小，其浮选速率越大；浮选泡沫在上升过程中，除携带微细粒白钨矿疏水聚团外，夹杂的亲水性脉石颗粒越少，总体白钨矿的浮选速率也就越大。因此，降低矿浆屈服应力就是减少了表面疏水的聚团颗粒与亲水性微细粒脉石颗粒的网络结构聚团行为，有助于慢浮组分白钨矿的上浮[11]。

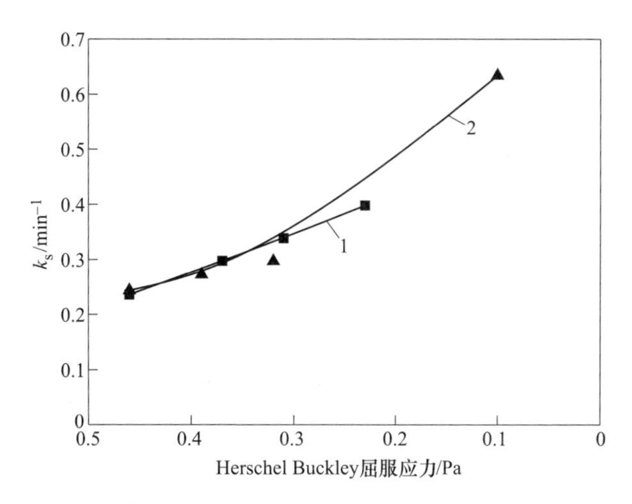

图 8-10 实际矿石浮选体系中，不同 Herschel Buckley 屈服应力下慢浮组分浮选速率

（pH＝10. 5（精选），碳酸钠 1000g/t，水玻璃 5000+2000g/t，油酸钠 200g/t）

1—粒度效应；2—用量效应

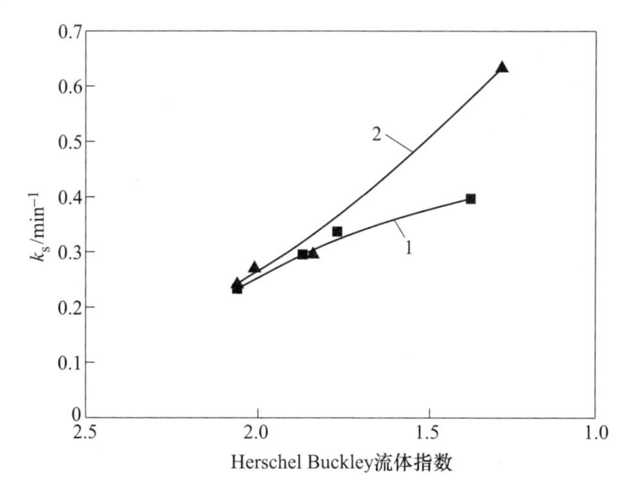

图 8-11 实际矿石浮选体系中，不同 Herschel Buckley 流体指数(p)下慢浮组分浮选速率

（pH＝10. 5（精选），碳酸钠 1000g/t，水玻璃 5000+2000g/t，油酸钠 200g/t）

1—粒度效应；2—用量效应

另外一个与浮选速率常数建立联系的矿浆流变性参数是矿浆流体流动指数p，如图 8-11 所示。当浮选矿浆的 Herschel Buckley 流动指数（p）从 2. 06 降低到 1. 29 时，矿浆中慢浮白钨矿组分的浮选速率常数 k_s 从 0. 24min^{-1} 增大到 0. 63min^{-1}，表明随着浮选矿浆流体越来越接近于 Bingham 流体，微细粒白钨矿疏水聚团的上浮过程受到的干扰越小。从图 8-11 也可以看到，搅拌介质粒度效应接近于直线而搅拌介质含量效应接近于指数曲线，说明搅拌介质含量变化对慢浮组分

浮选速率的增大效应更显著。因此，在以调节矿浆流变性为指标的微细粒白钨矿浮选作业中，通过增大适宜搅拌介质粒径的含量，能够更快改善浮选的动力学。

总体而言，搅拌介质的擦洗效应对矿浆的流变性能产生在表观黏度、屈服应力、流动指数等方面的影响，而这些流变性的微小变化对浮选的微观过程如颗粒碰撞、浮选动力学等过程有很大的影响。

8.2.4 擦洗效应中颗粒聚团形貌与泡沫性质

为进一步探究在搅拌介质存在条件下，矿浆表观黏度与浮选微观过程之间的联系，对不同屈服应力的矿浆及其形成的浮选泡沫，进行了显微观察与比较，结果如图 8-12 所示。可以看出，微细粒矿物颗粒在搅拌调浆的作用下形成了较为

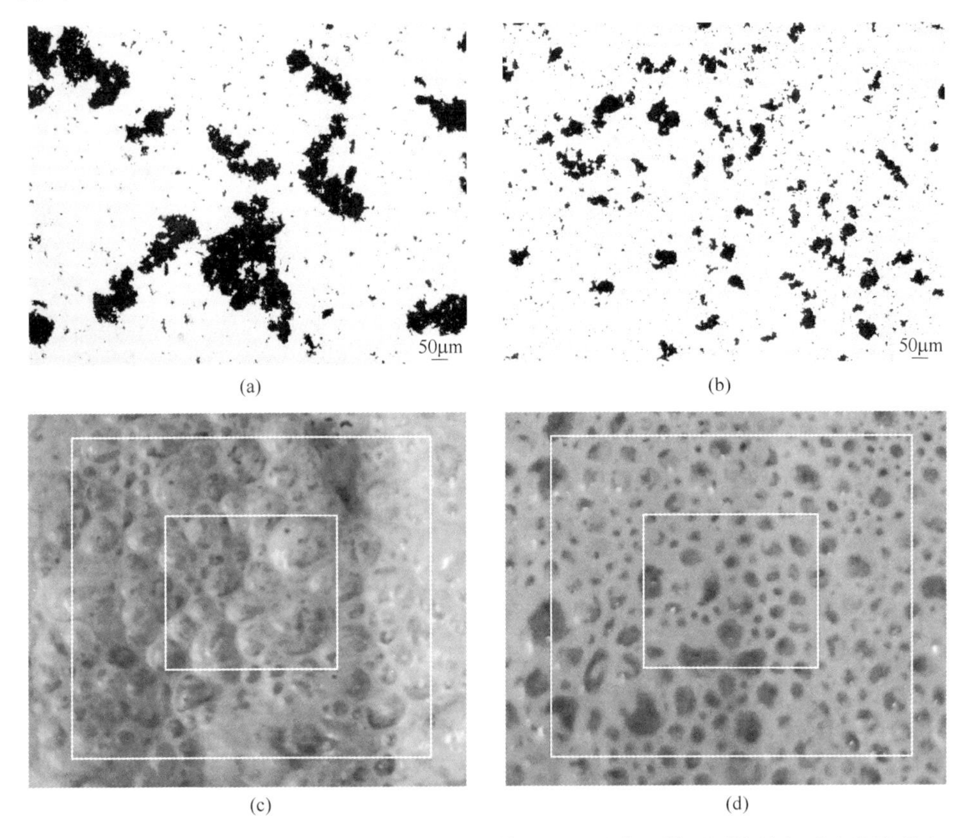

(a) (b) (c) (d)

图 8-12 不同搅拌介质添加体系下，实际矿石精选过程矿浆显微观测结果与浮选泡沫形态
(pH=10.5(精选)，碳酸钠 1000g/t，水玻璃 5000+2000g/t，油酸钠 200g/t)
(a) 不掺入石榴石搅拌介质的浮选矿浆显微观；测结果(表观黏度，屈服应力)；
(b) 掺入石榴石搅拌介质(−106+74μm，质量浓度为 5%)的浮选矿浆显微观测结果
(表观黏度，屈服应力)；(c) 不掺入石榴石搅拌介质的浮选矿浆泡沫层形态；
(d) 掺入石榴石搅拌介质(−106+74μm，质量浓度为 5%)的浮选矿浆泡沫层形态

松散的多颗粒聚团，呈树枝状，形成了三维网络结构，导致泡沫在上升的过程中阻力增大，夹带较多的脉石颗粒，在泡沫形态上表现为泡沫较脏，因而精矿品位较低。而在加入搅拌介质之后，矿浆中矿物颗粒聚团主要呈现为较小且较紧密的圆球形，且与其他微细颗粒相对独立，表明在较大颗粒搅拌介质的作用下，各种含钙矿物由于团聚而形成的大树枝状的絮团被打碎成较小粒度的絮团。两者对比可知，加入搅拌介质以后，介质的擦洗效应使得搅拌调浆过程中的选择性得到提高，同时也对后续的浮选泡沫行为产生了非常明显的影响[12,13]。对比两种搅拌介质添加条件下的浮选泡沫层性状可以看到，不掺加搅拌介质的浮选矿浆泡沫层更稳定，在泡沫兼并过程中更难以产生泡沫层的“二次富集作用”，导致最终上浮产品夹杂多、浮选选择性差；加入搅拌介质的浮选矿浆泡沫层明显显示出较好的形状，结合浮选结果可知，在有搅拌介质存在条件下精矿品位较高，说明这种矿物絮团的纯度更高。因此搅拌介质的作用在于通过增强调浆过程的微区域扰动效应，降低矿浆的屈服应力，促进抑制剂更好的选择性作用于脉石矿物，提高颗粒聚团的纯度。在这种情况下的浮选泡沫，夹杂变少，更加“清亮”，泡沫兼并性好。

在微细粒白钨矿的浮选中，既需要通过调浆搅拌作业中搅拌桨提供足够的能量输入，使表面吸附油酸钠、带有较强负电荷的白钨矿跨越静电斥力能垒形成疏水化颗粒聚团，又要避免搅拌桨形成过大的剪切流场导致颗粒聚团再次破裂，而在此过程中由于抑制剂的选择性作用未能完全发挥，可以与油酸钠发生作用的方解石以及被钙离子活化的石英也会形成类似的疏水化颗粒聚团，造成整个微细粒浮选过程脉石矿物颗粒未能有效分散，与目的矿物的颗粒聚团绞缠、团聚在一起，导致最终的浮选指标较差。在不改变搅拌桨形成剪切流场的前提下，通过向微细粒矿物矿浆中添加粗粒的搅拌介质，通过搅拌介质在搅拌调浆作业中的矿浆激烈湍流中的大规模的颗粒碰撞，促使矿浆中已经形成的颗粒聚团进行破裂-重组的重复过程[5,14]，有助于目的矿物颗粒聚团的形成与脉石矿物的有效分散，实现浮选指标的提升。

8.3 搅拌介质对微细粒聚团结构擦洗效应的流变学表征

8.3.1 黏塑性流体结构特点

黏塑性以具有抵抗剪切变形的极限剪切应力或屈服应力为特征。分散相浓度较高的浆体一般都具有屈服应力。浆体的屈服应力一般解释为由于浆体的絮凝或凝聚，使浆体具有抵抗剪切的结构。例如，黏土和水的分散系，其流变性决定了土壤的性质。典型的黏土颗粒为扁平状，与水作用的表面积大，易于形成层状的絮凝结构，这种结构能抵抗剪切变形，即产生屈服应力。对于煤浆，当浓度较高时，凝聚颗粒易形成环状或链状网络结构，使矿浆具有剪切屈服应力。类似颗粒在不同剪切破坏力或者外加压力下的结构如图 8-13 所示[15]。

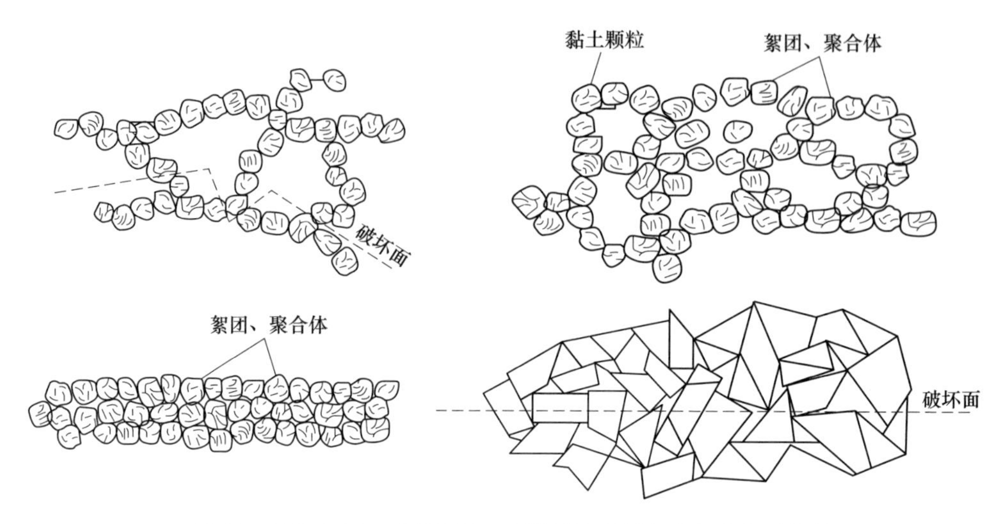

图 8-13　具有超结构特征的黏土网络结构受剪切破坏的微观机制

显然，在具有超结构或者网络结构的黏土-水混合体系的剪切破坏中，颗粒粒度、形状和浓度是形成絮凝网状结构的主要因素。Thomas（1963）在颗粒粒径 0.4~17μm 范围内得到矿浆屈服应力近似与 C^3/d^2 成正比，其中 C 为固体颗粒浓度，d 为颗粒粒径。再例如图 8-14 与图 8-15 所示的石灰石矿浆浓度对屈服应力和塑性黏度的影响、浓度对粉煤灰矿浆与水煤浆流变曲线的影响规律。一般而言，矿浆固体分散相浓度增大，矿浆的屈服应力与塑性黏度均增大；但是对于不同的矿浆而言，屈服应力或者塑性黏度的变化程度、趋势有很大的差别。

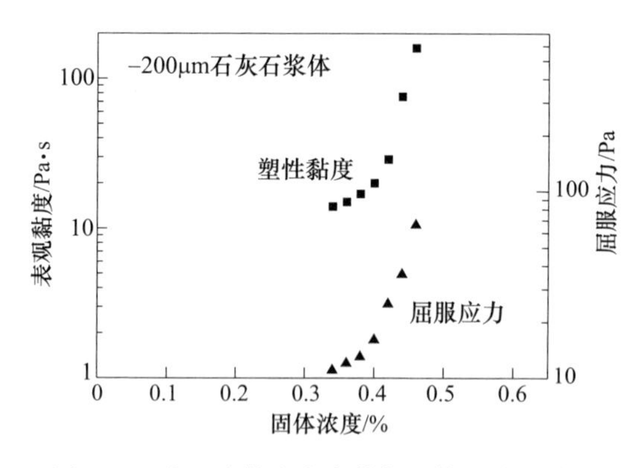

图 8-14　宾汉流体流变参数与固体浓度的关系

在流变学研究领域，经常把具有屈服应力的悬浮液或者颗粒浆体近似看作是宾汉体，其流变状态方程为：

$$\tau = \tau_B + \eta_B \cdot \gamma \tag{8-1}$$

式中，τ_B为宾汉体屈服应力；η_B为宾汉塑性黏度。

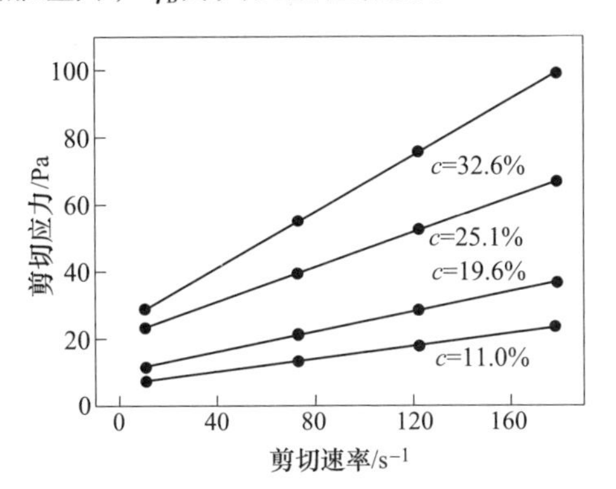

图 8-15 不同浓度粉煤灰浆体实测流变曲线

实际上，比宾汉体流变方程更具有普遍意义的是 Herschel-Bulkley 方程，即

$$\tau = \tau_H + \eta_H \gamma^n \tag{8-2}$$

式中，τ_H为 Herschel-Bulkley 屈服应力；η_H为 Herschel-Bulkley 塑性黏度。

对于上述两种结构型矿浆的流动过程进行分析：在剪切作用下，固体分散相的网络结构总是从最弱处开始断裂，它决定了矿浆的屈服应力；当剪切应力超过屈服应力以后，矿浆就开始塑性流动，并且有一定的塑性黏度，但矿浆的网络结构并未完全破坏。随着剪切应力增大，结构进一步破坏，这时矿浆的塑性黏度会进一步减小，直到结构完全破坏，流动达到恒定最小黏度。从整个过程来看，宾汉体是某一剪切速率范围内的近似，而在较宽的剪切速率范围内的黏塑性应该用 Herschel-Bulkley 方程描述。对于具有特殊超结构的矿浆，用特殊的方程予以表示。

8.3.2 浮选矿浆黏弹性结构的破坏

工业悬浮液中，固体分散相之间存在着双电层或吸附层叠加作用形式，使悬浮液具有黏弹性。具有双电层作用的悬浮液黏弹性主要由颗粒浓度、粒径、电解质浓度等因素决定。

Buscall 等人对静电稳定性聚丙乙烯橡胶分散系的黏弹性进行的蠕变测试表明，不同浓度下，体系的弹性分量与黏性分量的大小不同。在浓度较低时，黏性分量大于弹性分量；浓度较高时，弹性分量大于黏性分量[16,17]。只有在较窄的浓度（14%~16%）范围内，黏性和弹性同时存在。同样，对吸附层作用的悬浮液的黏弹性测试也表明，浓度较高时，弹性更显著，浓度较低时黏性更显著。增大电解质浓度、压缩双电层或使吸附层厚度降低，都可以使悬浮液黏弹性的剪切模量降低。

例如水煤浆。水煤浆是具有凝结结构的悬浮液。目前通过蠕变试验和松弛试验已经证实，高浓度的水煤浆具有显著的延时弹性和一定的变形条件下的应力松弛行为[18]。有研究表明，高浓度水煤浆在加载和卸载情况下的应力-应变关系可以用宾汉模型描述，证实高浓度水煤浆悬浮液内部是具有一定的超结构的[19~21]。

本章通过浮选试验、矿浆屈服应力测量、表观黏度测量、浮选过程矿浆、泡沫显微观测、精矿水回收率分析等研究方法，并通过调节搅拌调浆过程能量输入以及添加搅拌介质等技术手段，分析了人工混合矿与实际矿石体系中，颗粒对疏水聚团的擦洗效应与矿浆流变学的关键规律，可知：（1）微细粒白钨矿人工混合矿中加入石榴石或玻璃微珠搅拌介质，能够降低浮选矿浆的表观黏度，提升浮选过程的分离效率；（2）搅拌介质在搅拌调浆过程中体现出对多颗粒聚团的擦洗效应，这种擦洗效应能够“纯化”多颗粒聚团；（3）实际矿石浮选体系中，加入-106+38μm 的搅拌介质，能够将原本为内部具有明显网络结构的 Herschel Buckley 流体的浮选矿浆转变为 Bingham 流体，降低浮选微观过程中的夹杂行为；（4）采用搅拌介质引起的矿浆流变性变化，如表观黏度、屈服应力、流体指数等流变参数，与矽卡岩型白钨矿的浮选微观过程密度相关；（5）搅拌介质对微细粒聚团结构的浮选矿浆的擦洗作用可以用矿浆流变性来表征：浮选矿浆这种具有黏塑性的流体在强剪切流场中，受到搅拌介质形成的“微区域扰动效应”“微涡”等局部高能区域的作用，其原有的内部超结构发生重组，在重组过程中，强化了浮选药剂的选择性作用效果。

参考文献

[1] Sivamohan R. The problem of recovering very fine particles in mineral processing—A review [J]. International Journal of Mineral Processing, 1990, 28 (3): 247-288.

[2] Li C, Runge K, Shi F, et al. Effect of flotation conditions on froth rheology [J]. Powder Technology, 2018, 340: 537-542.

[3] Li C, Cao Y, Peng W, et al. On the correlation between froth stability and viscosity in flotation [J]. Minerals Engineering, Elsevier, 2020, 149: 106269.

[4] Li C, Runge K, Shi F, et al. Effect of flotation froth properties on froth rheology [J]. Powder Technology, 2016, 294: 55-65.

[5] Li C, Runge K, Shi F, et al. Effect of froth rheology on froth and flotation performance [J]. Minerals Engineering, 2018, 115: 4-12.

[6] Shi F N, Zheng X F. The rheology of flotation froths [J]. International Journal of Mineral Processing, 2003, 69 (1-4): 115-128.

[7] DAi Z, Fornasiero D, Ralston J. Particle-bubble collision models—A review [J]. Advances in colloid and interface science, 2000, 85 (2-3): 231-56.

[8] Leistner T, Peuker U A, Rudolph M. How gangue particle size can affect the recovery of ultrafine and fine particles during froth flotation [J]. Minerals Engineering, Elsevier Ltd, 2017, 109: 1-9.

[9] Kou J, Xu S, Sun T, et al. A study of sodium oleate adsorption on Ca^{2+} activated quartz surface using quartz crystal microbalance with dissipation [J]. International Journal of Mineral Processing, 2016, 154: 24-34.

[10] Zhang G, Gao Y, Chen W, et al. The role of water glass in the flotation separation of fine fluorite from fine quartz [J]. Minerals, 2017, 7 (9): 157.

[11] Yuan X M, PåLsson B I, Forssberg K S E. Statistical interpretation of flotation kinetics for a complex sulphide ore [J]. Minerals Engineering, 1996, 9 (4): 429-442.

[12] Zhang Y, Chang Z, Luo W, et al. Effect of starch particles on foam stability and dilational viscoelasticity of aqueous-foam [J]. Chinese Journal of Chemical Engineering, Elsevier B. V., 2015, 23 (1): 276-280.

[13] Li C, Farrokhpay S, Shi F, et al. A novel approach to measure froth rheology in flotation [J]. Minerals Engineering, 2015, 71: 89-96.

[14] Chao Li, Saeed Farrok Hpay*, Kym Runge F S. Determining the significance of flotation variables on froth rheology using a central composite rotatable design [J]. Powder Technology, 2016, 287: 216-225.

[15] 杨小生，陈荩. 选矿流变学及其应用 [M]. 长沙：中南工业大学出版社，1995.

[16] Wang Z lin, Jin Y xin, Wang T, et al. Effect of branched chain and polyoxyethylene group on surface dilational rheology of cationic surfactants [J]. Colloids and Surfaces A: Physicochemical and Engineering Aspects, Elsevier, 2019, 577: 249-256.

[17] Langevin D, Monroy F. Interfacial rheology of polyelectrolytes and polymer monolayers at the air-water interface [J]. Current Opinion in Colloid and Interface Science, Elsevier Ltd, 2010, 15 (4): 283-293.

[18] Lee J K, Ko J, Kim Y S. Rheology of Fly Ash Mixed Tailings Slurries and Applicability of Prediction Models [J]. Minerals, 2017, 7 (9): 165.

[19] Zhang N, Chen X, Nichol Son T, et al. The effect of froth on the dewatering of coals-An oscillatory rheology study [J]. Fuel, Elsevier, 2018, 222: 362-369.

[20] Turian R M, Attal J F, Sung D J, et al. Properties and rheology of coal-water mixtures using different coals [J]. Fuel, 2002, 81 (16): 2019-2033.

[21] Sotillo F J, Fuerstenau D W, Harris G H. Surface chemistry and rheology of Pittsburgh No. 8 coal-water slurry in the presence of a new pyrite depressant [J]. Coal Preparation, 1997, 18 (3-4): 151-183.

9 实际矿石浮选体系流变性调控与应用

微细粒白钨矿与微细粒脉石矿物的分选一直是白钨矿浮选过程的难点。由于受到细粒浮选过程中微细颗粒可浮性差、微细粒矿浆黏度高等限制，从常规的选矿思路出发去回收微细粒的白钨矿非常困难，主要表现为选矿富集比提升困难、回收率偏低。本章基于第5~8章关于矿浆物理及化学性质与矿浆流变性的相关性以及矿浆流变性对微细粒白钨矿与微细粒方解石、石英分离的影响的研究结果，以调控矿浆流变性为出发点，针对湖南某矽卡岩型微细粒白钨矿原矿的粗选、磁选钨精矿的精选过程开展新技术研究，进行了实际矿石浮选体系流变性调控提升浮选指标的研究。

9.1 白钨矿原矿粗选强化调浆-浮选技术

9.1.1 原有生产方案与指标

根据该白钨矿原矿的性质，经过公司多年的科学研究与生产实践，形成了“粗选段预先富集—精选段浓缩精选”的浮选作业流程。其中，粗选段包括一次粗选、两次精选、三次扫选，精选段包括一次粗选、六次精选、两次扫选。该技术方案的特点有：（1）尽量放粗磨矿细度，避免白钨矿过磨，造成微细粒浮选回收困难的问题；（2）在粗选段添加大量的水玻璃作为抑制剂，预先抛弃大量石榴石，降低后续精选作业的处理量；（3）粗选精矿集中浓缩后进入精选作业段，提高精选段的处理能力[1]。该公司采用上述浮选工艺，以脂肪酸类表面活性剂ZL为白钨矿捕收剂，以碳酸钠为pH值调整剂，水玻璃（现场生产，模数为2.4）为脉石矿物的抑制剂，在粗选段使用一次粗选+三次扫选+二次精选的流程，可以获得粗精矿WO_3品位9.64%，回收率77.65%的生产指标[2]。

然而，该公司多年的生产实践表明，使用“粗选段预先富集—精选段浓缩精选”流程存在一定的问题。在现场的浮选尾矿中，−10μm粒级中白钨矿的品位高达0.1%（浮选给矿品位为0.30%左右），占尾矿中白钨总损失量的一半以上。总体而言，浮选给矿中的微细粒级白钨矿没有实现高效回收的目的。

针对浮选原矿（现场球磨机溢流产品），在系统的预先试验药剂用量（pH值调整剂、抑制剂、捕收剂）试验、浮选浓度试验、浮选时间试验的基础上，确定了在常规浮选条件下的最佳药剂用量和试验流程，指标见表9-1，流程如图9-1所示。在使用与目前现场实际生产过程相同的一次粗选+二次精选+三次扫选的浮选流程以及确定的最佳药剂用量条件下，使用浮选机进行常规调浆-浮选试验，可获得的浮选指标为：粗精矿品位 WO_3 14.87%，回收率 70.98%，尾矿品位 WO_3 0.02%，WO_3损失率 5.75%。

表 9-1 白钨矿原矿常规浮选全开路指标 (%)

开路实验技术方案	产品名称	产率	WO_3品位	WO_3回收率
常规调浆-浮选	精矿	1.49	14.87	70.98
	中矿 1	4.73	0.34	5.16
	中矿 2	3.36	0.50	5.42
	粗精矿	9.58	2.66	81.56
	中矿 3	5.38	0.61	10.45
	中矿 4	1.83	0.26	1.53
	中矿 5	1.53	0.14	0.71
	尾矿	81.68	0.02	5.75
	合计	100.00	0.31	100.00

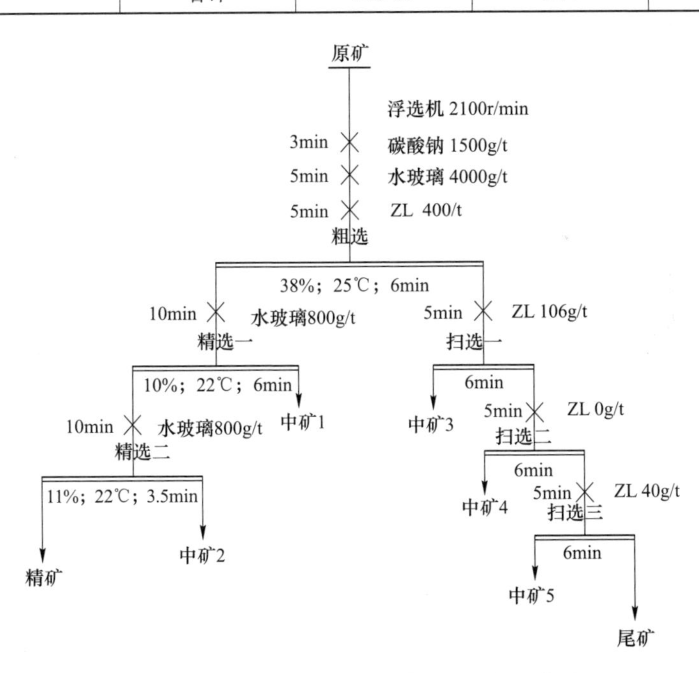

图 9-1 白钨矿原矿常规浮选药剂用量与工艺流程

9.1.2 强化调浆-浮选条件分析

根据第 6~8 章中调浆搅拌过程能量输入对微细粒矿物颗粒聚团形成机制的影响规律，以及颗粒聚团矿浆流变性（屈服应力）对微细粒白钨矿浮选速率的影响机制，在条件试验确定的最佳药剂下（碳酸钠 1500g/t，水玻璃 3000g/t，ZL 400g/t），考查了强化调浆方案中能量输入（通过改变搅拌转速与搅拌时间）对浮选指标的影响，并测定了浮选作业中颗粒聚团的屈服应力，试验流程如图 9-2 所示，试验指标见表 9-2 和表 9-3。通过调节四叶直桨的搅拌转速改变搅拌过程能量输入（搅拌时间每种药剂 5min），测得的浮选精矿的屈服应力与浮选指标见表 9-2。

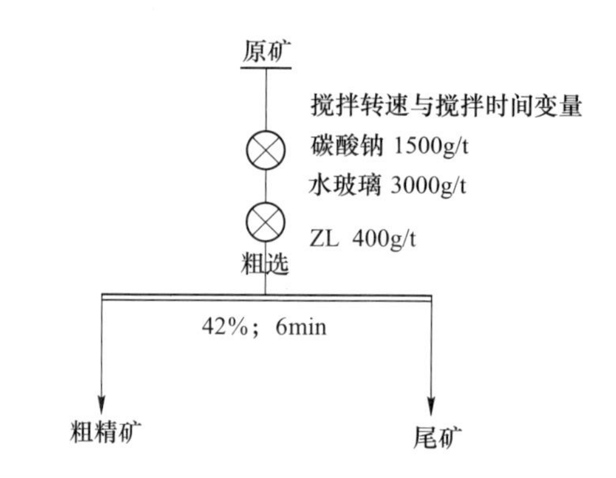

图 9-2 白钨矿原矿强化调浆-浮选条件试验流程

表 9-2 强化调浆浮选指标（调浆搅拌转速为变量）

搅拌转速/$r \cdot min^{-1}$	屈服应力/Pa	产品名称	产率/%	WO_3品位/%	WO_3回收率/%
5000	5.67	粗精矿	13.06	2.17	85.46
		尾矿	86.94	0.06	14.54
		合计	100.00	0.33	100.00
4000	5.58	粗精矿	11.43	2.31	84.91
		尾矿	88.57	0.05	15.09
		合计	100.00	0.31	100.00
3000	4.26	粗精矿	8.68	2.97	82.96
		尾矿	91.32	0.06	17.04
		合计	100.00	0.31	100.00
2000	3.75	粗精矿	7.47	3.51	79.75
		尾矿	92.53	0.07	20.25
		合计	100.00	0.33	100.00

由表 9-2 可知，随着搅拌调浆过程搅拌转速增大：（1）粗精矿回收率逐渐增大，表明随着搅拌过程能量输入增大，矿浆中白钨矿的浮选速率增大，但是 WO_3品位逐渐降低，表明浮选过程夹杂更加严重；（2）尾矿品位先降低后升

高，在搅拌转速为4000r/min时取得最低，说明此时矿浆中的颗粒聚团形成最完全，而在搅拌转速过大时，矿浆中微细粒白钨矿的颗粒聚团开始破裂，再次释放出颗粒聚团表层的微细颗粒，导致尾矿品位升高；（3）精矿产品的屈服应力逐渐增大，后趋于平稳，结合第7章中不同粒级的矿浆流变性变化规律以及微细粒白钨矿在油酸钠作用下的屈服应力变化规律可知，精矿中微细粒级矿物含量增大，颗粒聚团屈服应力增大，强度增大，在剪切流场中“寿命”较大，因而更容易上浮[3]。

通过调节四叶直桨的搅拌时间改变搅拌过程能量输入（搅拌转速定为4000r/min），测得的浮选精矿的屈服应力与浮选指标见表9-3。由表9-3可知，随着搅拌调浆过程搅拌时间增大：（1）粗精矿回收率基本保持不变，但是WO_3品位逐渐降低，表明在此搅拌转速下，目的矿物已经可以实现较好的颗粒聚团，延长搅拌时间，会使得已经形成的颗粒聚团“纯度”降低，因而精矿的品位逐渐降低；（2）结合第4章中微细粒白钨矿颗粒聚团的形成、生长、稳定化、破裂机制可知，长时间的搅拌会使颗粒聚团表层的细粒级颗粒脱落，进而导致尾矿品位升高[4]（在搅拌时间为10min时取得最低值0.05%）。

表9-3 强化调浆浮选指标（调浆搅拌时间为变量）

搅拌时间/min	屈服应力/Pa	产品名称	产率/%	WO_3品位/%	WO_3回收率/%
5	5.60	粗精矿	13.03	2.17	85.43
		尾矿	86.97	0.06	14.57
		合计	100.00	0.33	100.00
10	5.78	粗精矿	15.82	1.78	87.76
		尾矿	84.18	0.05	12.24
		合计	100.00	0.32	100.00
15	5.54	粗精矿	18.92	1.48	85.13
		尾矿	81.08	0.06	14.87
		合计	100.00	0.33	100.00
20	5.21	粗精矿	17.11	1.57	85.41
		尾矿	82.89	0.06	14.59
		合计	100.00	0.32	100.00

9.1.3 强化调浆-浮选粗选段全流程试验分析

以9.1.2节强化调浆过程条件试验为基础，使用四叶直桨作为搅拌叶轮，进行了强化调浆条件下的全开路试验，药剂用量、搅拌工艺参数测定值以及浮选流程如图9-3所示，开路浮选指标见表9-4。

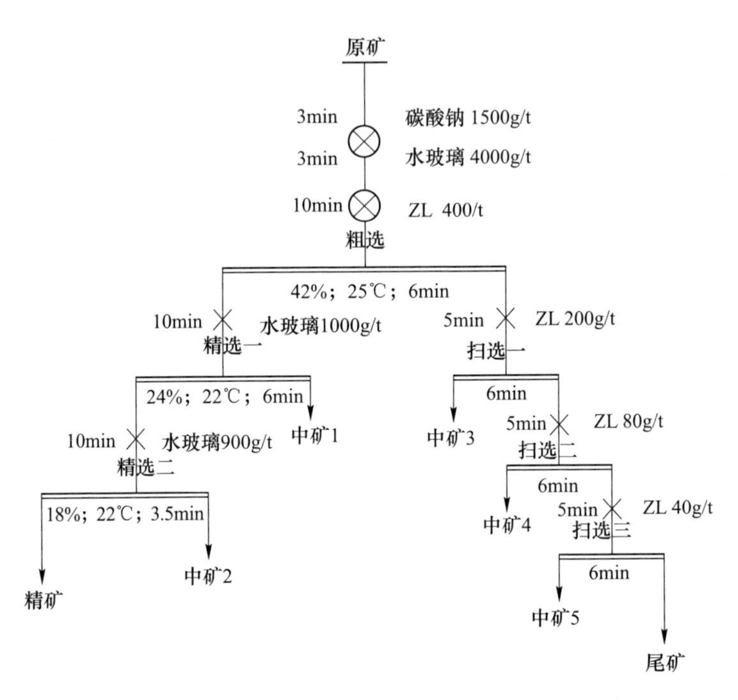

图 9-3　白钨矿原矿强化调浆浮选药剂用量、工艺流程

表 9-4　白钨矿原矿强化调浆-浮选全开路指标　（%）

开路试验技术方案	产品名称	产率	WO_3品位	WO_3回收率
强化调浆-浮选	精矿	1.82	13.20	80.59
	中矿 1	10.14	0.16	5.27
	中矿 2	4.03	0.24	3.21
	粗精矿	15.99	1.66	89.07
	中矿 3	6.91	0.19	4.45
	中矿 4	4.44	0.11	1.65
	中矿 5	2.99	0.10	1.00
	尾矿	69.67	0.02	3.83
	合计	100.00	0.30	100.00

在使用与实验室常规浮选技术方案相同的一粗二精三扫的浮选流程的条件下，强化调浆-浮选技术方案可获得的浮选指标为粗精矿品位 WO_3 13.20%，回收

率 80.59%，尾矿品位 WO_3 0.02%，WO_3损失率 3.83%。与常规浮选技术方案的指标相比，强化调浆浮选有以下特点：

（1）粗选精矿产率大（强化调浆-浮选粗精矿产率为 15.99%，常规浮选粗精矿产率为 9.58%），粗选回收率大，表明目的矿物更早地进入了精选作业。

（2）精选过程富集比高（强化调浆-浮选两次精选富集比为 7.95，常规浮选两次精选富集比为 5.59），表明在较高的搅拌调浆过程能量输入下，形成的颗粒聚团屈服应力较大，在精选过程中反复的“冲刷”过程中能够不断地释放脉石矿物，进而实现品位的提升，这从精选尾矿的品位对比中也可以得到验证。

（3）扫选过程产率大（强化调浆-浮选三次扫选产率 14.34%，常规浮选 3 次扫选产率 8.74%），扫选过程夹杂严重。这可能是强化搅拌过程捕收剂的无选择性吸附造成的。

综上所述，以调节矿浆中颗粒聚团屈服应力为出发点，通过调节调浆搅拌过程能量输入，在实现微细粒白钨矿颗粒聚团的基础上，可以实现浮选回收率的提升。

以两种技术方案的开路浮选试验结果为基础，进行小型闭路试验，浮选流程以及达到平衡时的条件分别如图 9-4 和图 9-5 所示，闭路试验指标见表 9-5。

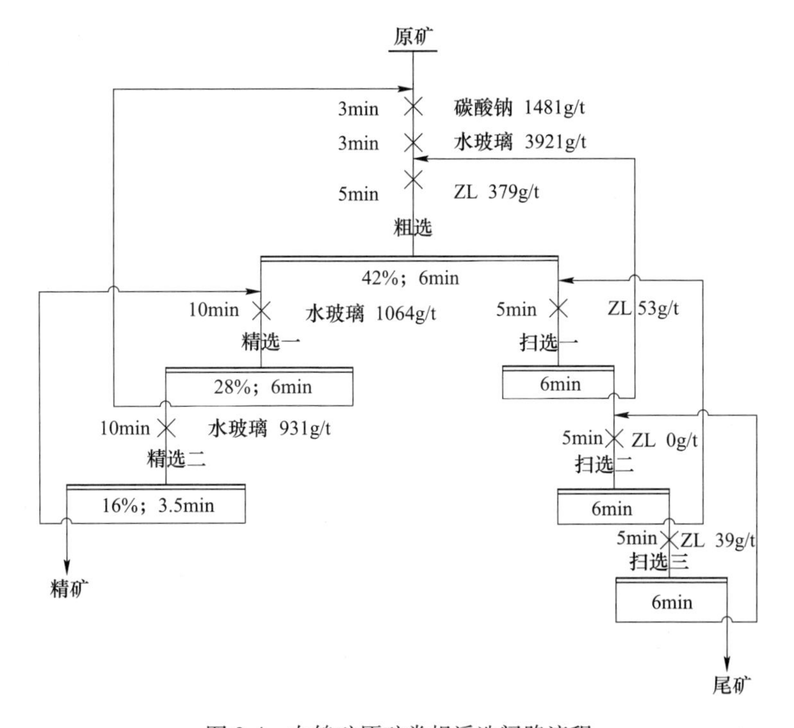

图 9-4 白钨矿原矿常规浮选闭路流程

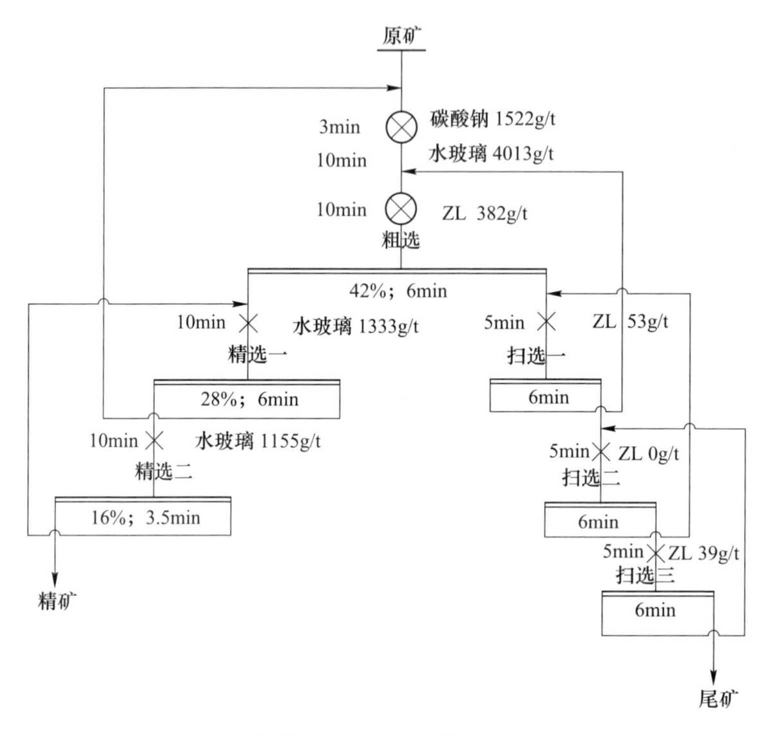

图 9-5 白钨矿原矿强化调浆浮选闭路流程

表 9-5 白钨矿原矿闭路浮选结果 (%)

闭路浮选工艺	产品名称	产率	WO_3品位	WO_3回收率
强化调浆-浮选	精矿	2. 50	10. 44	86. 72
	尾矿	97. 50	0. 04	13. 28
	原矿	100. 00	0. 30	100. 00
常规浮选	精矿	2. 41	10. 95	84. 63
	尾矿	97. 59	0. 05	15. 37
	原矿	100. 00	0. 31	100. 00

比较表 9-5 中两种闭路浮选工艺的指标可知，采用强化调浆-浮选技术方案，得到的精矿品位为 10. 44%，回收率 86. 72%，尾矿品位 0. 04%；采用常规浮选技术方案，得到的精矿品位为 10. 95%，回收率 84. 63%，尾矿品位 0. 05%。两种方案对比，采用强化调浆技术方案，回收率提升了 2. 09%。

9. 1. 4 粒级回收率分析

取两种闭路试验浮选尾矿，进行粒级分析，并与浮选原矿粒级分析结果对比，计算出闭路试验过程中各个粒级的回收率。两种方案的粒级回收率对比结果如图 9-6 所示。

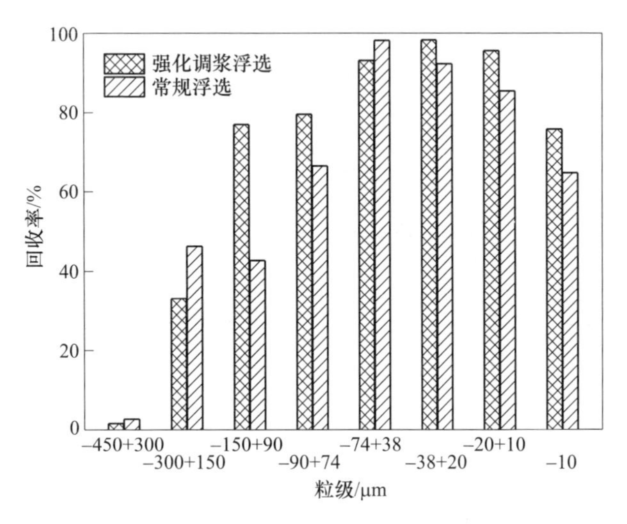

图 9-6 白钨矿原矿强化调浆浮选闭路流程流程

由图 9-6 可知，各个粒级的回收率变化趋势不同。其中，对-74+38μm 粒级、-38+20μm 粒级、-20+10μm 粒级来说，使用两种方案，其回收率相近，且较高（均在 90%以上）；对于-10μm 粒级来说，强化调浆-浮选技术方案的粒级回收率为 75.88%，常规浮选技术方案的粒级回收率为 64.74%，实现了较大提升。对于粗粒级如-90+74μm 粒级、-150+90μm 粒级、-300+150μm 等粒级来说，由于其在原矿中所占含量较少，因而没有分析比较的意义。由图 9-6 可知，强化调浆-浮选方案主要是促进了原矿中-10μm 粒级的回收，这也是实现了总体上浮选回收率增大的主要原因。

为进一步对比分析两种闭路浮选流程中返回作业对浮选的影响，计算绘制了两种技术工艺的数质量流程图，结果如图 9-7 和图 9-8 所示。

对比两种技术方案的浮选指标，可知：

（1）粗选作业负荷相近。强化调浆-浮选技术方案粗选过程负荷（125.58%）稍高于常规浮选技术方案（123.62%），但是金属累积量（128.45%）却低于常规浮选技术方案（139.29%），表明在粗选过程中强化调浆方案能够将更多的金属分配到精选过程中去，有利于保证较高的回收率。

（2）精选作业负荷不同。强化调浆-浮选技术方案两次精选的负荷分别为 21.46%（精选一）、6.05%（精选二），而常规浮选技术方案两次精选的负荷分别为 17.22%（精选一）、4.91%（精选二），但是两种方案精选过程的金属量相近（强化调浆-浮选方案两次精选处理的金属量分别为 108.81%、94.87%，常规

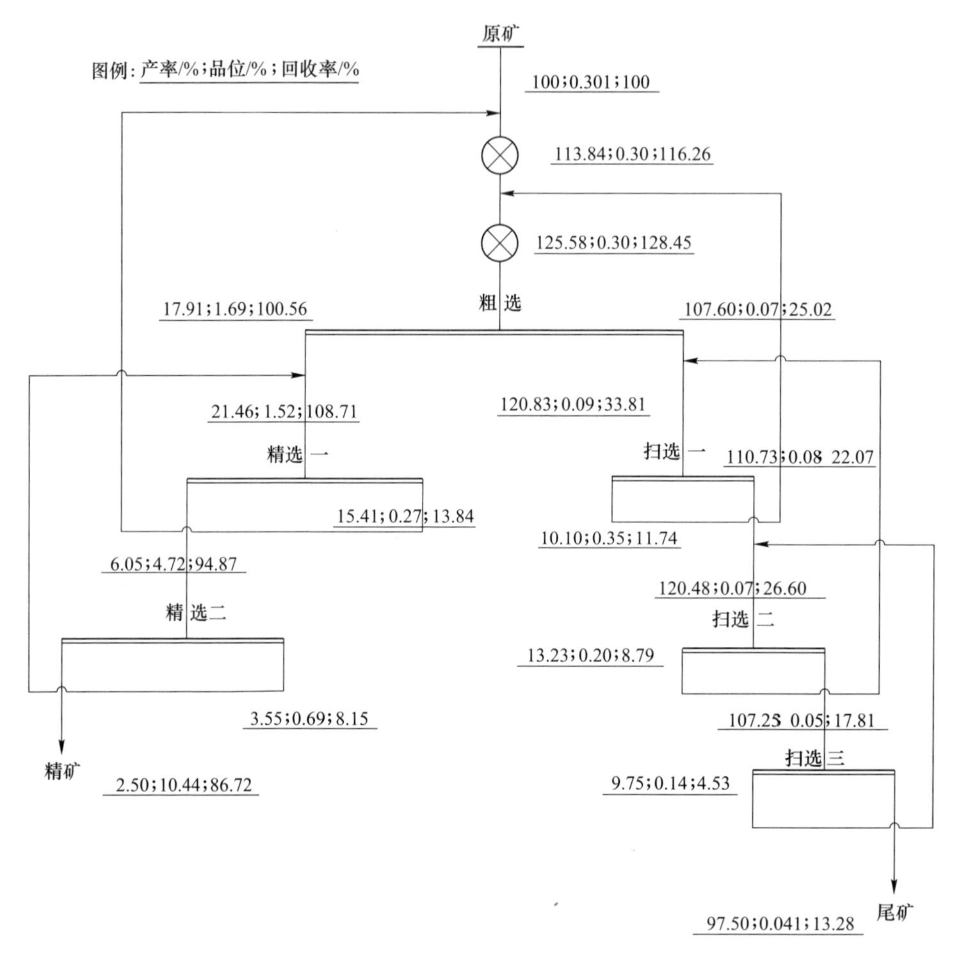

图 9-7 白钨矿原矿强化调浆浮选数质量流程

浮选方案两次精选处理的金属量分别为 111.19%、91.49%），表明在精选过程中强化调浆-浮选方案的富集作用更显著，有用矿物的浮选速率更快。

（3）扫选作业负荷不同。强化调浆-浮选技术方案 3 次扫选的负荷分别为 120.83%、120.48%、107.25%，常规浮选技术方案 3 次扫选的负荷分别为 122.05%、116.70%、103.55%，两者相差不大，负荷相近，强化调浆-浮选技术方案 3 次扫选的金属量分别为 33.81%、26.60%、17.81%，而常规浮选技术方案 3 次扫选的金属量分别为 48.03%、33.03%、19.96%，显然常规浮选方案在扫选段金属量循环较大，而微细粒的矿物由于浮选速率低，很难在扫选阶段有效富集，因而最终尾矿品位较高，金属损失量大。

综上所述，通过调控微细粒矿物颗粒聚团的屈服应力，使微细粒矿物的颗粒聚团稳定性达到最大，可以显著促进微细粒白钨矿的浮选回收。

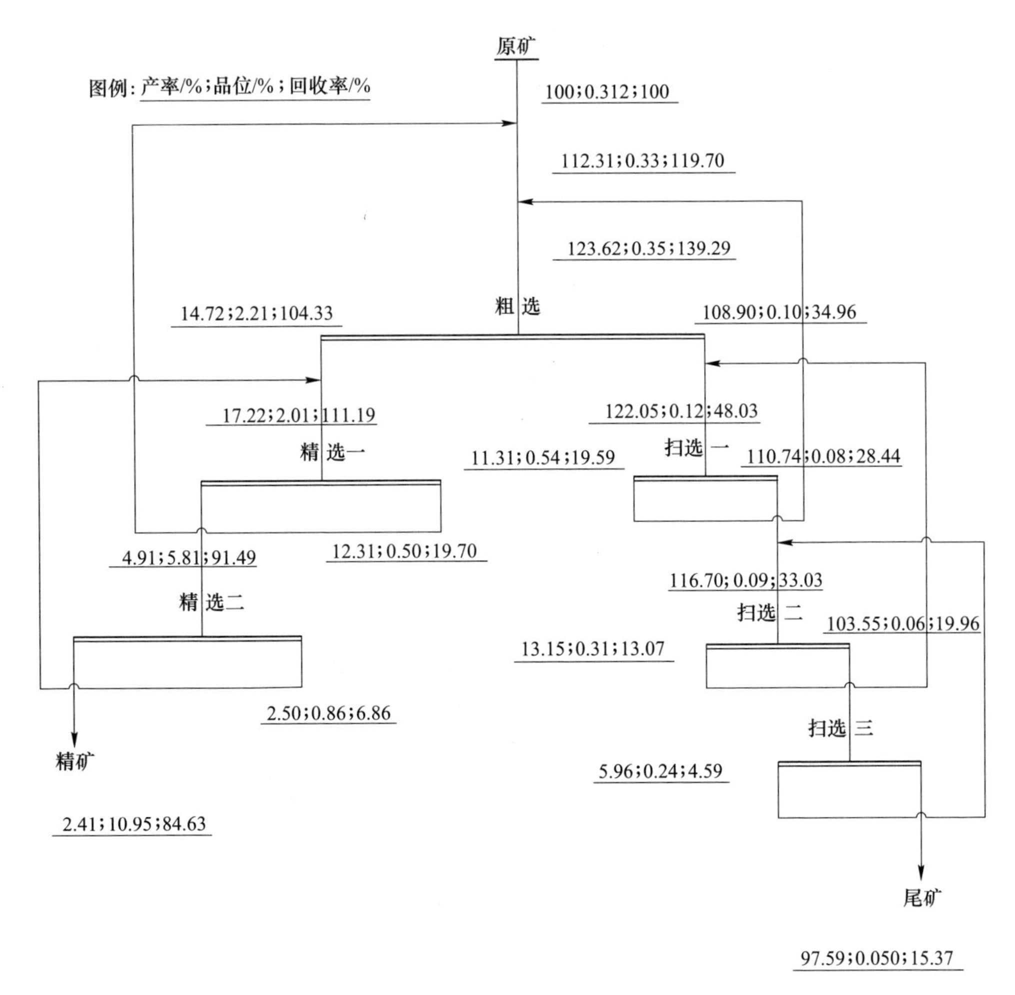

图 9-8　白钨矿原矿常规浮选数质量流程

9.2 白钨矿粗选抑制剂优化试验

水玻璃是多种硅酸钠的混合物，对石英、硅酸盐以及铝硅酸盐矿物有良好的抑制作用，同时对微细粒的矿泥还具有较强的分散作用。一般用 $Na_2O \cdot \gamma SiO_2$通式表示其化学组成，其中 γ 表示水玻璃中 SiO_2与 Na_2O 之比的平均值，习惯性称之为水玻璃的模数。水玻璃的模数越小越易溶于水，但抑制能力越弱；水玻璃的模数越大越难溶于水，但抑制能力越强。目前现场生产的水玻璃（模数为 2.4）一直是选厂生产使用的脉石矿物的抑制剂。据报道，水玻璃在浮选中发挥作用的成分主要是多个硅酸根离子聚合形成的胶粒，因而在保证水玻璃在矿浆中以胶粒存在（不形成沉淀析出的前提下）的情况下，矿浆中胶粒越大；粒径越大，对脉石矿物的抑制效果越好。生产中，一般通过向水玻璃溶液中添加高价金属离子形成“盐化水玻璃”或者添加无机酸形成“酸化水玻璃”，促使水玻璃溶液中形成更多的亲水性的胶粒，增强其抑制效果[5,6]。但是生产实践表明，用水玻璃作为白钨矿浮选作业中的脉石矿物抑制剂，效果并不理想。一般需要使用加温处理外以促进水玻璃对捕收剂在脉石矿物表面的解吸效果，还需要对最终的精矿进行酸浸（一般使用盐酸）处理，除去精矿中的碳酸盐矿物。此外，水玻璃作为分散剂，常常导致尾矿水中 COD 值过高，造成很大的环保问题。

针对白钨矿原矿，在系统研究海藻酸钠对微细粒白钨矿矿浆流变性影响及其对微细粒白钨矿、方解石、石英的可浮性影响规律的基础上，对比研究了水玻璃、盐化水玻璃、海藻酸钠 3 种抑制剂在实际矿石强化调浆-浮选作业中的效果。具体浮选药剂用量以及浮选工艺流程如图 9-9 所示。在条件试验的基础上，最优的浮选指标见表 9-6。

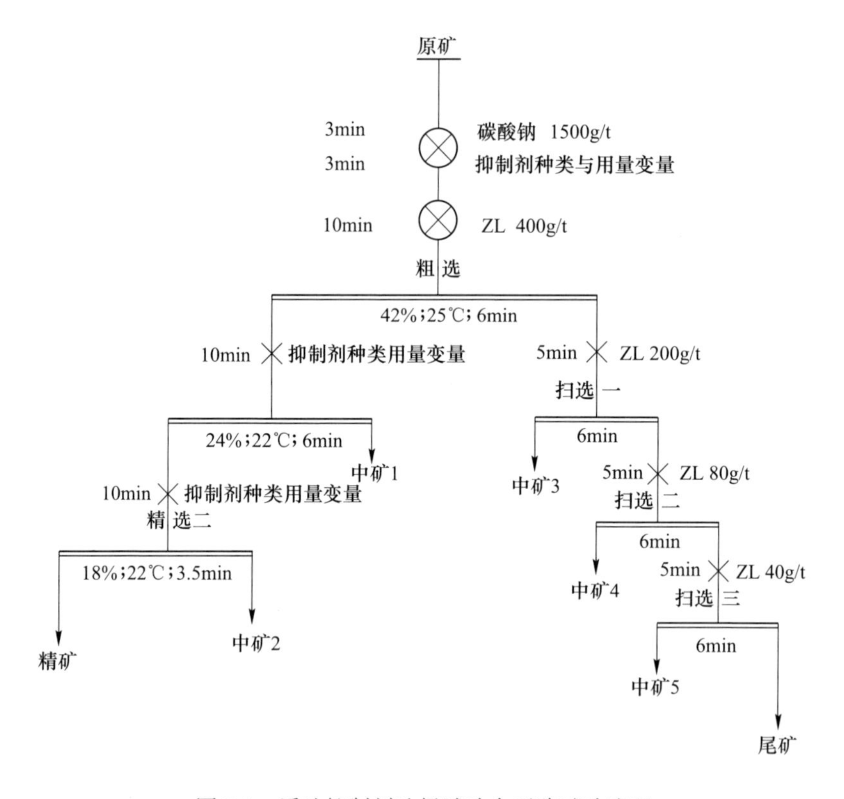

图 9-9　浮选抑制剂选择试验全开路试验流程

表 9-6 不同抑制剂组合全开路浮选指标 (%)

抑制剂方案	产品名称	产率	WO_3品位	WO_3回收率
抑制剂：水玻璃 粗选：3000g/t 精选一：800g/t 精选二：600g/t	精矿	2.81	7.68	77.57
	中矿 1	8.24	0.23	6.97
	中矿 2	4.92	0.20	3.47
	粗精矿	15.96	1.53	88.01
	中矿 3	5.28	0.29	5.48
	中矿 4	1.73	0.18	1.11
	中矿 5	1.13	0.15	0.63
	尾矿	75.91	0.02	4.77
	合计	100.00	0.28	100.00
抑制剂：盐化水玻璃 （硫酸铝盐化） 粗选：3000g/t 精选一：8000g/t 精选二：600g/t	精矿	2.18	9.69	75.95
	中矿 1	8.14	0.27	7.90
	中矿 2	3.63	0.25	3.31
	粗精矿	13.95	1.74	87.17
	中矿 3	5.91	0.29	6.10
	中矿 4	2.44	0.13	1.10
	中矿 5	2.99	0.11	1.23
	尾矿	74.72	0.02	4.40
	合计	100.00	0.28	100.00
抑制剂：海藻酸钠 粗选：1000g/t 精选一：400g/t 精选二：100g/t	精矿	1.32	13.27	61.72
	中矿 1	6.03	0.66	13.96
	中矿 2	2.36	1.07	8.85
	粗精矿	9.72	2.48	84.52
	中矿 3	4.16	0.33	4.80
	中矿 4	1.81	0.48	3.03
	中矿 5	1.10	0.16	0.62
	尾矿	83.21	0.02	7.03
	合计	100.00	0.28	100.00
粗选：水玻璃 3000g/t 精选一：海藻酸钠 600g/t 精选二：海藻酸钠 200g/t	精矿	0.94	17.77	58.86
	中矿 1	10.33	0.44	16.07
	中矿 2	4.46	0.80	12.65
	粗精矿	15.73	1.58	87.57
	中矿 3	6.07	0.31	6.59
	中矿 4	1.56	0.13	0.71
	中矿 5	1.24	0.11	0.50
	尾矿	75.39	0.02	4.63
	合计	100.00	0.28	100.00

由表 9-6 可知，针对原矿 WO_3含量为 0.28%的原矿，使用各种抑制剂，在强化调浆-浮选技术方案下，取得的浮选指标是不同的。

（1）对比使用水玻璃与盐化水玻璃作为抑制剂的两组全开路试验结果，可以看出：在最终精矿回收率相近的情况下（76%附近），使用盐化水玻璃作为抑制剂得到的精矿品位为 WO_3 9.69%，高于使用水玻璃作为抑制剂时的精矿品位

WO_3 7.68%，说明使用盐化水玻璃加强了水玻璃的抑制效果。

（2）对比使用水玻璃与海藻酸钠作为抑制剂的两组全开路试验结果，可以看到，两种抑制剂的抑制效果显著不同。使用海藻酸钠作为抑制剂，粗精矿品位可以达到 WO_3 2.48%，高于使用水玻璃作为抑制剂时的 WO_3 1.53%，表明海藻酸钠是白钨矿浮选的更好的脉石矿物抑制剂。经过两次精选，精矿品位可以达到 WO_3 13.27%，远高于使用水玻璃作为抑制剂时的精矿品位 WO_3 7.68%。但是，使用海藻酸钠作为抑制剂时，这有可能是海藻酸钠本身具有高黏度的性质，增大了矿浆的表观黏度，影响了疏水性颗粒的上浮速率，导致回收率有所下降。

（3）结合使用水玻璃与海藻酸钠分别用于粗选过程与精选过程，效果更好。与单一使用海藻酸钠作为抑制剂相比，粗选过程使用水玻璃作为抑制剂，避免了粗选回收率降低的缺点，精选过程使用海藻酸钠作为抑制剂，有效地利用了其选择性高的优点。在精矿回收率保持在 WO_3 60%附近时，精矿品位可由 WO_3 13.27%上升到 17.77%，实现了白钨矿与脉石矿物的良好分离。

综上所述，使用海藻酸钠作为白钨矿精选过程的抑制剂，在使用强化调浆-浮选技术方案时，可以实现白钨矿与脉石矿物的有效分离。

9.3 搅拌介质强化调浆-浮选技术

9.3.1 磁选钨精矿原有浮选方案指标

以碳酸钠为 pH 值调整剂、水玻璃为脉石矿物抑制剂、ZL 为捕收剂，采用如图 9-9 所示的强化调浆-浮选作业流程对磁选钨精矿进行全开路试验，取得的指标与原矿的强化调浆-浮选指标对比结果见表 9-7。对比两种浮选给矿下的浮选指标，可以看出，在最终精矿回收率基本相同的情况下（WO_3 80%附近），两种浮选给矿的浮选行为具有显著的差别，与原矿作为浮选给矿相比，磁选钨精矿作为浮选给矿时：

（1）粗选过程富集比低，回收率相近。给矿品位为 WO_3 0.52%时，粗精矿品位为 WO_3 1.77%，富集比为 3.40，低于原矿作为给矿时的 5.53，表明在矿浆细度增大时，浮选的选择性显著降低。

（2）扫选过程夹杂严重。扫选精矿产率分别为 9.01%、4.22%、2.73%，高于原矿作为给矿时的 6.91%、4.44%、2.99%，表明在扫选过程有更多的脉石上浮，将对后续的返回作业造成较大的负荷。

（3）精选过程分离效果差。在两种粗精矿品位相差不大的情况下（分别为 1.66%与 1.77%），使用磁选粗精矿作为浮选给矿时，最终精矿品位仅为 WO_3 3.33%，远远低于使用原矿作为浮选给矿时得到的精矿品位（WO_3 13.20%）。对比可知，精选过程分选性显著下降，影响精矿品位。

表 9-7 原矿与磁选钨精矿强化调浆-浮选浮选指标

矿样	浮选矿浆表观黏度/mPa·s	产品	产率/%	WO_3品位/%	WO_3回收率/%
原矿	39.28	精矿	1.82	13.20	80.59
		中矿 1	10.14	0.16	5.27
		中矿 2	4.03	0.24	3.21
		粗精矿	15.99	1.66	89.07
		中矿 3	6.91	0.19	4.45
		中矿 4	4.44	0.11	1.65
		中矿 5	2.99	0.10	1.00
		尾矿	69.68	0.02	3.83
		合计	100.00	0.30	100.00
磁选钨精矿	65.37	精矿	12.59	3.33	80.32
		中矿 1	8.92	0.23	3.93
		中矿 2	4.49	0.44	3.77
		粗精矿	26.00	1.77	88.01
		中矿 3	9.01	0.34	5.85
		中矿 4	4.22	0.19	1.53
		中矿 5	2.73	0.14	0.75
		尾矿	58.04	0.03	3.85
		合计	100.00	0.52	100.00

(4) 矿浆表观黏度增大明显。测量了浮选充气之前浮选矿浆的表观黏度情况，使用原矿作为给矿时，通过强化调浆以及药剂作用，浮选矿浆的表观黏度为39.28mPa·s，而使用磁选钨精矿作为浮选给矿时，浮选矿浆的表观黏度为65.37mPa·s，结合第5章中矿浆性质对矿浆流变性的影响规律以及第4章中矿浆流变性对微细粒白钨矿浮选行为的影响可知，这是因为大量的细粒矿物在剪切场中颗粒间作用增强，形成网络状结构强度较大，一方面对目的矿物的上浮造成干扰，另一方面容易导致气泡在上浮的过程中背负脉石矿物一同上浮，导致最终浮选的选择性显著降低。

通过浮选指标以及矿浆流变性的检测结果可知，磁选精矿由于矿浆细度大幅减小，浮选选择性降低严重，难以有效富集。

9.3.2 搅拌介质粒级试验分析

针对上述磁选钨精矿在浮选作业中矿浆黏度高、选择性差的问题，在第4章中搅拌介质对微细粒矿物以及混合矿浮选行为研究的基础上，研究了以石榴石为搅拌介质，在粗选过程中已经形成大量颗粒聚团的基础上，通过添加可浮性差（见第 7 章搅拌介质的可浮性研究）但是粒径稍大于颗粒聚团的固体搅拌介质，利用其在精选调浆作业中对颗粒聚团在精选调浆过程中的“研磨”“擦洗”作用，降低磁选钨精矿浮选矿浆表观黏度高、浮选选择性差的影响。为综合利用选厂尾矿中的石榴石，选取石榴石这种可浮性差、耐磨性好的固体颗粒作为搅拌介质加入精选的调浆过程，以实现上述目的。以此思路为出发点，以矿浆表观黏度检测技术为辅助判断依据，以原有强化调浆-浮选技术方案为原型，研究了在精选作业中添加搅拌介质的粒级、用量、抑制剂用量对磁选钨精矿浮选指标的影响。

以碳酸钠为 pH 值调整剂、水玻璃为脉石矿物抑制剂、ZL 为捕收剂，以精选调浆作业之前加入的搅拌介质的粒级为变量，研究了不同粒级的搅拌介质作用下两次精选作业对强化调浆-浮选作业富集程度的影响。试验流程见图 9-10 所示，浮选指标见表 9-8。由表 9-8 中粗粒级（-0.106+0.038mm）、中等粒级（-0.038+0.01mm）、细粒级（-0.01mm）3 种粒级搅拌介质的添加对浮选精矿品位、回收率的影响规律可知：

（1）加入细粒级的搅拌介质，对白钨矿的浮选作业起到负面影响。对比表 9-8 中磁选钨精矿的浮选指标，发现加入细粒级的介质不但对最终精矿品位的提

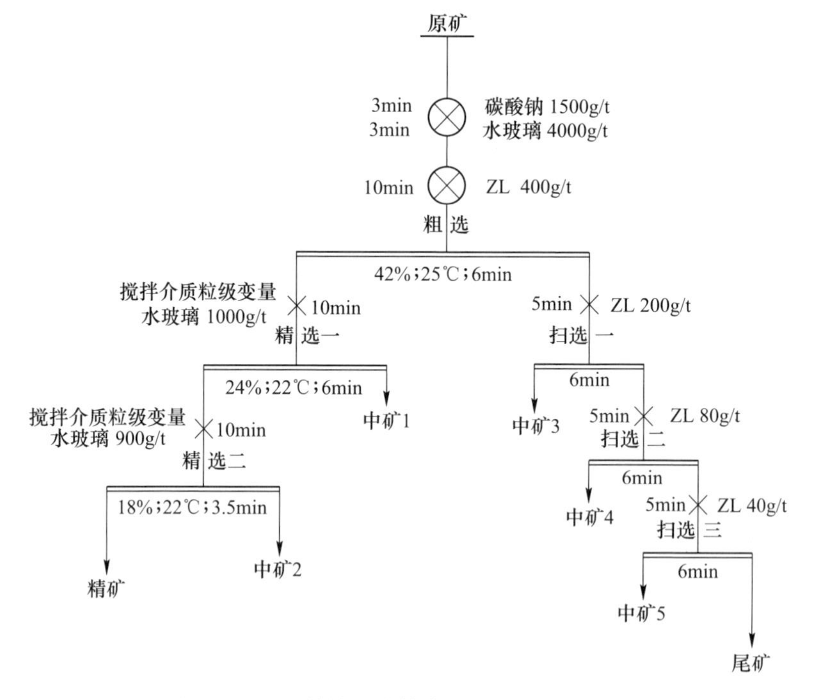

图 9-10 磁选钨精矿搅拌介质粒级试验工艺流程

升没有帮助（从添加前的3.30%到3.02%），还降低了最终精矿的回收率（从添加前的80.32%到66.21%）。这是因为一方面细粒级的搅拌介质本身就容易通过夹杂（进入形成的颗粒聚团内部）上浮，另一方面细粒级的加入反而增大了矿浆黏度（从65.37mPa · s到78.94mPa · s），造成浮选过程分选性下降，从精选尾矿的品位更高（0.58%、0.91%）也从侧面验证了这一点。

表 9-8 磁选钨精矿强化调浆-浮选浮选指标（不同粒级搅拌介质添加条件下）

介质粒度/mm	矿浆黏度/mPa · s	产品	产率/%	WO_3品位/%	WO_3回收率/%
-0.01	78.94	精矿	11.38	3.02	66.21
		中矿 1	10.41	0.58	11.68
		中矿 2	5.75	0.91	10.04
		粗精矿	27.53	1.66	87.94
		中矿 3	10.59	0.30	6.15
		中矿 4	4.98	0.17	1.67
		中矿 5	3.07	0.13	0.75
		尾矿	53.82	0.03	3.49
		合计	100	0.52	100
-0.038+0.01	59.43	精矿	9.25	4.05	74.03
		中矿 1	10.98	0.36	7.82
		中矿 2	6.37	0.53	6.60
		粗精矿	26.60	1.68	88.46
		中矿 3	8.12	0.31	4.90
		中矿 4	5.03	0.22	2.18
		中矿 5	3.37	0.14	0.92
		尾矿	56.87	0.03	3.54
		合计	100	0.51	100
-0.106+0.038	48.27	精矿	7.82	5.13	78.06
		中矿 1	11.10	0.28	6.13
		中矿 2	6.17	0.27	3.29
		粗精矿	25.09	1.79	87.48
		中矿 3	9.86	0.30	5.81
		中矿 4	5.77	0.19	2.14
		中矿 5	4.32	0.11	0.96
		尾矿	54.96	0.03	3.61
		合计	100	0.51	100

（2）加入中等粒级的搅拌介质，对磁选钨精矿的精选作业选择性有提高效果。与表 9-8 指标相比，精矿品位从 3. 30%上升至 4. 05%，但是回收率降低了约 6%。表明中等粒级的搅拌介质有助于分选性的提高，但是也导致了回收率的下降。这可能是因为这个粒级的搅拌介质在精选作业的调浆作业中表现出的动量、当量直径与颗粒聚团的相关性质极为类似，在与颗粒聚团的碰撞中容易将疏松多分枝的颗粒聚团“杂碎”“撞散”，虽然促进了颗粒聚团的破裂与重新组合，提升了颗粒聚团的纯度，但是不可避免地造成了在颗粒聚团表面微细粒白钨矿重新变成分散颗粒[7]，导致回收率损失过大，从矿浆黏度降低至 59. 43mPa · s 也说明了这一点。

（3）加入粗粒级的搅拌介质，对磁选钨精矿的精选作业选择性有提高效果，且基本上不影响回收率。与表 9-8 指标相比，精矿品位从 3. 30%上升至 5. 13%，回收率为 78. 06%。表明中等粒级的搅拌介质有助于分选性的提高，同时回收率并没有明显的降低。结合第 4 章中颗粒聚团的粒度参数，粗粒级对磁选钨精矿精选过程选择性提高的促进机制可能是由于在矿浆中粗粒级的搅拌介质主要以“磨削”“阻断”形式对颗粒聚团发挥作用。由于搅拌介质的粒度与密度明显大于形成的疏水性颗粒聚团，因而搅拌介质的加入反而有利于颗粒聚团原有形貌的保持，因此不影响回收率。精选作业中粗粒搅拌介质的存在还有助于防止大量的微细粒脉石矿物形成网络结构，对浮选产生不利的影响，矿浆黏度显著下降到 48. 27mPa · s 也从侧面验证了这一点。

9. 3. 3　搅拌介质用量试验分析

以 3 种粒级的搅拌介质对磁选钨精矿浮选的影响规律为基础，选取粗粒级 -0. 106+0. 038mm 粒级的搅拌介质进行后续的研究。这是因为一方面这个粒级对精选作业选择性提升的促进效果较好，另一方面这个粒级较宽，在现场生产的尾矿中大量存在。以-0. 106+0. 038mm 粒级搅拌介质为精选作业添加剂，研究了不同搅拌介质添加量（搅拌介质与浮选作业给矿的质量含量的百分比）下磁选钨精矿在强化调浆-浮选作业下的浮选指标，结果见表 9-9。

表 9-9　磁选钨精矿强化调浆-浮选浮选指标（不同搅拌介质用量条件下）

介质含量/%	矿浆黏度/mPa · s	产品名称	产率/%	WO_3品位/%	WO_3回收率/%
精一：36. 5 精二：32. 3	48. 27	精矿	7. 70	5. 12	77. 80
		中矿 1	10. 90	0. 27	5. 89
		中矿 2	6. 47	0. 29	3. 76

续表 9-9

介质含量/%	矿浆黏度/mPa·s	产品名称	产率/%	WO_3品位/%	WO_3回收率/%
精一：36.5 精二：32.3	48.27	粗精矿	25.07	1.77	87.46
		中矿 3	9.66	0.30	5.78
		中矿 4	5.95	0.18	2.12
		中矿 5	5.02	0.11	1.13
		尾矿	54.30	0.03	3.51
		合计	100	0.51	100
精一：45.8 精二：53.1	33.87	精矿	6.42	6.08	76.25
		中矿 1	12.04	0.33	7.71
		中矿 2	6.49	0.35	4.43
		粗精矿	24.95	1.81	88.39
		中矿 3	11.38	0.29	6.47
		中矿 4	5.09	0.17	1.68
		中矿 5	2.61	0.13	0.66
		尾矿	55.98	0.03	2.80
		合计	100	0.51	100
精一：54.5 精二：73.1	26.98	精矿	5.42	6.98	76.11
		中矿 1	12.64	0.25	6.30
		中矿 2	7.09	0.40	5.69
		粗精矿	25.15	1.74	88.10
		中矿 3	11.00	0.30	6.67
		中矿 4	4.49	0.19	1.70
		中矿 5	2.22	0.13	0.58
		尾矿	57.14	0.03	2.95
		合计	100	0.50	100

由表 9-9 可知，随着在精选作业中搅拌介质的含量越大，精选作业的富集比越大。在磁选钨精矿粗精矿品位为 WO_3 1.7%~1.8%，回收率在 87%~88%的情况下，随着加入的搅拌介质的相对量越大，在最终精矿的回收率基本不变的情况下（在 76%~78%附近），最终精矿的品位逐渐上升。在搅拌介质添加量为精一（36.5%）、精二（32.3%）的情况下，最终精矿品位为 WO_3 5.12%，回收率 77.80%；当搅拌介质添加量增大到精一（54.5%）、精二（73.1%）时，最终精矿品位为 WO_3 6.98%，回收率 76.11%。最终精矿品位的上升表明精选过程的选择性变好，这是因为加入的搅拌介质在剪切流场中与粗精矿中的颗粒聚团发生了反复的碰撞，消除了由微细粒方解石、石英等矿物形成的网络状的矿浆结构，造成颗粒聚团的不断破裂与重生，促进了脉石矿物抑制剂的选择性作用。

9.3.4 搅拌介质存在条件下，抑制剂作用分析

考虑到本研究使用的搅拌介质在油酸钠作为捕收剂的体系下具有一定的可浮性（见第7章），因而必须在添加搅拌介质的同时补加一部分抑制剂，以消除搅拌介质的上浮对精矿品位的影响。在搅拌介质用量为精选一（54.5%）、精选二（73.1%）的条件下，以现场生产的水玻璃为精选过程抑制剂，进行了在添加搅拌介质的强化调浆-浮选技术方案下的抑制剂用量试验。试验结果见表9-10。由表9-10中最终精矿、回收率的变化趋势可知，随着精选过程抑制剂用量的增大，最终精矿的品位逐渐增大，而回收率逐渐降低。在抑制剂用量为精一（1600g/t）、精二（1200g/t）时，最终精矿品位为 WO_3 6.88%，回收率76.32%；当抑制剂用量为精一（2000g/t）、精二（1500g/t）时，最终精矿品位为 WO_3 8.10%，回收率75.31%。上述变化趋势表明，在有搅拌介质存在的条件下，精选作业对抑制剂的“承受范围”扩大了，也就是说，搅拌介质在矿浆中起缓冲作用，有助于抑制剂选择性作用的更好发挥。

表9-10 磁选钨精矿强化调浆-浮选浮选指标（抑制剂用量）

抑制剂用量/$g \cdot t^{-1}$	产品名称	产率/%	WO_3品位/%	WO_3回收率/%
精一：1600 精二：1200	精矿	5.52	6.88	76.32
	中矿1	12.55	0.24	6.15
	中矿2	7.00	0.39	5.55
	粗精矿	25.08	1.75	88.02
	中矿3	11.26	0.30	6.68
	中矿4	5.00	0.17	1.69
	中矿5	2.91	0.13	0.73
	尾矿	55.76	0.03	2.87
	合计	100	0.50	100
精一：1800 精二：1350	精矿	5.02	7.48	75.16
	中矿1	13.66	0.26	7.05
	中矿2	7.19	0.39	5.60
	粗精矿	25.87	1.70	87.81
	中矿3	11.08	0.29	6.46
	中矿4	6.09	0.17	2.06
	中矿5	3.61	0.13	0.93
	尾矿	53.36	0.03	2.74
	合计	100	0.50	100

续表 9-10

抑制剂用量/g·t^{-1}	产品名称	产率/%	WO_3品位/%	WO_3回收率/%
精一：2000 精二：1500	精矿	4.63	8.10	75.31
	中矿 1	13.76	0.25	7.04
	中矿 2	8.16	0.37	6.09
	粗精矿	26.55	1.66	88.44
	中矿 3	11.21	0.28	6.35
	中矿 4	5.02	0.16	1.65
	中矿 5	2.57	0.14	0.74
	尾矿	54.66	0.03	2.82
	合计	100	0.50	100

本章通过在白钨矿实际矿石浮选作业中进行流变性调控与应用，促进矿石中微细粒级白钨矿的回收，可知：（1）增大搅拌调浆过程搅拌转速或者延长搅拌时间可以增大微细粒白钨矿成颗粒聚团的屈服应力，提升微细粒白钨的粗选过程回收率；（2）海藻酸钠是白钨矿浮选作业中有效抑制剂。与使用传统抑制剂水玻璃相比，使用海藻酸钠作为白钨矿浮选过程中石英、方解石等脉石矿物的抑制剂，浮选过程选择性增大，富集比提升；（3）在强化调浆-浮选作业中，通过在精选作业中添加搅拌介质降低精选矿浆的表观黏度，强化搅拌介质的擦洗作用，可以提升微细粒白钨矿精选作业的选择性；（4）针对原矿（WO_3品位为 0.30%，-0.01mm 粒级金属分布率为 24.80%），采用强化调浆-浮选的一粗二精三扫浮选闭路流程，获得精矿品位 10.44%，回收率 86.72%的良好指标，与常规浮选相比，回收率提升 2.09%，其中-0.01mm 粒级回收率增大了 11.14%；（5）针对WO_3品位为 0.31%的原矿，使用海藻酸钠作为抑制剂，得到了精矿品位 13.27%、回收率 61.72%的开路指标，浮选过程选择性增大，富集比提升明显；（6）针对磁选钨精矿（WO_3品位为 0.52%，-0.01mm 粒级金属分布率为 25.82%），采用添加搅拌介质的强化调浆-浮选的一粗二精三扫浮选开路流程，获得精矿品位 8.10%，回收率 75.31%的良好指标。

参 考 文 献

[1] 曾建富，董桂芝. 湖南新田岭白钨矿选矿试验研究 [J]. 矿产综合利用，1986，4：88-89.

[2] 徐凤平. 湖南某低品位白钨矿全常温浮选生产实践 [J]. 非金属矿，2015，5（1）：54-58.

[3] Jarvis P，Jefferson B，Gregory J，et al. A review of floc strength and breakage [J]. Water Re-

search, 2005, 39: 3121-3137.

[4] 徐凤平，冯其明，张国范，等．湖南某白钨矿浮选试验研究［J］．矿冶工程，2016，36（2）：38-43.

[5] Bo F, Xianping L, Jinqing W, et al. The flotation separation of scheelite from calcite using acidified sodium silicate as depressant [J]. Minerals Engineering, Elsevier Ltd, 2015, 80: 45-49.

[6] Bo F, Guo W, Xu H, et al. The combined effect of lead ion and sodium silicate in the flotation separation of scheelite from calcite [J]. Separation Science and Technology, Taylor & Francis, 2017, 52 (3): 567-573.

[7] Yang B, Song S. Hydrophobic agglomeration of mineral fines in aqueous suspensions and its application in flotation: A review [J]. Surface Review and Letters, 2014, 21 (3): 1430003.

10 微细粒矿物浮选中矿浆流变学影响机制分析

微细粒矿物浮选一直是选矿领域的难点。由于该浮选过程受到矿浆中颗粒黏滞效应、团聚效应等作用较为显著，因而矿浆整体的流变性较为复杂。在本书前面章节关于微细粒矽卡岩型白钨矿试验研究与理论分析的基础上，本章对该部分研究结果进行总结，并将该部分研究结果向更为广泛的其他矿物浮选领域进行延伸探讨，汇总类似研究领域内浮选流变学的研究成果，以期为具有类似复杂流变学性质的微细粒矿物浮选提供借鉴与启迪。

10.1 微细粒矽卡岩型白钨矿浮选体系中流变学的影响

以下是本书通过某矽卡岩型微细粒白钨矿浮选流变学的研究总结。

在单一矿物颗粒矿浆体系中，明确了影响矿物颗粒矿浆流变性的因素是颗粒浓度、颗粒粒度、颗粒表面性质。矿浆中固体颗粒浓度越大，矿浆的表观黏度越大，屈服应力也越大；矿浆中固体颗粒粒度越细，矿浆的表观黏度越大，屈服应力也越大；油酸钠可以选择性地吸附在白钨矿与方解石颗粒表面，增大两种矿物的表面疏水性。以油酸钠为捕收剂，在搅拌调浆的作用下，表面疏水的微细粒白钨矿颗粒（-10μm）能够形成以粗粒为核心、以中等粒级和细粒级为外层的颗粒聚团；随着调浆过程能量输入增大，颗粒聚团粒度分布由单峰向双峰变化，形貌从树枝型向圆球型变化，颗粒聚团矿浆的表观黏度增大，屈服应力也增大；海藻酸钠可以选择性地吸附在方解石颗粒表面，显著降低方解石颗粒表面的疏水性，并能够阻止油酸钠在方解石表面的化学吸附。以海藻酸钠为抑制剂，在搅拌调浆的作用下，海藻酸钠可以降低微细粒方解石矿浆的表观黏度与屈服应力。

在人工混合矿矿浆中，明确了微细粒白钨矿颗粒聚团的屈服应力与浮选矿浆的表观黏度是影响微细粒白钨矿与微细粒方解石、石英分离的重要因素。微细粒白钨矿颗粒聚团屈服应力越大，微细粒白钨矿浮选速率越大。调节微细粒白钨矿与脉石矿物混合矿矿浆的搅拌能量输入，进而调节矿浆中颗粒聚团的屈服应力值，可以增大微细粒白钨矿的浮选回收率；浮选矿浆表观黏度越低，微细粒白钨矿与微细粒方解石、石英的分离效率越高。在混合矿浮选的调浆作业中，加入粗粒级（-106+38μm）、可浮性差的石榴石作为搅拌介质，可以降低混合矿矿浆的表观黏度，强化搅拌调浆对颗粒聚团的擦洗、纯化效果，提高浮选分离过程的选择性。

在实际矿石浮选体系中，明确了通过调节调浆强度、调节脉石矿物抑制剂以及在精选作业中添加搅拌介质 3 种途径调节矿浆流变性提升微细粒白钨矿浮选指标的技术路线；在白钨矿浮选粗选段增大调浆强度，增大浮选矿浆中微细粒白钨矿颗粒聚团的屈服应力，可以提升浮选作业中微细粒级矿物的回收率；加入-106+38μm 的搅拌介质，能够将原本为内部具有明显网络结构 Herschel Buckley 流体的浮选矿浆转变为 Bingham 流体，降低浮选微观过程中的夹杂行为；采用搅拌介质引起的矿浆流变性变化，如表观黏度、屈服应力、流体指数等流变参数，与矽卡岩型白钨矿的浮选微观过程密度相关；搅拌介质对微细粒聚团结构浮选矿浆的擦洗作用可以用矿浆流变性来表征：浮选矿浆这种具有黏塑性的流体在强剪切流场中，受到搅拌介质形成的“微区域扰动效应”“微涡”等局部高能区域的作用，其原有的内部超结构发生重组，在重组过程中，强化了浮选药剂的选择性作用效果。以湖南某典型微细粒矽卡岩型白钨矿的浮选流变学调控为例，针对 WO_3品位为 0.31%的原矿，通过强化调浆浮选技术方案，促进矿浆中微细粒白钨矿形成颗粒聚团，实现了总体回收率 2.09% 的提升，其中 -10μm 粒级回收率提升了 11.14%；海藻酸钠是白钨矿浮选作业中有效抑制剂。与使用传统抑制剂水玻璃相比，使用海藻酸钠作为白钨矿浮选过程中石英、方解石等脉石矿物的抑制剂，针对 WO_3品位为 0.31% 的原矿，使用海藻酸钠作为抑制剂，得到了精矿品位 13.27%、回收率 61.72%的开路指标，浮选过程选择性增大，富集比提升明显；在精选作业中添加搅拌介质降低矿浆表观黏度，可以实现颗粒聚团纯度的提升，增大精选作业富集比。针对书中 WO_3品位为 0.52%的磁选钨精矿，采用粗选强化调浆-精选搅拌介质调浆的技术方案，与常规浮选相比，精矿品位提升 4.77%，富集比由 1.88 增大到 4.88。

10.2 矿浆流变学对矿物浮选动力学的影响

矿物的浮选一般分为矿物颗粒与气泡的碰撞、黏附、上升和浮出 4 个动力学过程。在浮选时间确定的情况下，浮选最终能否实现取决于这 4 个动力学过程发生的概率与速率。在矿物颗粒与气泡发生碰撞时，只有颗粒动能冲破水化膜，并且诱导时间小于接触时间时，颗粒才有机会实现在气泡上的附着[1]，因此在该过程中颗粒的动能与气泡水化膜薄化和破裂的诱导时间是实现黏附的关键。

针对矿浆黏度与体系中矿物颗粒动能衰减速的定量测试已经证实，矿浆黏度每提高 5%，矿物颗粒的动能衰减速度就会增加一倍，而矿物颗粒与浮选气泡发生有效碰撞并黏附完成矿化的概率则会下降 12%[2]。在浮选作业中，当浮选矿浆黏度较大时，矿浆的运动状态会在剪切速率相近的水平方向出现分层现象，每一层内矿粒、气泡和水的速度、运动轨迹几乎相同，不同层之间界限明显。在这种情况下，矿物颗粒和气泡几乎完全失去了碰撞和黏附的机会，而矿化气泡的上浮则完全依靠流体的循环带动，这将不可避免地降低浮选速率[3]。在某含有镁硅酸盐脉石矿物的硫化铜矿浮选中，针对浮选矿浆流变学性质与浮选动力学的测试表明，当浮选矿浆的黏度系数从 0.002Pa · s 增大到 0.02Pa · s（与此同时矿浆屈服应力从 0.07Pa 增大到 0.28Pa）时，硫化铜矿物的浮选速率常数会从 0.55min^{-1} 显著降低至 0.11min^{-1}[4]，而此时浮选矿浆明显发生分层流动，颗粒之间碰撞效率下降，浮选基本上难以进行，这也说明矿浆流变学对矿物浮选动力学的影响是很显著的。

浮选矿浆的流变学性质发生变化，如矿浆黏度增大时，浮选矿浆在剪切循环过程中的湍流强度会显著降低，此时气泡和矿粒的运动阻力会极速增大[5,6]。在这种情况下，一般强度的机械搅拌已经难以实现矿浆浓度的均匀分布，并会导致矿物颗粒和气泡在整个浮选体系中的弥散性下降，气泡难以矿化，而矿化后的气泡也难以上浮，整个浮选失去了基础[7]。

通过总结与研究矿浆流变学性质与浮选动力学的关联机制，部分选矿科技工作者通过调节矿浆流变学性质进而实现浮选动力学的改善。在针对某高泥高铁的氧化锌矿浮选作业中，矿浆表观黏度越大，氧化锌的浮选恶化情况越严重。通过向复选矿浆中使用适当的组合调整剂，降低矿浆的表观黏度，能够实现氧化锌浮选速率的提升。

10.3 矿浆流变学与浮选泡沫关联机制研究进展

大量研究证实，矿浆黏度变化时，浮选泡沫性质变化显著。当矿浆黏度增大时，气泡液膜的表面强度增大，排液时间增大，会导致浮选泡沫的“二次富集作用”降低[8]。有研究表明，泡沫溶液黏度提高时，水相中气体的扩散松弛时间和泡沫半衰期均显著增大，而这会导致浮选槽中气泡的兼并变得困难[9]。当矿浆的黏度增大时，浮选矿浆中气泡的平均尺寸会减小，形状变得均匀，泡沫的屈服应力会增大，整体稳定性会增强，这是因为泡沫屈服变形、兼并和破灭的速度与气体在液相中的溶解度和扩散系数的乘积成正比，而气体在液相中溶解度和扩散系数随溶液黏度的提高而下降[10]。

矿浆黏度增大、泡沫稳定性过强，会导致细粒浮选过程中机械夹带增加而降低浮选过程的选择性[11,12]。当矿浆黏度增大时，Plateau 边界内液柱进入泡沫层的细粒脉石矿物会增加，依赖于泡沫破裂的二次富集作用也大幅减少，导致夹带严重[13]。在 Plateau 边界内，夹带矿粒的运动状态是重力下沉、随液柱上升和固体扩散三种作用平衡的结果[14]。对于特定颗粒，能否夹带上浮主要取决于几何扩散、Plateau 边界扩散两种扩散作用，而泡沫越稳定，固体颗粒这种扩散阻力越大，脉石矿物的夹带上浮概率就会越高，浮选的选择性就会降低[15,16]。

矿浆流变性对实际矿石的浮选过程，特别是由于某些细粒脉石矿物引起的矿浆流变性改变对浮选泡沫的影响已经引起了一些学者的关注。在含有细粒纤蛇纹石的硫化镍矿浮选中，当矿浆中纤蛇纹石含量增大时，浮选矿浆的表观黏度与屈服应力均急剧增大[17]，当屈服应力超过 1.5~2.0Pa 范围时，浮选泡沫层明显变薄、稀化，精矿的品位迅速下降[18]。这可能是由于细粒纤维型脉石矿物在矿浆中形成了三维网络结构，而这种结构在浮选机中难以被剪切破坏，可以阻碍硫化镍矿物颗粒被气泡携带上浮的过程，导致浮选效率下降。在煤的浮选中，利用含有大量 Na^+、Ca^{2+}、Mg^{2+} 的海水作为浮选介质，能够增大浮选矿浆的黏度，促使细粒煤颗粒形成屈服应力较高的絮凝体结构，增大浮选泡沫层的稳定性，从而提升细粒煤的浮选回收率[19,20]。在含金铜矿的浮选中，研究发现，当矿浆中微细粒的方解石、白云石等矿物含量增大时，矿浆的表观黏度与屈服应力会明显增大，同时铜矿的浮选被恶化[21~23]。矿浆流变性测试与泡沫测试结果证实，方解石、白云石能够促使矿浆中大量黏土矿物颗粒形成屈服应力较大的高黏网络结构，进而影响矿浆中气泡的有效分散与运动，导致泡沫的兼并过程受到影响，浮选的“二次富集”作用被严重削弱[24,25]。

10.4 微细粒矿物浮选流变学发展方向探讨

浮选流变学的发展是随着流变学测试技术的发展而发展的。浮选矿浆是典型的微粒流体，具有粒度分布变化多、表面性质复杂、颗粒间相互作用多样化等特点，因而既准确又实时测定浮选过程中矿浆流变学参数是研究矿浆流变学对浮选影响的关键。目前比较科学的测量办法是采用类似于浮选机搅拌叶轮或者搅拌调浆作业中使用的搅拌桨式测量夹具对矿浆的表观黏度、屈服应力等参数进行测定，这能够显著减少因矿物颗粒发生沉降对测量结果产生的误差[26]。然而，该方法属于相对测量，不同浮选体系下的测量结果无法直接比较。因此，设计、发展出能在浮选作业剪切流场下实时测定易沉降浆体流变学性质的测量夹具或者测量方案是未来浮选流变学测量的发展方向。

矿浆流变学显著影响矿物浮选的动力学过程。矿浆表观黏度与屈服应力在不同程度上会影响矿物的浮选速率常数，这可能是因为表观黏度影响了颗粒之间、颗粒与气泡之间的碰撞与黏附概率，而屈服应力可能是影响了细粒脉石矿物在目的矿物表面的罩盖与吸附过程，并进一步影响了矿化颗粒在气泡携带下向泡沫层运输的过程，然而，该方面的认识仅仅是经验上的，并未能够从浮选矿浆的流体类型层面对这种影响机制进行理论判定。

矿浆流变学对浮选泡沫也具有显著影响。矿浆表观黏度发生变化时，浮选泡沫的尺寸分布、兼并性能会发生改变，进而影响浮选泡沫的“二次富集”作用；而当矿浆中微细粒脉石成分较多导致矿浆表观黏度与屈服应力改变时，浮选泡沫层会发生明显的稀化或者增稠，影响浮选泡沫在矿浆区域内的运输。然而，这些研究目前仅是针对浮选过程中浮选矿浆与泡沫层形貌之间的关联分析，并未深入到矿浆与浮选泡沫流变性与浮选行为统一性之间的关系。

参 考 文 献

[1] Changunda K. The effect of energy input on flotation kinetics in an oscillating grid flotation cell [D]. Cape Town: University of Cape Town, 2012.

[2] Ndlovu B, Becker M, Forbes E, et al. The influence of phyllosilicate mineralogy on the rheology of mineral slurries [J]. Minerals Engineering, 2011, 24 (12): 1314-1322.

[3] Cilek E C. The effect of hydrodynamic conditions on true flotation and entrainment inflotation of a complex sulphide ore [J]. International Journal of Mineral Processing, 2009, 90: 35-44.

[4] Forbes E, Davey K J, Smith L. Decoupling rehology and slime coatings effect on the natural flotability of chalcopyrite in a clay-rich flotation pulp [J]. Minerals Engineering, 2014, 56: 136-144.

[5] Shi F N, Zheng X F. The rheology of flotation froths [J]. International Journal of Mineral Processing, 2003, 69 (1-4): 115-128.

[6] Li C, Cao Y, Peng W, et al. On the correlation between froth stability and viscosity in flotation [J]. Minerals Engineering, Elsevier, 2020, 149: 106269.

[7] Liu T Y, Schwarz M P. CFD-based multiscale modelling of bubble-particle collision efficiency in a turbulent flotation cell [J]. Chemical Engineering Science, 2009, 64 (24): 5287-5301.

[8] Aldrich C, Marais C, Shean B J, et al. Online monitoring and control of froth flotation systems with machine vision: A review [J]. International Journal of Mineral Processing, 2010, 96 (1-4): 1-13.

[9] Chen S, Zhou Y, Wang G, et al. Influence of foam apparent viscosity and viscoelasticity of liquid films on foam stability [J]. Journal of Dispersion Science and Technology, 2016, 37 (4): 479-485.

[10] 唐金库. 泡沫稳定性影响因素及性能评价技术综述 [J]. 舰船防化, 2008 (4): 1-8.

[11] Farrokhpay S. The significance of froth stability in mineral flotation: A review [J]. Advances in Colloid and Interface Science, 2011, 166 (1-2): 1-7.

[12] Li C, Runge K, Shi F, et al. Effect of flotation froth properties on froth rheology [J]. Powder Technology, 2016, 294: 55-65.

[13] Wang L, Peng Y, Runge K, et al. A review of entrainment: Mechanisms, contributing factors and modelling in flotation [J]. Minerals Engineering, 2015, 70: 77-91.

[14] Li G, Deng L, Cao Y, et al. Effect of sodium chloride on fine coal flotation and discussion based on froth stability and particle coagulation [J]. International Journal of Mineral Processing, 2017, 169: 47-52.

[15] Li C, Runge K, Shi F, et al. Effect of flotation conditions on froth rheology [J]. Powder Tech-

nology, 2018, 340: 537-542.

[16] Li C, Runge K, Shi F, et al. Effect of froth rheology on froth and flotation performance [J]. Minerals Engineering, 2018, 115: 4-12.

[17] Patra P, Bhambhani T, Nagaraj D R, et al. Impact of pulp rheological behavior on selective separation of Ni minerals from fibrous serpentine ores [J]. Colloids and Surfaces A: Physicochemical and Engineering Aspects, 2012, 411: 24-26.

[18] Genc A M, Kilickaplan I, Laskowski J S. Effect of pulp rheology on flotation of nickel sulphide ore with fibrous gangue particles [J]. Canadian Metallurgical Quarterly, 2012, 51 (4): 368-375.

[19] Wang B, Peng Y. The behaviour of mineral matter in fine coal flotation using saline water [J]. Fuel, 2013, 109: 309-315.

[20] Arnold B J, Aplan F F. The effect of clay slimes on coal flotation, part Ⅰ: The nature of the clay [J]. International Journal of Mineral Processing, 1986, 17 (3-4): 225-242.

[21] Wang Y, Peng Y, Nicholson T, et al. The role of cations in copper flotation in the presence of bentonite [J]. Minerals Engineering, Elsevier Ltd, 2016, 96-97: 108-112.

[22] Cruz N, Peng Y, Wightman E, et al. The interaction of pH modifiers with kaolinite in copper-gold flotation [J]. Minerals Engineering, Elsevier Ltd, 2015, 84: 27-33.

[23] Wang Y, Peng Y, Nicholson T, et al. The different effects of bentonite and kaolin on copper flotation [J]. Applied Clay Science, 2015, 114: 48-52.

[24] Cruz N, Peng Y, ElaineWightman. Interactions of clay minerals in copper-gold flotation: Part 2-Influence of some calcium bearing gangue minerals on the rheological behaviour [J]. International Journal of Mineral Processing, 2015, 141: 51-60.

[25] Cruz N, Peng Y, Wightman E, et al. The interaction of clay minerals with gypsum and its effects on copper-gold flotation [J]. Minerals Engineering, 2015, 77: 121-130.

[26] 杨小生，陈荩. 选矿流变学及其应用 [M]. 长沙：中南工业大学出版社，1995.